铁路科技图书出版基金资助出版

爆破振动理论与测控技术

杨年华　著

中　国　铁　道　出　版　社

2014年·北京

内 容 简 介

本书总结了大量爆破振动测试成果,基于爆破科研和工程实践,系统地论述了爆破地震波的产生、传播规律及其特征;提出了基于单孔爆破地震波的叠加仿真预报新方法;全面论述了爆破振动测试和分析的最新技术成果;解析了各类工程爆破的振动特征和测控技术;论述了应用数码电子雷管实现干扰降振的原理和实践;对爆破振动安全标准的修订提出了以人为本的理念。

本书包含了作者多年的研究成果,着力探讨和阐述爆破振动测控技术中的新观点、新方法和新进展。本书可作为高等院校土木工程、道路工程、采矿工程、安全工程等专业的研究生教材,也可供从事土木、市政、交通、水利水电、采矿、安全工程等行业的教师、科研和工程技术人员参考。

图书在版编目(CIP)数据

爆破振动理论与测控技术/杨年华著.—北京:中国铁道出版社,2014.7
ISBN 978-7-113-18352-3

Ⅰ.①爆… Ⅱ.①杨… Ⅲ.①爆破振动—研究 Ⅳ.①O382

中国版本图书馆 CIP 数据核字(2014)第 073062 号

书　　名:**爆破振动理论与测控技术**
作　　者:杨年华

策划编辑:江新锡
责任编辑:曹艳芳　王　健　　编辑部电话:010-51873065
封面设计:崔丽芳
责任校对:龚长江
责任印制:郭向伟

出版发行:中国铁道出版社(100054,北京市西城区右安门西街 8 号)
网　　址:http://www.tdpress.com
印　　刷:北京市大兴县新魏印刷厂
版　　次:2014 年 7 月第 1 版　2014 年 7 月第 1 次印刷
开　　本:787 mm×1 092 mm　1/16　印张:12　字数:300 千
书　　号:ISBN 978-7-113-18352-3
定　　价:32.00 元

版权所有　侵权必究

凡购买铁道版图书,如有印制质量问题,请与本社读者服务部联系调换。电话:(010)51873174(发行部)
打击盗版举报电话:市电(010)51873659,路电(021)73659,传真(010)63549480

序

随着国民经济建设的蓬勃发展和爆破技术的日益进步，工程爆破正越来越广泛地应用于国民经济的各个领域，成为不可或缺的重要施工手段之一。在工程爆破带来巨大经济和社会效益的同时，很多爆破工程的振动危害引起了社会广泛关注，甚至是制约爆破施工正常进行的关键所在。对爆破振动的测控，已成为工程和学术界的热点研究课题。

长期以来，国内外学者开展了大量爆破振动测试、理论研究和模拟分析，对爆破振动的特性、衰减规律和危害程度已取得基本的认识，并且根据有关的理论研究成果，作出了一些有效的爆破振动控制方法。然而由于爆破振动的随机性和不确定性，以及爆破地震波在岩土介质中的复杂传播过程，爆破振动的理论研究困难较大。近年来随着爆破振动测试技术和高精度延时雷管技术的发展，爆破振动控制研究有较大发展。

作者杨年华研究员长期从事爆破振动测试和控制技术研究，紧跟现代爆破技术前沿，结合国家 863 计划、科技部及原铁道部重大科技开发项目的研究工作，完成了秦岭隧道、武广高铁、京沪高铁、合山电厂高烟囱拆除等一大批重要爆破工程的振动测控。他在整理分析了大量爆破振动测试资料的基础上，较系统地探讨了爆破地震波的产生、传播规律及其特征，提出了基于单孔爆破地震波的叠加仿真预报模型，创新了实验模拟的爆破地震研究方法，全面论述了爆破振动测试和分析的最新技术成果，重点解析了各类工程爆破的振动特征和测控技术，论述了应用数码电子雷管实现干扰降振的原理和实践，对爆破振动安全标准的修订提出了以人为本的理念。该书系统地归纳了作者多年来在爆破振动安全研究中探索的新观点、新方法和新进展，相信它对爆破振动研究工作者具有重要的参考和实用价值，也会对相关领域的科研和教学人员有所启迪。在此向工程爆破界的同志们推荐这本专著，也希望杨年华研究员继续在爆破振动控制研究中刻苦钻研，勤于总结，为爆破事业的发展多做贡献。

2014 年 1 月

前　言

随着爆破技术的广泛应用，人们越来越关注爆破对周围环境的有害影响，特别对爆破引起的振动危害十分重视。很多爆破工程的纠纷都与爆破振动有关，建筑物裂缝、门窗振响、边坡滑塌以及人畜震惊等都是爆破施工常见的振害问题，所以对爆振动的研究一直是人们所关注的重要课题。为此人们对相关理论、测试仪器和方法、分析方法及振动破坏标准等方面进行了广泛的研究。但由于爆破振动涉及到岩土介质的传播过程，而岩土介质的复杂性给爆破振动的理论研究带来了较大困难。尽管如此，人们对爆破振动的特性、衰减规律和危害程度等方面已取得了基本的认识，并且根据有关的理论研究成果得到了一些有效的爆破振动控制方法。在爆破振动观测方面，随着电子测试技术的发展，人们已重视爆破前对周围建筑物的调查记录，通常会对重要保护物照相或录相，然后在爆破时进行振动监测和分析，采取技术措施尽可能降低爆破振动的危害，这些监测记录作为工程验收的资料，也可在发生民事纠纷时作为司法裁判的依据。爆破振动波形分析已有多种方法，如傅里叶分析法、反应谱理论法、数值模拟法、经验法等，对工程的评价分析方法各有优缺点，爆破工程师已能利用这些分析方法评价建（构）筑物的安全性，大致预报其爆破地震强度，并据此对爆破方案进行修改和优化。关于爆破振动安全标准问题，虽然人们对振动破坏准则的认识是一致的，但各国根据本国的工程特点和要求制定了不同的安全标准，它为爆破工程师控制爆破振动强度确立了依据。

在本书的撰写过程中，一方面参考了前人的研究成果，另一方面吸收了本人主持的多项科研成果和专利，这些成果的取得离不开铁科院爆破事业部同仁们的支持和帮助，在此向以张志毅为首的爆破事业部同仁表示衷心的感谢。特别需要说明本书的出稿得益于我的老师冯叔瑜院士的帮助和鼓励，他还专门为此书作了序，冯叔瑜老师给予的关怀令我终身难忘。

本书力图阐述国内外的最新技术成果。期望与从事相关行业爆破工程的技术人员进行交流，分享作者的一些看法和认识，恳请读者不吝赐教、批评指正。

作者
2014 年 1 月

目　　录

1　爆破振动的产生与传播 ……………………………………………………………… 1
　1.1　爆破地震波与波动方程 ……………………………………………………………… 1
　1.2　爆破地震波的传播特性 ……………………………………………………………… 6

2　爆破地震效应分析 …………………………………………………………………… 14
　2.1　天然地震及爆破地震的特征 ………………………………………………………… 14
　2.2　爆破振动信号分析 …………………………………………………………………… 18
　2.3　爆破振动传播特性分析 ……………………………………………………………… 47

3　爆破地震预报 ………………………………………………………………………… 64
　3.1　常规统计预报方法 …………………………………………………………………… 64
　3.2　单孔叠加仿真预报方法 ……………………………………………………………… 67
　3.3　新型爆破振动预报方法应用实例 …………………………………………………… 73
　3.4　小　　结 ……………………………………………………………………………… 80

4　爆破振动测试与分析 ………………………………………………………………… 81
　4.1　爆破振动的测试方法 ………………………………………………………………… 81
　4.2　爆破振动的测量仪器选择 …………………………………………………………… 89
　4.3　爆破振动测量仪器的标定 …………………………………………………………… 99
　4.4　传感器的固定安装 ………………………………………………………………… 103
　4.5　爆破振动的测量记录 ……………………………………………………………… 104
　4.6　误差分析和经验公式的建立 ……………………………………………………… 106

5　各类爆破工程的振动特征分析 …………………………………………………… 112
　5.1　洞室爆破或大规模深孔爆破 ……………………………………………………… 112
　5.2　深孔爆破 …………………………………………………………………………… 116
　5.3　浅孔爆破 …………………………………………………………………………… 122
　5.4　冻土爆破振动效应的特点 ………………………………………………………… 124
　5.5　软土中爆破振动效应的特点 ……………………………………………………… 126
　5.6　隧道爆破 …………………………………………………………………………… 128
　5.7　拆除爆破 …………………………………………………………………………… 141

6 爆破振动控制技术 ………………………………………………………… 148
6.1 爆破振动常规控制技术 ………………………………………………… 148
6.2 应用数码电子雷管实现干扰降振技术 ………………………………… 150

7 爆破振动安全标准探讨 …………………………………………………… 159
7.1 爆破振动对人体的影响 ………………………………………………… 159
7.2 爆破振动对建(构)筑物结构的影响 …………………………………… 162
7.3 爆破振动对地下隧道的稳定性影响 …………………………………… 166
7.4 爆破振动对基岩和边坡的影响 ………………………………………… 167
7.5 爆破对水生物的影响 …………………………………………………… 172
7.6 爆破振动对新浇混凝土影响的安全判据标准 ………………………… 173
7.7 核电工程中的爆破振动安全判据 ……………………………………… 174
7.8 铁路工程中的爆破振动安全标准 ……………………………………… 175
7.9 爆破振动破坏标准的判据研究 ………………………………………… 177
7.10 我国及部分国家制定的爆破振动安全允许标准 …………………… 178

参考文献 ……………………………………………………………………… 185

1 爆破振动的产生与传播

1.1 爆破地震波与波动方程

1.1.1 爆破地震波的产生

爆破地震波是由炸药在岩土介质中爆炸产生的冲击波,经过一定距离的传播衰减形成弹性振动波,它一般不会造成岩石破裂,但仍有可能使岩体内节理、裂隙发生变形、位移甚至失效。炸药在土岩介质中爆炸时,瞬间形成冲击波,冲击波向外传播的强度随距离的增加而衰减,波的性质和波形也产生相应的变化。根据波的性质、波形和对介质作用的不同,可将冲击波的传播过程分为3个作用区,如图1-1所示。在离爆源约3~7倍药包半径的近距离内,冲击波的强度极大,波峰压力一般超过岩石的动抗压强度,所以岩石产生塑性变形或粉碎。在这一范围内要消耗大部分的冲击能量,冲击波的强度也发生急剧的衰减,因而把这个区域叫做冲击波作用区。

冲击波通过该区域后,由于能量大量消耗,冲击波衰减成不具陡峭波峰的应力波,波阵面上的状态参数变化比较平缓,波速接近或等于岩石中的声速,岩石的状态变化所需时间远远小于恢复到静止状态所需时间。由于应力波的作用,岩石处于非弹性状态,在岩石中产生塑性变形,甚至导致破坏。该区域称为应力波作用区或压缩应力波作用区。其范围可达到120~150倍药包半径的距离。

应力波传过该区后,波的强度进一步衰减,变为弹性波或称地震波。波的传播速度等于岩石中的声速,它的作用只能引起岩石质点作弹性振动,而不能使岩石产生破坏,岩石质点离开静止状态的时间等于它恢复到静止状态的时间,故此区称为弹性振动区。炸药在无限岩体内爆炸作用的破坏分区如图1-1所示。

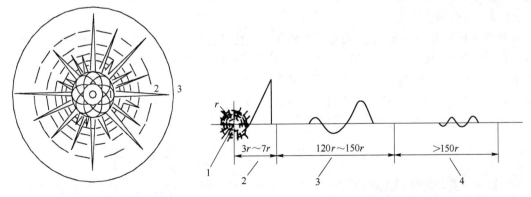

图1-1 炸药在无限岩体内爆炸作用的破坏分区
r—药包半径;1—粉碎区;2—冲击破裂区;3—应力波;4—地震波

因此,当炸药在土岩介质中爆炸后,只有 2%~20%能量转换为地震波,其范围在大于 150 倍药包半径以外。爆破地震波作为一种弹性波,其传播过程是一种行进的扰动,也是能量从土岩介质的一点传递给另一点的反映。因为施加在土岩弹性体中的爆破地震力不能立刻传到爆区范围内土岩的各部分,而是通过爆破地震力所引起的形变,以弹性波的形式由近及远渐渐向外传播。

爆破地震波在形成和传播过程中,主要受到下列因素的影响:

(1)爆源的影响:包括爆破方法、药量大小、炸药性能、爆破作用指数 n 值的大小、药包与装药孔的不耦合情况、单药包或群药包、集中药包或延长药包、临空面数目、瞬时起爆或分段延时起爆、有无预裂爆破药包等。

(2)离爆源的距离:距爆源越远,爆破地震波的幅值越小、频率越低。

(3)爆破地震波传播区的地质、地形条件:包括传播介质的物理力学性质、地质构造、岩土完整性、风化程度等;地形高差、沟壑、地表水体、地下水埋深等都有显著影响。

1.1.2　爆破地震波的类型

爆破地震波由若干种波组成,它是一组复杂的波系。根据波传播的途径不同,可分为体波和面波两类。体波是在地层内部传播的爆破地震波,包括纵波和横波。面波是在地层表面或介质体分界表面传播的波,包括瑞利波和勒夫波,其类型分类如图 1-2 所示。

- 爆破地震波
  - 体波
    - 横波(S 波)
      - SV 波
      - SH 波
    - 纵波(P 波)
  - 面波
    - 勒夫波(L 波)
    - 瑞利波(R 波)

图 1-2　爆破地震波的分类

纵波是纵向运动的波,质点的振动方向与波的传播方向一致。在其作用下介质被压缩和膨胀,故纵波又叫压缩波、疏密波、无旋波或 P 波。纵波通常表现为周期短、振幅小,传播速度快的特点。固体、液体、气体介质均能传播 P 波。P 波对结构物的破坏效应主要表现为初始速度的瞬间冲量。根据弹性波的波动方程,纵波传播速度(C_P)主要与介质密度、弹性模量和泊松比有关,其计算公式为:

$$C_P = \sqrt{\frac{E(1-\nu)}{\rho(1+\nu)(1-2\nu)}} \tag{1-1}$$

式中　ρ——介质的密度(kg/m^3);

E——介质的弹性模量(MPa);

ν——介质的泊松比。

横波为横向运动的波,质点的振动方向与波的传播方向垂直。它使介质受剪切力的作用,故又叫剪切波、等体积波、旋转波或 S 波。液体、气体介质不能传播 S 波,只有固体介质才能传播 S 波,S 波通常表现为周期长、振幅大、传播速度慢的特点。S 波在分界面上分为 SV 波与 SH 波两个分量, SV 波运动平面垂直分界面,SH 波运动平面平行于分界面。如图 1-3 所示。

横波的波速(C_S)与介质的剪切模量和密度有关,由波动方程求得:

$$C_S = \sqrt{\frac{E}{2\rho(1+\nu)}} \quad 或 \quad C_S = \sqrt{\frac{G}{\rho}} \tag{1-2}$$

式中　G——剪切模量(MPa),若剪切模量为 0 的介质,横波速度为 0,也就是无法传播横波。

在地震学里,人们把纵波和横波统称为体波,其速度只依赖于介质的弹性参数和密度。

面波是体波经地层界面多次反射形成的次生波,是在地表或结构体表面以及结构层面传播的波,包括勒夫波(L波)与瑞利波(R波)两种形式。L波传播时,质点作与波传播方向垂直的水平横向剪切型振动,而没有垂直分量的运动。只有在半无限空间上至少覆盖一低速地表层时,L波才会出现。其在层状介质中的传播速度介于最上层横波速度与最下层横波速度之间。R波传播时,质点在波的传播方向和表面层法向组成的平面内做逆向的椭圆运动,而在与该平面垂直的水平方向上没有横向分量的运动。瑞利波使介质体产生膨胀与剪切变形,瑞利波只在弹性体的表面传播,并不深入弹性体内部。瑞利波的波速比横波波速小,但其传递的能量在塌落地震波中是最大的,是地面介质的强烈振动源,对大多数结构有较大的破坏性。瑞利波的振幅随深度增加按指数规律衰减。它的特点是频率低,能量衰减慢。

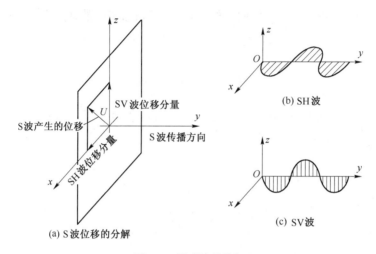

图 1-3 振动波的分解

瑞利波的波速可由下式确定:

$$C_R = f(\nu) \cdot \left(\frac{\nu}{\rho}\right)^{\frac{1}{2}} \tag{1-3}$$

式中 $f(\nu)$——与介质的泊松比有关的函数。

大量的研究证明,在爆破地震波作用下,地表质点首先遇到纵波作用,产生振荡式的侧向位移,随后当横波到达时又产生一次振荡,最后当瑞利波到达时又有一次较大的振荡。

体波特别是纵波,由于能使介质产生压缩和拉伸变形,因此它是爆破时造成介质破裂的主要因素。表面波特别是瑞利波,携带较大的能量,是造成地表振动破坏的主要因素。假设震源辐射出的能量为100,则纵波和横波所占能量比分别为7%和26%;而表面波为67%。由于传播速度不同,爆破地震波传播到远区,体波与面波将在时空上彼此分开。在岩石中,纵波速度为4~7 km/s,横波速度为2~4 km/s,瑞利波的波速略小于横波速度,是横波波速的0.92倍,勒夫波的波速与频率和波长有关,且有频散现象,通常爆破地震波传出200多米远开始区分出纵波、横波、瑞利波等不同性质的波。

1.1.3 波动方程的基本形式

根据波动理论,爆破地震波可合理假设由不同振幅和不同振动频率的简谐波叠加而成,见下式:

$$\begin{cases} 位移: X = \sum_i A_i \sin(\omega_i t) \\ 速度: V = \sum_i \omega_i A_i \cos(\omega_i t + \varphi_{i1}) \\ 加速度: a = \sum_i \omega_i^2 A_i \sin(\omega_i t + \varphi_{i2}) \end{cases} \quad (1\text{-}4)$$

式中 A_i——幅值系数;

ω_i——圆频率($\omega_i = 2\pi f$ 为频率);

t——时间(s);

φ_{i1}、φ_{i2}——相位差。

对于单自由度结构体系,爆破作用下的位移、速度和加速度的地震反应值分别为:

$$\begin{cases} 相对位移: x(i,t) = \sum_j \eta_j X_j(i) \delta_j(t) \\ 相对速度: \dot{x}(i,t) = \sum_j \eta_j X_j(i) V_j(t) \\ 绝对加速度: \ddot{x}_0(i,t) + \ddot{x}(i,t) = \sum_j \eta_j X_j(i) a_j(t) \end{cases} \quad (1\text{-}5)$$

式中 i——第 i 质点体系;

j——第 j 振型;

η_j——第 j 个主振型参与系数,$\eta_j = \dfrac{\sum_j m_j X_j(i)}{\sum_j m_j X_j^2(i)}$;

$X_j(i)$——第 j 质点无阻尼时的主振型函数;

$\delta_j(t)$——位移反应函数,$\delta_j(t) = -(1/\omega_j') \int_0^t x_0(\tau) e_j^{-\varepsilon(t-\tau)} \sin w_j'(t-\tau) \mathrm{d}\tau$;

$V_j(t)$——速度反应函数,$V_j(t) = -\int_0^t x_0(\tau) e_j^{-\varepsilon(t-\tau)} [\cos w_j'(t-\tau) - (\varepsilon_j/\omega_j') \sin w_j'(t-\tau)] \mathrm{d}\tau$;

$a_j(t)$——加速度反应函数,$a_j(t) = n_j' \int_0^t x_0(\tau) e^{-\varepsilon(t-\tau)} [(1 - \varepsilon_j/w_j'^2) \sin \omega_j'(t-\tau) + (2\varepsilon_j/w_j') \cos w_j'(t-\tau)] \mathrm{d}\tau$;

其中 m_j——第 j 质点质量,

w_j'——有阻尼时的圆频率,

ε_j——阻尼系数。

结构体爆破地震力:

$$P_{ij} = m_i \sum_j w_j X_j(i) a_j(t) \quad (1\text{-}6)$$

式中 w_j——无阻尼时的圆频率。

在单自由度体系的相对坐标系下,爆破地震作用的动力方程可表示为:

$$m\ddot{x} + c\dot{x} + f(x) = -m\ddot{x}_g \quad (1\text{-}7)$$

式中 m——体系质量(kg);

c——体系的黏滞阻尼系数;

$f(x)$——体系恢复力；

$\ddot{x}_g$——振动地面加速度（m/s²）；

x、$\dot{x}$、$\ddot{x}$——体系相对于地面的位移（m）、速度（m/s）、加速度（m/s²）。

如果对上式两边同时乘以相对速度 $\dot{x}$，并在爆破振动持续时间 $[0,t]$ 求积分，就可得到能量反应方程式：

$$\int_0^t m\ddot{x}\dot{x}dt + \int_0^t c\dot{x}\dot{x}dt + \int_0^t f(x)\dot{x}dt = -\int_0^t m\ddot{x}_g\dot{x}dt \tag{1-8}$$

记为：

$$E_k + E_d + E_h = E_i \tag{1-9}$$

式中 E_k——体系相对动能，$E_k = \int_0^t m\ddot{x}\dot{x}dt$；

E_d——体系阻尼耗能，$E_d = \int_0^t m\dot{x}\dot{x}dt$；

E_h——体系变形能，$E_h = \int_0^t f(x)\dot{x}dt$；

E_i——爆破振动总输入能量，$E_i = -\int_0^t m\ddot{x}_g\dot{x}dt$。

从能量反应方程式可看出，体系变形能即是体系弹性变形能与滞回耗能之和，阻尼耗能和滞回耗能随时间增加而增加，当地震动结束、建（构）筑物静止时，动能和弹性变形能亦趋于零，那么地震动对结构的总输入能量全部由阻尼耗能和滞回耗能所平衡。

对于爆破地震作用下的多自由度剪切模型，可采用相对能量方程计算：

$$\sum_{i=1}^n \left(\frac{1}{2}m\dot{x}_i^2(t)\right) + \sum_{i=1}^n \int_0^t c\dot{x}_i^2 dt + \sum_{i=1}^n \int_0^t f_i\dot{x}_i dt = \sum_{i=1}^n \int_0^t (-m\ddot{x}_g\dot{x}_i)dt \tag{1-10}$$

$$\sum_{i=1}^n E_{ki} + \sum_{i=1}^n E_{di} + \sum_{i=1}^n E_{hi} = \sum_{i=1}^n E_i \tag{1-11}$$

式中 E_{ki}、E_{di}、E_{hi}——第 i 层的动能、阻尼能和滞回能；

$\sum_{i=1}^n E_i$——爆破地震动输入到结构对象的总输入能量。

而在绝对坐标系中，结构物的绝对位移 $x_t = x + x_g$，其中，x、x_g 各自表示结构物相对地面的位移和地面运动的位移。若将 $x = x_t - x_g$ 代入，可得到体系的绝对能量反应方程为：

$$\frac{1}{2}m\dot{x}_t^2 + \int_0^t C\dot{x}\dot{x}dt + \int_0^t f(x)\dot{x}dt = -\int_0^t m\ddot{x}_g\dot{x}dt \tag{1-12}$$

计算式中涉及地面质点运动速度和加速度，可由测振仪获得。

地震地面运动类型不同以及结构性能差异，使得结构主要表现为"最大位移首次超越"和"塑性累积损伤"两种破坏形式。最大瞬时输入能量是地震动作用在结构上的最大能量脉冲，相应会引起较大的结构位移增量。研究表明，对于大部分短时脉冲型的地震动，单自由度结构瞬时输入能量与位移呈现一种对应关系，最大瞬时输入能量对应结构最大位移，如果超越结构最大允许位移，就会破坏；如果最大瞬时输入能量未能达到首次超越型破坏极限值，但它使结构在地震作用下进入非线性阶段，发生塑性变形，也可能导致累积破坏，通常将结构的滞回耗能作为结构的累积破坏能量。结构是通过变形与阻尼两个途径来耗散能量的，研究最大瞬时输入能量对结构抗震能量分析方法的研究具有重要意义。

波动理论和结构响应分析表明,爆破地震各强度描述因子(位移、速度和加速度)均是频率和时间的函数,而且各物理参数间相互联系。因此,强度和结构动力特性不但取决于质点振动幅值(速度或加速度),还与地震波的时间和频率(周期)密切相关。如果只是简单地用其中某一、二个独立的物理参数来建立爆破地震安全判据,就会忽视其他爆破地震强度影响因素,以及土岩介质体与爆破地震波之间的相互作用。

1.2 爆破地震波的传播特性

1.2.1 爆破地震波传播的基本原理

基于对波动理论的研究,爆破地震波在介质中传播依照以下原理。

(1)惠更斯原理

惠更斯原理表明:在弹性介质中,可以把 t 时刻的同一波阵面上的各点看作从该时刻产生子波的新的点振源,经过 Δt 时刻后,这些子波的包络面就是 $t+\Delta t$ 时刻新的波阵面。由波阵面上各点所产生的子波,在观测点上相互干涉叠加,其叠加结果就是在该点观测到的总振动。惠更斯—菲涅尔原理如图1-4所示。

(2)费马原理(射线原理)

费马原理又叫射线原理或最小时间原理,认为波从空间一点到另一点的传播的最小路径称为射线。费马原理讲述的是波沿射线传播的时间比沿其他任何路径传播的时间都小,即波沿旅行时最小的路径(不等于距离)传播。在任一点上,射线总是垂直于波前。

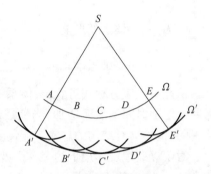

图1-4 惠更斯—菲涅尔原理

根据波的传播理论,目前波阵面上每一点都是下一时刻波传播的波阵面的子波源,而当前波阵面又是上一时刻所有子波源共同作用的结果。此波的传播过程中出现了反射、衍射、干涉等现象。爆源和观测点穿越复杂的岩土介质,爆破地震波的体波可以直线传播到观测点,但由于岩土介质中节理裂隙较多,各种界面密集体波在介质内部发生复杂的反射、衍射、干涉,使体波的振动强度衰减较快;地面传播的面波需要绕过沟沟坎坎、坡顶坡脚才能传播到观测点。也就是说面波所传播的实际距离要大于爆源和观测点之间的平面距离。

(3)斯涅尔(Snell)法则

爆破地震波传到自由面时均要发生发射,无论是纵波还是横波,经过自由面反射后都要再度生成反射纵波和反射横波。自由面上部为空气,与岩土介质密度相比,可认为空气的密度为零,当地震波到达自由面时将发生全反射。假设入射波为纵波,纵波的入射角和反射角均等于 α,而反射波生成的横波反射角为 β,根据光学斯涅尔(Snell)法则反射角存在下列关系:

$$\frac{\sin\alpha}{\sin\beta} = \frac{C_p}{C_S} \tag{1-13}$$

由于入射 P 波在自由面产生反射 P 波和 SV 波(在一定的入射角情况下),所以在地表所观测到的质点运动已经发生变化,它不是单一的 P 波质点运动,而是入反射 P 波和反射 SV 波的运动组合。故自由面上质点的振动速度远大于岩体内部仅有入射波的质点振动速度。梁向前等人在研究爆破地震波对地下管线的影响时,专门观测了远处爆破在不同深度点的质点振动速度变化。如图1-5所示。充分说明了爆破振动波在自由面浅层受表面波、反射波的叠加组合影响,地表质点振动最大,随深度增加质点振动速度呈负指数规律衰减。

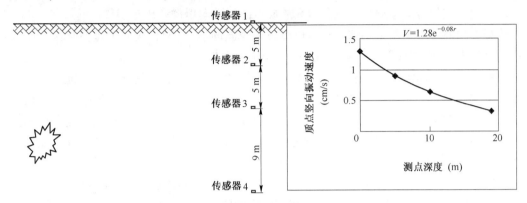

图1-5　爆破在不同深度点的质点振动速度变化

1.2.2　爆破地震波的基本特征

爆破地震波的传播过程非常复杂,爆破振动波形的幅值、频率及相位不仅随时间发生变化,而且没有确定的规律性,其振动变化过程不能用明确的数学关系式来描述,具有很大的随机性,即使同次爆破的相同距离点测得的振动波形也存在一定的差异。测试结果表明任意质点的爆破地震波是一个随机波,图1-6为实测的典型爆破振动波波形,分别是同一测点的x、y、z三个方向的振动分量。图中a所示区为单一炮孔爆破地震波,图中b所示区为多个药包微差爆破时产生的地震波。

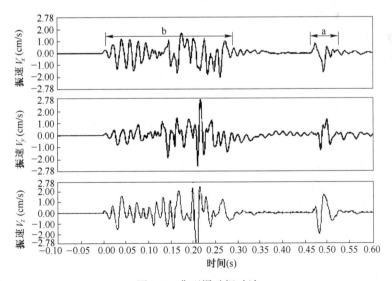

图1-6　典型爆破振动波

对于爆破振动波的研究,需要弄清楚波速和质点振动速度两个不同概念,波速是指扰动在介质中的传播速度,即波阵面的传播速度;质点振动速度是指当介质受到波动能量扰动,其质点围绕平衡位置往复运动的速度。任一质点处的振动状态必须综合考虑振动速度峰值、主振频率和持续时间三个要素。

1.2.3 爆破振动波的能量或振幅传递特征

爆破地震波的传播过程是能量通过介质质点的扰动向爆源四周扩展传递的过程。由于炸药爆炸释放的能量只有很小一部分转换成爆破地震波的能量,而且爆破地震波从爆源传播到地面过程中,随着传播距离的增大,由于波阵面不断扩大和介质的内阻尼吸收作用,使爆破地震波的能量和振动幅值不断衰减。在爆破地震波的传播过程中,受炸药的性能、药量大小、爆源位置、装药结构、起爆方式、传播介质的性质及地形条件等各种因素的影响,使地震波的能量、振动幅值、频率和振动持续时间等发生很大的变化,爆破地震波具有很大的复杂性和随机性。尽管如此,对大量爆破振动观测数据进行统计分析,证明爆破地震波仍然具有一定的统计规律性,爆破地震波的传播规律可以用概率统计的方法来进行描述和研究。

众所周知,爆破振动强度可用介质质点的运动物理量来描述,包括质点位移(U)、速度(V)和加速度(a)。根据兰格福斯等许多爆破专家的研究,认为用质点振动速度描述爆破振动强度具有很好的代表性,因为岩体介质中的质点振动速度与岩体损伤破坏或建(构)筑物失稳破坏相关性最好。在实际应用中,采用线性回归的分析方法对质点振动速度峰值的衰减规律进行预测研究最为常见,若按照单药包爆破的振动波峰值进行统计分析,其规律性十分明显,相关性系数在0.9以上。对于爆破振动幅值随传播距离的变化规律,公认的数学表达式为:

$$A = k(Q^n/R)^\alpha \tag{1-14}$$

式中　A——振动强度;
　　　Q——同时起爆药量(kg);
　　　R——爆源到测点距离(m);
　　　k、α——与地质条件有关的系数。

以质点振动速度峰值V为振动强度,则有$V=k(\sqrt[3]{Q}/R)^\alpha$;它是有广泛共识、应用最多的爆破振动衰减计算公式。对于深孔爆破近距离范围地震波按柱面扩散,可近似为$V=k(\sqrt{Q}/R)^\alpha$。近年有学者基于柱面波理论、长柱状装药中的子波理论以及短柱状药包激发的应力波场,提出了单孔爆破的振动峰值计算公式为:

$$V = \frac{P_0}{\rho C_p}\left(\frac{b}{R}\right)^\alpha \tag{1-15}$$

式中　b——炮孔半径(m);
　　　P_0——炮孔内爆生气体的初始压力(MPa);
　　　ρ——岩石密度(kg/m³);
　　　C_p——岩石纵波速度(m/s);
　　　α——爆破振动衰减指数。

该计算式较全面地反映了炸药种类、装药结构、钻孔孔径及岩性参数等因素对质点峰值振动速度的影响。

按照爆破地震波在传播过程中的能量损失原因不同,地震波的衰减有波前扩散(球面扩散)、介质对地震波的吸收和透射损失等几种情况。根据地矿部门使用爆破地震勘探方法所得到的研究结果,在黏弹性介质中球面波传播的波函数中振幅函数为:

$$A = \frac{A(R)}{R}A_0 = \frac{1}{R}e^{-\frac{\pi \cdot f \cdot r}{Q_{PD} \cdot c}}A_0 \tag{1-16}$$

式中 A——观测地点的地震波幅值；

R——观测点到爆破地震波源的距离(m)；

$A(R)$——地震波的黏性衰减因子；

A_0——波源的初始振幅；

Q_{PD}——地震波传播过程中所经过介质的品质因子；

f——地震波的频率，公式是在简谐波的条件下推导得出的；

C——地震波在介质中的传播速度(m/s)。

从式(1-16)看出地震波振幅的衰减由两部分组成：一部分是以 r^{-1} 表示的"球面扩散因子"；另一部分是以指数项表示的"黏性衰减因子"。这两部分的衰减机理完全不同，一个是由波传播的"几何因素"引起的，一个是由"介质的黏性因素"引起的。

1.2.4 爆破振动波频率变化特征

爆破振动信号有很大随机性，它是一种复杂的振动信号，包括很多频率成分，其中有一个或几个频率段为主要成分。不同频率成分的信号对结构或设备的振动影响是很不相同的，有时差别非常显著。如在实际爆破工程中，同一条件下，相邻建筑物的反应可能极不相同，有的建筑物振动强烈(发生共振)，而有的反应不大。其中一个重要原因是由于爆破地震波中包含很多频率成分，当其主要振动频率等于或接近某一建筑物的固有频率时，该建筑物就振动反应强烈，否则振动影响较弱。因此，在爆破振动分析中，获知爆破振动信号的主要频率成分以及建筑物结构的固有频率特性是十分必要的。频谱分析可求得爆破振动信号的各种频率成分和它们的幅值(或能量)及相位的关系，这对研究爆破地震波的频率特性及结构的动力反应很有意义。

爆破地震波与天然地震波最大的区别之一就是频域特性的差异，天然地震频率低，一般振动主频在 0.5～5 Hz；而爆破振动频率较高，一般振动主频在 10～200 Hz，爆破地震频率受多种因素影响，大多数幅值达到有破坏效果的振动，其主振频率在 (40 ± 20) Hz。根据美国矿业局的研究资料及结构动力学分析，大多数一至二层结构的民用建筑物的固有振动频率在 4～12 Hz，高层建筑物的固有振动频率更低(1～5 Hz)。因此，天然地震的主频更接近建筑物的固有频率，天然地震引起结构共振的可能性更大，其破坏性更强，而爆破振动的频率较高，破坏性相对较弱。

如前文所述，爆破地震波随着传播距离的增加，一方面波阵面不断扩大，另一方面因介质的内阻尼吸收作用，使爆破地震波的能量和幅值不断衰减。这种衰减作用与振动波的频率有关，对高频振动成分岩土介质的阻尼作用较大，即高频振动波更容易被吸收，衰减较快。表现出在较远距离上爆破地震波高频成分显著衰减，低频成分起主要作用，因此有主振频率随传播距离而降低的特性。由于建筑物的自振频率一般都比较低(2～15 Hz)，当远区爆破振动的主频率与建筑物的自振频率接近甚至一致，且爆破振动仍具有一定的幅值强度时，由于共振作用，建筑物将产生剧烈的振动，并很有可能造成建筑物的破坏。因此，在爆破远区，偶见爆破地震波的低频振动破坏现象。

影响爆破振动频率的因素极为复杂，但总体来说可以分为三个主要方面：

(1) 爆源特性。包括炸药性能、药量大小、装药结构、爆破类型、起爆方式等。

(2) 传播介质特性。包括地质构造、地形条件、传播介质的物理力学性质和测点的位置、距离等。

(3) 局部场地条件。测点处的地形和地质条件,爆源的相对方向等。

在爆破振动的主要频率特征研究中,要想综合考虑各种因素的影响具有很大的难度。目前主要采用爆破试验和现场监测的手段,通过测试数据的回归分析,对爆破振动频率的变化规律及其特性进行研究。而在这些诸多的影响因素中,研究最多的是炸药量、距离、介质性质和起爆方式对爆破振动频率的影响。受地形地质条件和爆破振动波复杂性和随机性影响,目前尚未得到主振频率的理想计算公式,但是如下一些定性的认识被广泛接受。

(1) 亨利奇介绍了平坦地形和均匀地质条件下爆破地震的主振相周期随传播距离变化的经验计算公式为:

$$T = \tau \times \lg R \tag{1-17}$$
$$f = 1/T$$

式中 T——主振周期(s);

f——主振频率(Hz);

R——爆源振中至计算点水平距离(m);

τ——经验常数。

(2) 爆破地震波主频也受爆破类型影响。一般爆破规模越大,爆破振动频率越低。如隧道内小直径浅眼爆破在邻近隧道或本隧道内产生的振动主频一般在100 Hz以上,其影响范围通常在数十米远;而规模稍大的台阶深孔爆破主振频率在30 Hz左右(深圳安托山的测振数据为15~70 Hz),影响范围一般在数百米内;大规模的洞室爆破的主振频率在10 Hz以下(天生桥洞室爆破主频为7.4 Hz、尖山铁矿洞室爆破主频为7.5 Hz、宜昌南站洞室爆破主频为8 Hz),其有害影响范围一般在千米以内。

(3) 爆破地震波主频与传播介质特性有关,越是坚硬的岩石中高频振波成分越丰富,而在软弱风化岩或土层中传播的地震波高频成分衰减更快,例如在秦岭高地应力特硬完整花岗岩中测得的爆破振动波主频达380 Hz,而在深圳某采石场风化花岗岩中测得的爆破振动波主频仅15 Hz。

(4) 根据相似准则所得到的爆破地震波主频率随比例药量的变化关系,可表示为:

$$f \cdot R = k\varphi(\sqrt[3]{Q}/R) \tag{1-18}$$

式中 f——爆破地震波主频率;

R——观测点到爆破地震波源的距离(m);

k——与地质条件有关的系数;

Q——同时起爆的药量(kg);

$\varphi(\sqrt[3]{Q}/R)$——比例药量$\sqrt[3]{Q}/R$的函数。

(5) 通过现场爆破振动测试波形的主频分析,由统计回归法获得爆破振动主频的变化规律,爆破地震波的频谱一般为不对称钟形,其外包络线可以用λ曲线进行近似(图1-7):

则外包络线方程为:

$$A_{x=R}(f) = a \cdot f^3 e^{-b \cdot f} \tag{1-19}$$

式中 $A_{x=R}(f)$——爆破地震波在距离R处的频率幅值函数;

a、b——与药量、药包直径等参数有关的系数,参照萨道夫斯基公式可表示为如下形式:

$$a = k\left(\frac{\sqrt[3]{Q}}{R}\right)^{\alpha} \tag{1-20}$$

$$b = b_1 \sqrt[3]{Q} \tag{1-21}$$

其中 Q——同时起爆的药量(kg)，

k、α——对应萨道夫斯基公式中的地质系数。

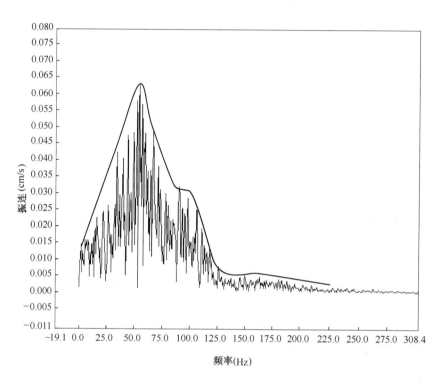

图 1-7 爆破地震波频谱示意图

为了研究爆破地震波的主频率随距离的变化曲线，将爆破地震波看成由一系列简谐波组成——通过傅里叶变换就可实现。

$$A(f,R) = \int A(t,R) \cdot e^{-i2\pi f} dt \tag{1-22}$$

综合考察式(1-19)和式(1-22)，则爆破地震波在任意点的爆破振动中每个频率对应的幅值可以表示为：

$$A(f,R) = a \cdot f^3 e^{-b \cdot f} \cdot \frac{1}{R} e^{-\frac{\pi \cdot f \cdot R}{Q_{PD} \cdot C}} A_0$$

$$= \frac{a \cdot A_0 \cdot f^3}{R} e^{-f\left(b + \frac{\pi \cdot R}{Q_{PD} \cdot C}\right)} \tag{1-23}$$

其中 a、b、A_0、π、Q_{PD}、C 均为与爆破条件有关的常数。为了求出主振频率，对式(1-23)的频率 f 求偏导数，并令其等于零，得：

$$\frac{\partial A(f,R)}{\partial f} = \frac{3 \cdot a \cdot A_0 \cdot f^2}{R} e^{-f\left(b + \frac{\pi \cdot R}{Q_{PD} \cdot C}\right)} - \frac{a \cdot A_0 \cdot f^3}{R}\left(b + \frac{\pi \cdot R}{Q_{PD} \cdot C}\right) e^{-f\left(b + \frac{\pi \cdot R}{Q_{PD} \cdot C}\right)}$$

$$= -\frac{a \cdot A_0 \cdot f^2}{R}\left[3 - \left(b + \frac{\pi \cdot R}{Q_{PD} \cdot C}\right) \cdot f\right] e^{-f\left(b + \frac{\pi \cdot R}{Q_{PD} \cdot C}\right)} = 0$$

由于在我们考察的范围($f = 2 \sim 200$ Hz)内，$\dfrac{a \cdot A_0 \cdot f^2}{R} e^{-f\left(b + \frac{\pi \cdot R}{Q_{PD} \cdot C}\right)} \neq 0$。只能是

$$3 - \left(b + \frac{\pi \cdot R}{Q_{PD} \cdot C}\right) \cdot f = 0$$

即：

$$f = \frac{3 \cdot Q_{PD} \cdot C}{b \cdot Q_{PD} C + \pi \cdot R} \tag{1-24}$$

时取极大值。由于式(1-24)中的 b、Q_{PD}、C 均为待定参量，为使用方便，再令：

$$b_1 = \frac{1}{3} b^3 \cdot \sqrt{Q},\, b_2 = \frac{\pi}{3 Q_{PD} \cdot C}$$

同时参照式(1-21)，则式(1-24)变成：

$$f = \frac{1}{b_1 \cdot \sqrt[3]{Q} + b_2 \cdot r} \tag{1-25}$$

在数据处理时，先对常数项进行合并整理，将式(1-25)改写成如下形式：

$$\frac{1}{f} = b_1 \sqrt[3]{Q} + b_2 R \tag{1-26}$$

为了利用一次线性回归分析方法，在数据处理过程中将上式转化为：

$$\frac{1}{f \cdot R} = b_1 \left(\frac{\sqrt[3]{Q}}{R}\right) + b_2 \tag{1-27}$$

通过试验数据采用线性拟合的方法就可以方便地求出参数 b_1 和 b_2。式(1-27)的表观形式和量纲分析的结果与式(1-18)一致。

1.2.5 爆破振动波的振动持续时间

爆破地震与天然地震的另一重要区别在于时域特征，天然地震振动时间较长，一次振动能持续几秒至50 s，而爆破地震持续时间很短，一次振动只有几百毫秒，1~15 段雷管的延期时差约在 880 ms 以内，超过一秒的振动时域比较少。所以天然地震的破坏能量比爆破地震大很多倍。

从振动次数上来看，天然地震常伴有多次余震，有些建筑物虽然在主振时尚未破坏，但已受损伤，后来的余震导致建筑物毁坏的例子屡见不鲜，说明振动次数对振动安全问题也十分重要。很多情况下爆破振动一次完成，如拆除或洞室爆破等，虽然复杂条件爆破过程可达10 s 以上，但整个爆破过程是分段完成。也有采石场或某些石方开挖爆破或地下爆破工程中，需要长期爆破，当爆破振动强度超过建筑物弹性变形限值，地震波作用造成的危害才会不断累加，一般情况下，小于弹性阶段的爆破振动可忽略振动疲劳损伤。

1.2.6 爆破地震波传播特性的小结

大量的科研观测和研究表明，爆破地震波在岩土介质中传播有以下规律：(1)质点振动速度的大小与药量成正比，与距离成反比。(2)与天然地震相比，爆破振动波幅值随距离变化衰

减更快,振动频率更高,振动持续时间很短。(3)传播介质愈是坚硬、致密、完整,爆破地震波衰减越慢、传播越远,振动频率越高。(4)在相同距离处,地表的振动强度较地下振动强度更大;隧道洞壁的振动强度比岩体内部振动更大。(5)受爆岩体的约束条件对爆破振动的传播有较大影响,自由度为1的隧道开挖爆破较之自由度为2的台阶爆破,在药量、距离相同时,振动强度更大。另外,对台阶爆破或洞室爆破,最小抵抗线方向的振动最小,两侧次之,背后最大。(6)多药包延时爆破时,各药包的爆炸地震波先后到达任一点会产生叠加、干扰或分离三种状态。在整周期相遇时,完全叠加;延时半周期左右,波峰与波谷相遇时,产生干扰减振,极端情况下半周期错时相遇,波峰与波谷叠加抵消,振动极弱;间隔时间足够长时,相互分离。(7)爆破地震波传播过程中遇不同介质交界面或软弱夹层,会形成波的反射、折射和透射,地震波继续向前传播的能量有较大损失。

2 爆破地震效应分析

2.1 天然地震及爆破地震的特征

2.1.1 地震震级

地震震级是用来划分震源释放能量大小的等级,震源释放能量越大,地震震级越大。在实际测量中,震级是根据地震仪记录的地震波振幅计算出来的,震级每差一级,通过地震被释放的能量约差 32 倍。图 2-1 是汶川地震卧龙台实测的地震波形。分别代表东西方向、南北方向和垂直方向的振动加速度。

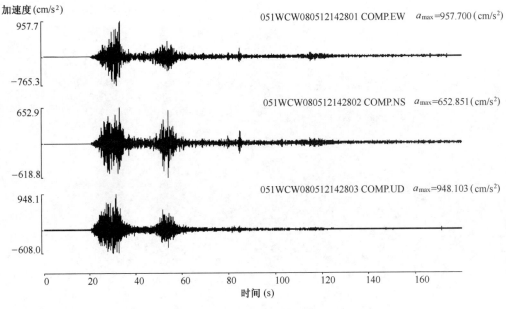

图 2-1 四川汶川卧龙台校正前加速度时程曲线

2.1.2 地震烈度

地震烈度是指地震时某一地区的地面和各类建筑物遭受到地震影响的强弱程度。地震发生后,根据建筑物破坏的程度和地表面变化的状况,评定距震中不同地区的地震烈度。因此,地震烈度主要是说明已经发生的地震影响的程度。一个地区的烈度,不仅与这次地震的释放能量(即震级)、震源深度、距离震中的远近有关,还与地震波传播途径中的工程地质条件和工程建筑物的特性有关。地震的烈度在不同方向有所不同,如在覆盖土层浅的山区衰减快,而覆盖土层厚的平原地区衰减慢。烈度还用于地震区划,表示将来一定期限内可能发生在某一区域内的最大烈度,估计一个建设地区可能发生的地震影响大小。对新建工程来说,工程设计采用的烈度则是一种设计指标。据此进行结构的抗震计算和采取不同的抗震措施。中国地震烈度见表 2-1。

表 2-1　中国地震烈度表

烈度	在地面上的感觉	房屋震害程度		其他震害现象
		震害现象	平均震害指数	
Ⅰ	无感			
Ⅱ	室内个别静止的人有感觉			
Ⅲ	室内少数静止的人有感觉	门、窗轻微作响		悬挂物微动
Ⅳ	室内多数人、室外少数人有感觉,少数人梦中惊醒	门、窗作响		悬挂物明显摆动,器皿作响
Ⅴ	室内普遍、室外多数人有感觉,多数人梦中惊醒	门窗、屋顶、屋架颤动作响,灰土掉落,抹灰出现微细裂缝,有檐瓦掉落,个别屋顶烟囱掉砖		悬挂物大幅度晃动,不稳定器物摇动或翻倒
Ⅵ	多数人站立不稳,少数人惊逃户外	损坏墙体出现裂缝,檐瓦掉落,少数屋顶烟囱裂缝、掉砖	0~0.10	家具和物品移动;河岸和松软土出现裂缝,饱和沙层出现喷沙冒水;有的独立砖烟囱轻度裂缝
Ⅶ	大多数人惊逃户外,骑自行车的人有感觉,行驶中的驾乘人员有感觉	轻度破坏~局部破坏,开裂,小修或不需要修理可继续使用	0.11~0.30	物体从架子上掉落;河岸出现塌方;饱和沙层常见喷沙冒水;松软土地上地裂缝较多;大多数独立砖烟囱中等破坏
Ⅷ度及以上(略):房屋损坏;路基塌方;地下管道破坏等				

2.1.3　爆破地震波与天然地震波的异同点

地震是指因地层内或地面某种动力作用而产生相对大范围的地表或地下结构物的振动。当这种动力来自地球断层大规模错动时便形成天然地震。天然地震发生时,地壳内某处岩石的破裂和错位会产生强烈的振动,同时以振动波形式的能量传播出去,在地面各处引起强烈振动。若这种动力来自于工程目的的炸药爆炸,则产生爆破地震,由于被爆介质不同,炸药爆炸后约有 2%~20% 的能量转化为地震波。爆破地震波在介质内传播,可以引起爆源附近地基及其上建筑物或构筑物产生颠簸和摇晃,即通常所说的地震,这种地震动的强度,随着爆心距的增加而减弱。当采用爆破方法拆除高耸建(构)筑物时,因高大建(构)筑物倒塌触地引起的振动称为塌落振动。近年来,随着城市待拆建(构)筑物高度和体积的不断增加、拆除环境的日益复杂及微差爆破等降低爆破振动措施的采取,爆破拆除高耸建(构)筑物引起的塌落振动往往超过爆破振动,成为对周围建(构)筑物的主要威胁。塌落振动也因此日益引起人们的关注。

天然地震、爆破地震及塌落振动三种地震形式发生时,能量均以弹性波的形式在地壳中传播,引起地表振动,从而危及周围建(构)筑物的安全。三者既有联系又有区别。

1. 天然地震、爆破地震与塌落振动的联系

天然地震、爆破地震和塌落振动引起建(构)筑物的破坏机理相似,都是由于能量释放,并以地震波形式向外传播,引起地表振动而产生破坏效应。它们造成的破坏程度又都受地形、地质等因素的影响。塌落振动、爆破地震和天然地震效应的研究均属于地震工程学的研究范畴。

三者在数学描述上具有简单相似性。在距离振源较远时,天然地震、爆破地震与塌落振动都近似为一维地震弹性波在阻尼介质中逐渐衰减的过程,其波动方程为:

$$\frac{d^2 x}{dt^2} = -\omega_0^2 x - 2\beta_0 \frac{dx}{dt} \tag{2-1}$$

式中 ω_0 ——波圆周频率(rad/s);
β_0 ——阻尼系数,$\beta_0 = \gamma/2m$;
其中 m ——质量(kg),
γ ——阻尼常数。

根据大量工程实践总结得出的地震烈度与天然地震、爆破地震相应物理量的关系见表2-2。目前国内多数地区城市建(构)筑物的抗震标准为7度天然地震烈度,这相当于爆破地震振动速度6.0~12.0 cm/s,说明该爆破振动强度下可不发生明显灾难性破坏,但具体的保护物应考虑正常无损运营的振动强度作标准。

表2-2 地震烈度对应地表质点振动的物理量关系

烈度	天然地震			爆破地震
	加速度(cm/s²)	速度(cm/s)	位移(mm)	最大速度(cm/s)
1				<0.2
2				0.2~0.4
3				0.4~0.8
4				0.8~1.5
5	12~25	1.0~2.0	0.5~1.0	1.5~3.0
6	25~50	2.1~4.0	1.1~2.0	3.0~6.0
7	50~100	4.1~8.0	2.1~4.0	6.0~12.0
8	100~200	8.1~16.0	4.1~8.0	12.0~24.0
9	200~400	16.1~32.0	8.1~16.0	24.0~48.0
10	400~800	32.1~64.0	16.1~32.0	>48

2. 天然地震、爆破地震与塌落振动的区别

(1)频率不同。爆破地震振动频率较高,通常为15~100 Hz,大大超过普通建筑物的自振频率(框架厂房1~3 Hz);天然地震频率一般为1~5 Hz,接近普通建筑物的自振频率;塌落振动频率一般高于天然地震频率,而又低于爆破振动频率,振动主频一般为2~22 Hz。因此检测天然地震所用的传感器仪器与爆破地震有所不同,天然地震检测采用低频段拾振器,而爆破地震检测需要包含低频段的拾振器。

(2)持续时间不同。爆破地震持续时间短,通常振动时间在1 s内;天然地震持续时间较长,一般为 10~50 s;而塌落振动的持续时间介于爆破振动和天然地震之间,一般为 0.5~3.0 s。因此,振动烈度相同时,爆破地震对建筑物的破坏比天然地震轻得多。

(3) 时频域能量分布特征不同。在对三者进行频谱分析时发现,天然地震的时频域能量分布较为发散,而人工爆破和塌落振动的相对较为集中。这主要是因为天然地震的震源深度比爆破和塌落振动的要深得多,地震波所通过的路径也要复杂得多,天然地震震源深度多数大于 5 km;人工爆破是在地表岩层进行的,大多为几米至几百米,其介质密度很低,爆破的振源体积也相对小得多;塌落振动更是发生在地表面。另一方面从震源机制看,地震的震源机制比爆破和塌落振动要复杂得多,爆破源是作用时间很短的点源瞬时膨胀力,塌落振动源是作用时间很短的瞬间冲击力,而地震振源,至少对于浅源地震来说,多数人认为是断层黏滑过程,振源是面积很大的破裂面,源的作用时间随着震级的增大而变长。因为人工爆破和塌落振动的作用时间比天然地震的短,因此天然地震波频率成分丰富,频带宽度也较人工爆破要宽很多。

(4) 波及范围不同。天然地震的传播可达百公里,爆破地震只有几十米到几百米或上千米,而塌落振动更短,仅有几十到上百米。

(5) 携带能量不同。天然地震能量大,可以探测到地幔和地核的整个地球范围;炸药爆破和塌落振动激发的能量低,其能量无法与天然地震相比,探测距离是有限的。爆破地震传播的能量仅为炸药爆破能量的 2%~20%,而中等强度的天然地震传播的能量可达 6.3×10^{14} J,相当 2 万 t TNT 炸药爆炸释放的能量。塌落振动能量依塌落体的质量、重心高度、地面介质的性质等而定。

(6) 振动强度不同。振动强度参数包括质点运动的最大振幅 A_0、质点位移 U、质点振动速度 V、加速度 a。理论上可通过下式得到:

$$\begin{cases} U = x = A_0 e^{-\beta_0 t}\cos(\omega_0 t + t_0) \\ V = x' = A_0 \omega_0 \beta_0 e^{-\beta_0 t}\sin(\omega_0 t + t_0) \\ a = x'' = A_0 \omega_0^2 \beta_0^2 e^{-\beta_0 t}\cos(\omega_0 t + t_0) \end{cases} \quad (2\text{-}2)$$

式中 β_0、ω_0 意义同前。

因此,质点位移 U、质点振动速度 V、质点振动加速度 a 三者的振幅均随地震波传播时间或距振源距离增加而衰减。虽然爆破地震源附近质点加速度(可达 $25g$)往往比测得的天然地震质点加速度(一般约 $1g$)大很多,但衰减迅速,而天然地震衰减缓慢,塌落振动介于二者之间。

总之,天然地震更易引起建(构)筑物破坏,爆破振动和塌落振动次之,在城市高层建构(筑)物拆除爆破中,塌落振动又往往大于爆破振动,不能简单地用天然地震烈度来评价爆破地震和塌落振动的破坏情况,需要分别对其进行深入的研究。

塌落振动与爆破地震及天然地震一样,都是由于能量释放,并以地震波形式向外传播,引起地表振动而产生破坏效应的。它们的对比关系见表 2-3。由于人们对天然地震动的特征以及建筑物的抗震能力的研究已有较长的历史,也积累了不少经验和方法,这些经验和方法作适当的修正,是可以应用于爆破振动和塌落振动效应的防控。另外,人们对爆破振动的研究也比塌落振动深入得多,爆破振动和塌落振动尽管振源机制不一样,但转化为地震波后的传播与衰减规律极为相似,因此爆破振动的一些经验和研究方法经过适当修正也可用于塌落振动的研究。

表 2-3　爆破地震、塌落振动与天然地震的比较

项目 类别	震源深度	释放能量	振动频率	持续时间	影响范围
爆破地震	地表(浅)	小	高	短	小
塌落振动	地表(浅)	小	低	短	小
天然地震	地壳深处	大	低	长	大

2.2　爆破振动信号分析

爆破振动信号有很大随机性,它是一种复杂的振动信号,可以看成是由不同幅值、不同频率和不同相位的谐波组成的复合波,但在很多频率成分中有一个或多个频段为主要成分,称为主振频率。在爆破振动分析中很有必要了解爆破振动信号的频率成分以及建筑物结构的固有频率特性。早在 20 世纪 80 年代国内外学者就将反应谱理论应用到爆破振动频谱特性研究中,利用频谱分析可求得爆破振动信号的各种频率成分和它们的对应幅值(或能量)及相位,这对研究爆破地震波的特性及结构的动力反应是很有意义的。

2.2.1　爆破振动频谱分析

把复杂成分的物质,分解成简单的成分,并把其具有的特征量,按大小顺序排列起来,就构成所谓的谱。相应地,把振动波形分解成许多不同频率的谐波,按各谐波频率的高低排列起来,就形成波形的频谱。

爆破地震波波形是一种随机波形,如果将实测的振动波形分解后,就可看到它由许多谐波组成,而这些谐波分量又都具有不同的振幅和相位。若以振幅或相位作纵坐标,以频率作横坐标,就可得到各种振幅或相位以频率为变量的频谱函数,所作出的曲线或谱线,则为该振动波形的频谱图。这样,原始记录的时域信号便成了频率域的信号。

频谱分析就是把时间域的各种动态信号变换到频率域进行分析,分析的结果是以频率为横坐标的各种动态参数的谱线和曲线。

2.2.1.1　傅里叶分析的计算方法

根据数学知识可知,任一复杂的周期波形都可以展开为傅里叶级数的形式,即可将这个波形分解成许多不同频率的正弦和余弦曲线之和。一个复杂的周期运动过程可以由很多个简谐运动的叠加来表示,这些简谐运动的频率是一组离散的频率,即周期波的频谱图是离散的线谱。

爆破时引起的质点振动是一个非常复杂的周期运动过程,它的振动频率不是一组离散的频率,而是由 $0 \sim \infty$ 之间连续变更的频率。这种振动的过程,可以用非周期函数来描述。非周期波形不能直接展开成傅里叶级数,它的频谱是连续频谱。

非周期振动波,可用傅里叶积分形式来表示。傅里叶积分的复数形式为:

$$f(t) = \frac{1}{2\pi} \int_{-\infty}^{\infty} d\omega \int_{-\infty}^{\infty} f(\tau) e^{i\omega(t-\tau)} d\tau \tag{2-3}$$

令 $F(\omega) = \int_{-\infty}^{\infty} f(\tau) e^{i\omega(t-\tau)} d\tau$,则式(2-3)可改写为:

$$f(t) = \frac{1}{2\pi} \int_{-\infty}^{\infty} F(\omega) e^{i\omega t} d\omega \tag{2-4}$$

而 $F(\omega)$ 一般是复数形式，可表示为 $F(\omega) = A(\omega) - iB(\omega) = R(\omega) e^{-i\varphi(\omega)}$，于是 $F(\omega)$ 可改写为：

$$F(\omega) = \int_{-\infty}^{\infty} f(\tau)(\cos\omega - i\sin\omega\tau) d\tau \tag{2-5}$$

根据式(2-5)，得：

$$A(\omega) = \int_{-\infty}^{\infty} f(\tau) \int_{-\infty}^{\infty} f(\tau)(\cos\omega\tau) d\tau$$

$$B(\omega) = \int_{-\infty}^{\infty} f(\tau) \int_{-\infty}^{\infty} f(\tau)(\sin\omega\tau) d\tau \tag{2-6}$$

$$R(\omega) = \sqrt{[A(\omega)]^2 + [B(\omega)]^2}$$

函数 $R(\omega)$ 称为函数 $f(t)$ 的傅里叶振幅谱，函数 $F(\omega)$ 为函数 $f(t)$ 的傅里叶变换或函数 $f(t)$ 的傅里叶谱，$A(\omega)$、$B(\omega)$ 分别为傅里叶变换的实部与虚部。傅里叶分析方法就是建立在傅里叶积分这两种计算方法基础之上的，傅里叶级数和傅里叶积分可广义地统称为傅里叶变换。

对于已知一些函数，可通过傅里叶级数和积分给出解析解，但对于实测的波形记录曲线一般不能写出精确的数学函数关系式。实测的振动波形记录曲线为连续的波形，不仅难以用数学关系式描述，也不适用于数字计算机计算。为了能利用计算机计算，必须对记录的连续波形进行离散采样和量化，得到该信号波形的无穷离散数值序列 $\{X_0, X_1, X_2, \cdots, X_n, \cdots\}$。显然，计算机受内存容量的限制，不可能接受无限个离散采样数值，只能对有限离散数值序列 $\{X_0, X_1, X_2, \cdots, X_n\}$ 进行计算，对此有限的离散数值序列 $\{X_n\}$ 进行傅里叶变换，称为有限离散傅里叶变换(DFT)。

已知一个连续变化的波形 $x(t)$，对其进行离散采样，设样本(即一个记录的波形)长度为 T，采样间隔 Δt，采样点数为 N(N 一般取偶数)，则采样点的数值构成离散值序列：

$$\{X_m = x(m\Delta t) \quad [m = 0, 1, 2, \cdots, (N-1)]\}$$

m 号采样点处的时刻 $t_k = m\Delta t$，该时刻的数据为 $X_m = x(m\Delta t)$，于是就可得到在 $[0, T]$ 区间内 $x(t)$ 的有限傅里叶级数。

$$x(t) = a_0/2 + \sum_{k=1}^{N/2} a_k \cos\frac{2km\pi}{N}t + \sum_{k=1}^{(N/2)-1} b_k \sin\frac{2km\pi}{N}t \tag{2-7}$$

式中傅里叶系数 a_k、b_k 分别为：

$$\begin{cases} a_k = \frac{2}{N} \sum_{k=1}^{N-1} x_m \cos\frac{2km\pi}{N} \\ b_k = \frac{2}{N} \sum_{k=1}^{N-1} x_m \sin\frac{2km\pi}{N} \end{cases} \tag{2-8}$$

a_k 中，$k = 0, 1, 2, \cdots, (N/2)$；$b_k$ 中，$k = 0, 1, 2, \cdots, [(N/2) - 1]$。

在做有限傅里叶变换的计算时，当 $x(t)$ 为周期函数时，T 就是周期；当 $x(t)$ 为非周期函数时，T 就是样本长度，二者计算公式一样。离散傅里叶变换解决了在计算机上实现傅里叶变换的问题，但运算量很大，特别是在计算点数多时更为突出。如不解决快速算法，DFT 即使在计算机上算也不实用。1965年柯立(Cooley J W)和杜开(Tukey)提出了DFT的快速法,并编出了该法的计算程序,后来称之为快速傅里叶变换(FFT)。它不是一种新的变换理论,而是计算$x(t)$的有利于傅里叶变换的快速方法。现在可方便地找到FFT算法的应用软件,运用快速傅里叶变换进行爆破地震波的频谱分析。

1. 信号的短时傅里叶变换

(1) 信号处理中的开窗技术

窗函数作用于信号的过程可以表示如下:

$$f(t) = x(t)w(t) \tag{2-9}$$

式中　$f(t)$——加窗后的信号;

　　　$x(t)$——加窗前的信号;

　　　$\omega(t)$——窗函数。

对信号进行有限时间内的采样就相当于利用矩形窗对信号进行截短,如图2-2所示。但是如果窗长和信号的基波周期整数倍不相等,离散频谱中就会有泄漏(frequency leakage)产生。泄漏使分析的频谱造成不应有的畸变,给分析结果带来误差。但是在多数情况下,又不得不在分析信号时用有限长的窗对信号进行截短。因此,为了保证频谱的分析精度,必须研究如何减少加窗时造成的泄漏误差。

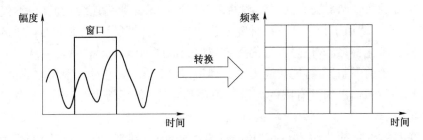

图2-2　窗函数作用于信号的过程

泄漏的产生主要是由矩形窗边界的突变特性造成的,它的急剧变化将在频域内引入许多高频分量,对应到矩形窗谱中的表现就是旁瓣的最大电平较大且衰减速率较小。如果用边缘变化平缓的其他窗函数(对应窗谱的旁瓣的最大电平较小且衰减速率较大)代替矩形窗,则可减小泄漏的产生,但相应会产生其他问题。

除了矩形窗外,常用的窗函数还有汉明(Hamming)窗、汉宁(Hanning)窗、布莱克曼(Blackman)窗、凯塞(Kaiser)窗、三角(triangle)窗、平顶(flat top)窗、指数(exponential)窗等。这几种典型窗函数相对于矩形窗而言,它们的旁瓣效应都有不同程度的减弱,但主瓣宽度却有不同程度的加宽(如汉明窗的窗谱)。而为了获得较好的频谱分析精度,总是希望窗函数频谱的旁瓣幅值小而主瓣宽度窄。因为旁瓣小可减小泄漏误差,而主瓣窄可提高频率分辨率,因此泄漏的降低是以分辨率的下降为代价的。换句话说,频谱分析精度和分辨率两个指标是相互矛盾的,不能要求两个指标同时都很好,而需要根据信号分析的不同要求选择合适的窗。

通常,窗的选择可考虑如下方式:对持续时间较短的信号进行分析时,可选择矩形窗,并使整个信号都包括在窗内,这时因两端截断处信号为零,也就没有泄漏发生;对包含周期信号在内的无限长信号,可采用汉明窗、汉宁窗或余弦—矩形窗平滑,以减少泄漏误差;如果信号分析的目的主要是准确确定频谱中的尖峰频率,如系统结构的自振频率,此时最重要的指标是频率分辨率,因而宜选主瓣最窄的矩形窗。

窗函数实质上是对信号进行加权处理。从时域看似乎矩形窗最合理,因为窗长内的信号值保持不变,而其他窗函数都会引起信号值的改变。但从频域来看,除了频率分辨率指标不如矩形窗外,各平滑窗都会使分析频谱的误差较小,这也说明了由频域观察信号的本质性。窗函数主要用于对截断处的不连续变化进行平滑,此外,也可用来滤波,以减少噪声干扰。常用窗函数的比较见表2-4。

表2-4 常用窗函数及其频谱

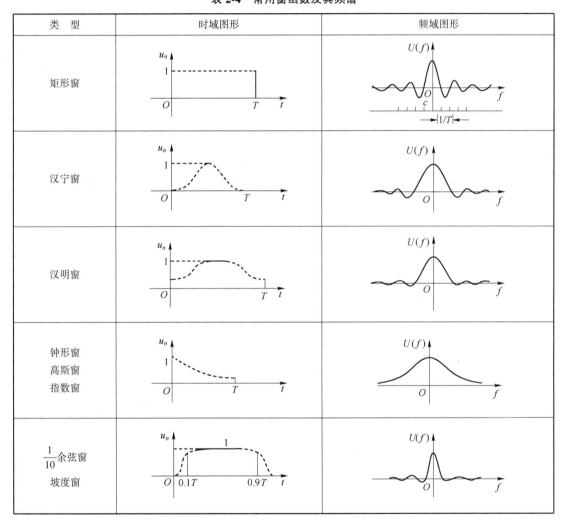

(2) 短时傅里叶变换

由于标准傅里叶变换只在频域内有局部分析能力,而在时域内不存在这种能力,为克服这一困难,Gabor于1946年引入了短时傅里叶变换(又称窗口傅里叶变换),在很长时间内短时傅里叶变换成了非平稳信号分析的一种标准和有力工具。短时傅里叶变换的基本思想是,假定非平稳信号在分析函数 $g(t)$ 的一个短时间隔内是平稳(伪平稳)的,并移动分析窗函数,使 $f(t)*g(\omega-t)$ 在不同的有限时宽内为不同的伪平稳信号,从而计算出各个不同时刻的功率谱。其表达式为：

$$S(\omega,t) = \int_R f(t)^* g(\omega - t) e^{-j\omega t} dt \qquad (2-10)$$

式中　"*"——表示复共轭；
　　　$g(t)$——有紧支撑的函数；
　　　$f(t)$——被分析信号。

在这个变换中，$g(t)$起时限的作用。随着时间t的变化，$g(t)$所确定的"时间窗"在t轴上移动，使$f(t)$"逐渐"进行分析。因此，$g(t)$被称为窗口函数，而$S(\omega,t)$大致反映了$f(t)$在时刻t时、频率为ω的"信号成分"的相对含量。这样信号在窗函数上的展开就可以表示为$[t-\delta, t+\delta]$、$[\omega-\varepsilon, \omega+\varepsilon]$这一区域内的状态，并把这一区域称为窗口，$\delta$和$\varepsilon$分别称为窗口的频宽和时宽，表示了时频分析中的分辨率，窗口越小分辨率越高。很显然，希望δ和ε都非常小，以便有更好的时频分析效果，但海森伯(Heisenberg)测不准原理(uncertainty principle，又称时频不确定原理)指出δ和ε是互相制约的，两者不可能同时都任意小。因此，短时傅里叶变换虽然在一定程度上克服了标准傅里叶变换不具有局部分析能力的缺陷，但它也存在着自身不可克服的缺陷，即当窗口函数$g(t)$确定后，t、ω只能改变窗口的形状，这样短时傅里叶变换实质上是具有单一分辨率的分析。而要改变分辨率，则必须重新选择窗函数$g(t)$，若选择的$g(t)$窄（即时间分辨率高），则频率分辨率低；而如果为了提高频率分辨率使$g(t)$变宽，伪平稳假设的近似程度便会变差。因此，要同时兼顾时频分辨率有一定困难，存在着基本的折中，即为取得好的时间分辨率(使用短的时间窗)而牺牲频率分辨率，反之亦然。因此，短时傅里叶变换用来分析平稳信号犹可，但对于爆破振动这类非平稳信号而言，在信号变化剧烈时，必然对应于含有迅速变化的高频分量，要求较高的时间分辨率，而在变化比较平缓的时刻，主频是低频，则要求较高的频率分辨率。短时傅里叶变换不能兼顾两者，存在着自身不可克服的缺陷。要达到同时提高时间分辨率和频率分辨率的目的来同时提高时频分辨率，可以将时间和频率轴进行非均匀划分，根据各个"时频区域"的具体情形，使之均达到所需的时频分辨率(当然在每个时频区域内均满足不确定原理)，如图2-3所示，这就是时频分析思想。

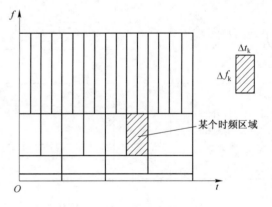

图2-3　通过对时频轴的非均匀划分来同时提高时频分辨率

2. 傅里叶变换在爆破振动信号中的应用

（1）获取爆破振动信号的功率谱

由于傅里叶变换的实质是将信号分解成许多不同频率的正弦波的叠加，这些正弦波及其高次谐波即为傅里叶变换的标准基。因此，傅里叶变换在频域内具有局部化性质。爆破工程中常常利用这一特性从频域来考察爆破振动信号的特性。

图2-4为一爆破振动信号的速度时程曲线及其相应的功率谱曲线，从图中可以看出，爆破振动信号的功率谱能从频域较好地表达爆破信号中各种频率成分的组成情况(如高频和低频

成分的含量),也就是说傅里叶变换能将信号的时域特性和频域特征联系起来,能分别从时域和频域对信号的特征进行刻画。但是,从图2-4可知,傅里叶变换并不能将两者有机地结合起来,这是因为信号的时域波形中不包含任何频域信息;同样,其傅里叶谱是信号的统计特性,是整个时域内的积分,完全不具备时域信息。也就是说,对于傅里叶谱中的某一频率,不知道该频率是在什么时候产生的,而实际信号往往是时变信号、非平稳过程,了解它们的时间与频率的局部特性常常是很重要的。这样,用傅里叶变换分析像爆破振动这类非平稳信号时面临一对最基本的矛盾:时域和频域的局部化矛盾。要解决这一问题,人们很自然地首先想到通过预先加窗的办法使频谱反映时间局部特性。非平稳信号的分析与处理需要比傅里叶变换具有更多、更严格的要求,如仍采用信号分解的概念,则必须使用具有局域性的基函数。

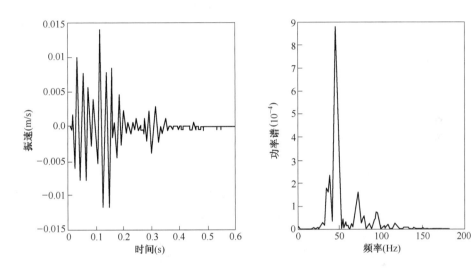

图 2-4　爆破振动信号及其功率谱

(2) 获取爆破振动信号的优势频率

在爆破振动信号处理中,将傅里叶谱中最大谱值对应的频率称为优势频率(又称卓越频率),工程领域常用优势频率、主频域来分析不同条件下爆破振动的频谱特性。可以从爆破振动信号的功率谱中获取爆破振动信号的优势频率。如图2-4所示,该信号的优势频率为 47.5 Hz。

随着对爆破地震波分析的深入研究,近年来又开展了利用小波基变换分析法进行爆破地震波频谱特性研究。因为 FFT 法对平稳信号具有较好的效果和精度,而爆破振动波为非平稳信号,小波基变换可满足信号高频部分需较高时间分辨率,而低频部分需较高频率分辨率的要求,有效地应用于非平稳爆破振动信号的分析处理中。

2.2.1.2　小波基分析法

小波分析(wavelet analysis)方法是一种窗口大小(即窗口面积)固定但其形状可改变,时间窗和频率窗都可改变的时频局部化分析方法。即在低频部分具有较高的频率分辨率和较低的时间分辨率,在高频部分具有较高的时间分辨率和较低的频率分辨率,所以被誉为数学显微镜。正是这种特性,使小波变换具有对信号的自适应性。小波分析是调和分析这一数学领域半个世纪以来的工作结晶,广泛地应用于信号处理、图像处理、量子场论、地震勘探、语音识别与合成、音乐、雷达、CT成像、彩色复印、流体湍流、天体识别、机器视觉、机械故障诊断与监控、分形以及数字电视等科技领域。原则上讲,传统上使用傅里叶分析的地方,都可以用小波分析取代。小波分析优于傅里叶变换的地方是,它在时域和频域同时具有良好的局部化性质,并能对不同的频率成分提供不同的分析分辨率(即多分辨率分析)。小波分析技术在爆破振动信号时频分析、重构信号、微差延期时间的识别等方面的应用具有良好的效果。

1. 小波分析理论

设 $\psi(t) \in L^2(R)$ [$L^2(R)$ 为能量有限的信号空间],其傅里叶变换为 $\hat{\psi}(t)$。

当 $\psi(t)$ 满足:

$$C_\psi = \int_R \frac{|\hat{\psi}(\omega)|^2}{|\omega|} d\omega < \infty \tag{2-11}$$

则称 $\psi(t)$ 为一个基本小波或母小波。将母小波 $\psi(t)$ 伸缩和平移后,就可以得到一个小波序列。

对于连续的情况,小波序列为:

$$\psi_{a,b}(t) = |a|^{-\frac{1}{2}} \psi\left(\frac{t-b}{a}\right), \quad a、b \in R; a \neq 0 \tag{2-12}$$

式中 a——伸缩因子;

b——平移因子。

对于离散情况,小波序列为:

$$\psi_{j,k}(t) = 2^{-j/2} \psi(2^{-j}t - k) \tag{2-13}$$

对于任意的函数 $f(t) \in L^2(R)$ 的连续小波变换为:

$$W_f(a,b) = <f, \psi_{a,b}> = |a|^{-\frac{1}{2}} \int_R f(t) \overline{\psi\left(\frac{t-b}{a}\right)} dt \tag{2-14}$$

式中 $<f, \psi_{a,b}>$——$f(t)$ 与 $\psi_{a,b}$ 之内积;

$\overline{\psi\left(\frac{t-b}{a}\right)}$——$\psi\left(\frac{t-b}{a}\right)$ 的共轭函数。

连续小波变换的逆变换为:

$$f(t) = \frac{1}{C_\psi} \iint_{R \times R} \frac{1}{a^2} W_f(a,b) \psi\left(\frac{t-b}{a}\right) da db \tag{2-15}$$

小波变换的时频窗口特性与短时傅里叶的时频窗口不一样。其窗口形状为两个矩形[$b-a\Delta\psi, b+a\Delta\psi$]×[$(\pm\omega_0-\Delta\psi)/a, (\pm\omega_0+\Delta\psi)/a$],窗口中心为 $(b, \pm\omega_0/a)$,时窗和频窗宽分别为 $a\Delta\psi$ 和 $\Delta\psi/a$。其中 b 仅仅影响窗口在相对平面时间轴上的位置,而 a 不仅影响窗口在频率轴上的位置,也影响窗口的形状。

实际应用中,特别是在计算机上实现小波变换时,必须对连续的尺度参数 a 和连续的平移参数 b 进行离散化,即取 $a = a_0^j, b = ka_0^j b_0$,其中 $j \in Z$,扩展步长 $a_0 > 1$,则对应的离散小波函数 $\psi_{j,k}(t)$ 为:

$$\psi_{j,k}(t) = a_0^{-j/2} \psi\left(\frac{t - ka_0^j b_0}{a_0^j}\right) = a_0^{-j/2} \psi(a_0^{-j}t - kb_0) \tag{2-16}$$

而相应的离散化小波变换系数可表示为:

$$C_{j,k} = \int_{-\infty}^{\infty} f(t)\overline{\psi_{j,k}(t)}dt = <f,\psi_{j,k}> \tag{2-17}$$

其重构公式为：

$$f(t) = C \sum_{-\infty}^{\infty} \sum_{-\infty}^{\infty} C_{j,k}\psi_{j,k}(t) \tag{2-18}$$

式中 C——与信号无关的常数。

显然，网格点应尽可能密（即 a_0 和 b_0 尽可能小）才能保证重构信号的精度，网格点越稀疏，使用的小波函数 $\psi_{j,k}(t)$ 和离散化小波系数 $C_{j,k}$ 就越少，信号重构精度自然会降低。为使小波变换具有可变化的时间和频率分辨率，适应待分析信号的非平稳特性，还需改变 a 和 b 的大小，以使小波变换具有"变焦距"的功能。实际应用中最常用的是二进制动态采样网格，即取 $a = 2^j, b = 2^j k (j, k \in Z)$，由此得到所谓的二进小波：

$$\psi_{j,k}(t) = 2^{-j/2}\psi(2^{-j}t-k) \tag{2-19}$$

该二进小波变换为：

$$W_{2^j}f(k) = <f(t),\psi_{2^j}(k)> = \frac{1}{2^j}\int_R f(t)\overline{\psi(2^{-j}t-k)}dt \tag{2-20}$$

式（2-20）的逆变换为：

$$f(t) = \sum_{j\in z}W_{2^j}f(k)\psi_{2^j}(t) = \sum_{j\in z}\int W_{2^j}f(k)\psi_{2^j}(2^{-j}t-k)dk \tag{2-21}$$

从上面的定义可以看出，小波变换 $W_f(a,b)$ 反映了信号含有特定小波分量 $\psi_{a,b}$ 的大小。小波函数 $\psi_{a,b}$ 随刻度参数 a 和时间位移参数 b 的变化对应不同的频段和不同的时间区间。从频域上看，用不同尺度作小波变换大致相当于用一组带通滤波器对信号进行处理，当 a 小时，时间轴上观察范围小，而在频域上相当于用高频小波作细致观察；当 a 大时，时间轴上观察范围大，而在频域上相当于用低频小波作概貌观察。因此，以小波 $\psi_{a,b}$ 作为基函数进行分解的小波变换对高频信号具有较高的时间分辨率和较低的频率分辨率；对低频信号具有较高的频率分辨率和较低的时间分辨率。小波变换这种随着信号频率升高时间分辨率也升高的特性恰好满足对具有多刻度特征信号进行时频定位的要求，也是它与窗口傅里叶变换的区别所在。

2. 小波分析中小波函数（基函数）的选取

小波分析中所用到的小波函数（基函数）既不是唯一的，也不是任意的。因此，小波分析在实际应用中一个重要的问题是小波基的选择问题。这是因为用不同的小波基分析同一个问题会产生不同的结果。小波基的构造与选择是小波分析这一领域的一个热点，也是难点，小波基的优化选择始终是小波理论研究的重要内容。选择小波基时，除要求该小波基函数具有紧支撑性（即函数从一个有限值收敛到 0 的速度，该特性可使小波变换的局部分析能力更好）和一定正则性（regularity，用来刻画函数的光滑程度，对信号的重构获得较好的平滑效果和产生较小的畸变有很大影响）外，还要求其曲线外形与被分析信号有较好的相似性，目前主要通过小波分析方法处理信号的结果与理论结果的误差来判定小波基的好坏。在 MATLAB6.1 小波分析工具包中有大量小波基函数可供选择，完全可以满足一般信号分析处理需要，图 2-5 为常用的小波函数，表 2-5 为几个小波系列的主要性质。当然，也可以根据被分析信号的特点，构造出自己的小波函数。

表 2-5 几个小波系列的主要性质

小波函数	正交性	双正交性	紧支撑性	连续小波变换	离散连续小波变换	对称性
Haar	有	有	有	可以	可以	对称
Daubechies	有	有	有	可以	可以	近似对称
Biorthgonal	无	有	有	可以	可以	不对称
Coifets	有	有	有	可以	可以	近似对称
Symlets	有	有	有	可以	可以	近似对称
Morlet	无	无	无	可以	不可以	对称
Mexican	无	无	无	可以	不可以	对称
Meyer	有	有	无	可以	可以	对称

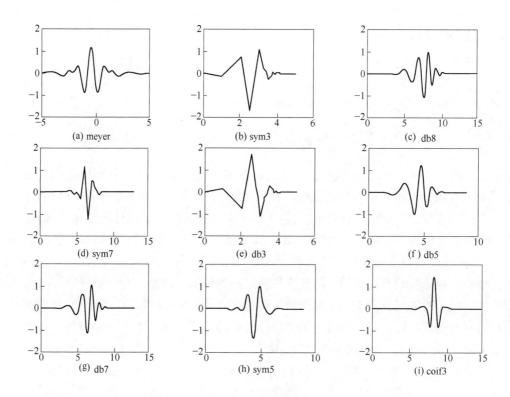

图 2-5 几种常用于分析振动信号的小波函数

由式(2-20)可以看出,实际应用中进行小波变换时,尺度 a 是按二进制离散的($a=2^j$),即信号的频带是按指数等间隔划分的。图 2-6 中以三层分解为例:若设被分析信号的最低频率为 0,最高频率为 ω(即信号频带为 $[0,\omega]$),则其经一层分解后被分成两个信号,这两个信号的频带宽分别为 $[0,\omega/2]$ 和 $[\omega/2,\omega]$ 两部分,每个部分都经过一次减点抽样;再下一层的小波分解则是对频率成分 $[0,\omega/2]$ 进行进一步分解,又得到两个子信号,其频带分别为 $[0,\omega/2^2]$ 与 $[\omega/2^2,\omega/2]$,如此类推分解 N 次即可得到第 N 层(尺度 N)的小波分解结果。所以在高频段其频率分辨率较差,而在低频段其时间分辨率较差。为解决这一问题,又发展了小波包分析技术。

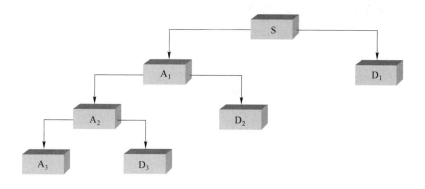

图 2-6 二进小波分解结构图(以三层为例)

3. 小波包分析

(1) 小波包分析理论

小波包的概念是由 Wickerhauser 和 Coifman 等在小波变换的基础上进一步提出来的,并从数学上作了比较严密的推导。其基本思想是对小波分析没有分解的高频部分也同样分解为高频、低频两部分,依次类推进行多层次划分。它能根据被分析信号的特征,自适应地选择相应频带与信号频谱相匹配。从函数理论的角度看,小波包变换是将信号投影到小波包基函数张成的空间中。从信号处理的角度看,它是让信号通过一系列中心频率不同但带宽相同的滤波器。因此它比小波分解更为精细,能极大地提高信号分析的频率分辨率。下面给出小波包分析(wavelet packet analysis) 的原理。

在多分辨率分析中,$L^2(R) = \oplus_{j \in z} W_j$,表明多分辨分析是按照不同的尺度 2^j 将 Hilbert 空间 $L^2(R)$ 分解为所有子空间 $W_j(j \in Z)$ 的正交和。其中 W_j 为小波函数 $\psi(t)$ 的闭包(小波子空间),小波包即是通过将小波子空间 W_j 按照二进分式进行频率的细分解,以达到提高频率分辨率的目的。

一种自然的做法是将尺度空间 V_j 和小波子空间 W_j 用 U_j^n 统一起来表征。设:

$$\begin{cases} U_j^0 = V_j \\ U_j^1 = W_j \end{cases}, \quad j \in Z \tag{2-22}$$

则 Hilbert 空间 $L^2(R)$ 的正交分解 $V_{j+1} = V_j + W_j$,可用 U_j^n 的分解统一为:

$$U_{j+1}^0 = U_j^0 \oplus U_j^1, \quad j \in Z \tag{2-23}$$

若定义空间 U_j^n 是函数 $u_n(t)$ 的闭包空间,而 U_j^{2n} 是函数 $u_{2n}(t)$ 闭包空间,并令 $u_n(t)$ 满足以下的双尺度方程:

$$\begin{cases} u_{2n}(t) = \sqrt{2} \sum_{k \in z} h(k) u_n(2t - k) \\ u_{2n+1}(t) = \sqrt{2} \sum_{k \in z} g(k) u_n(2t - k) \end{cases} \tag{2-24}$$

将以上表示推广到 $n \in Z_+$ (非负整数)的情况,则有:

$$U_{j+1}^n = U_j^n \oplus U_j^{2n+1}, j \in Z; n \in Z_+ \tag{2-25}$$

这样由式(2-24)构造的序列 $\{u_n(t)\}$ (其中 $n \in Z_+$) 称为由基函数 $u_n(t) = \phi(t)$ 确定的正交小波包,或称序列 $\{u_n(t)\}$ 为关于序列 $\{h_k\}$ 的正交小波包。若令 $n = 1, 2, \cdots; j = 1, 2, \cdots;$ 则

按式(2-25)作迭代分解,有:

$$\begin{cases} W_j = U_j^1 = U_{j-1}^2 \oplus U_{j-1}^3 \\ U_{j-1}^2 = U_{j-2}^4 \oplus U_{j-2}^5 \\ U_{j-2}^5 = U_{j-2}^6 \oplus U_{j-2}^7 \\ \vdots \end{cases} \tag{2-26}$$

由式(2-26)可以得到小波空间 W_j 的各种分解:

$$\begin{cases} W_j = U_{j-1}^2 \oplus U_{j-1}^3 \\ W_j = U_{j-2}^4 \oplus U_{j-2}^5 \oplus U_{j-2}^6 \oplus U_{j-2}^7 \\ \vdots \\ W_j = U_{j-k}^{2k} \oplus U_{j-k}^{2k+1} \oplus \cdots \oplus U_{j-k}^{2k+1} \oplus U_{j-k}^{2k-1} \\ \vdots \\ W_j = U_0^{2j} \oplus U_0^{2j+1} \oplus \cdots \oplus U_0^{j+12-1} \end{cases} \tag{2-27}$$

将 W_j 空间各种分解的子空间序列记作 U_{j-1}^{2l+m} ($m=0,1,\cdots,2^l-1;l=1,2,\cdots,j;j=1,2,\cdots$),则子空间序列 U_{j-1}^{2l+m} 的标准正交基为 $\{2^{-(j-1)/2}u_{2l+m}(2^{j-l}t-k),k\in Z\}$。容易看出,当 $l=0$ 和 $m=0$ 时,子空间序列 U_{j-1}^{2l+m} 简化为 $U_{j-1}^l=W_j$,相应的正交基为 $2^{-j/2}u_1(2^{-l}t-k)=2^{-j/2}\psi(2^{-l}t-k)$,这时它恰好是式(2-22)所表示的正交小波族 $\psi_{j,k}(t)$。

令 $n=2^l+m$(n 为一倍频程细划的参数),则小波包可以简略地记为 $\psi_{j,k,n}(t)=2^{-j/2}\psi_n(2^{-l}t-k)$,其中 $\psi_n(t)=2^{l/2}u_{2l+m}(2^l t)$。称 $\psi_{j,k,n}(t)$ 为具有尺度指标 j、位移指标 k 和频率指标 n 的小波包。将它与小波变换中的小波 $\psi_{j,k}(t)$ 比较可知,小波只有离散尺度 j 和离散平移量 k 两个参数,而小波包除了这两个离散参数外,还增加了一个频率参数 $n=2^l+m$。正是这个参数的作用,使得小波包克服了小波在时间分辨率高时频率分辨率低的缺陷。

因此,小波包实现了对高频子空间 W_j 的分解及再分解,它的空间剖分与小波分析有很大不同。图 2-7 为小波包分解结构示意图(仅以三层为例)。从小波包树的结构可以看出,每一个小波包树的二叉子树都对应着最初的子空间,对一个能量有限的信号,小波包基可以利用各个子频带上的信息提供一种特定的信号编码和重构信号的方法。对于给定的爆破振动信号,如进行 n 层小波包分解,则在该层分解中可以得到 $j=2^n$ 个子频率带,并可以由这些等宽的子频带完全重构原信号。

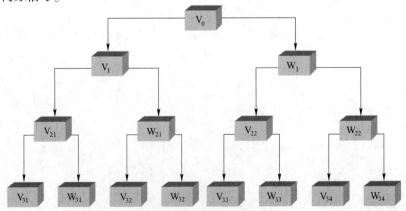

图 2-7 小波包分解结构

若该信号的最低频率为 0,最高频率为 ω(即信号频带为$[0,\omega]$),则每个子频带宽为 $\omega/2^n$。同样,我们可以通过考察各个子频率带的细则情况来分析原始信号的不同频率成分所包含的特点,如各频率成分的能量分布情况、主振频带所在位置等。

(2)小波及小波包分析算法的实现

小波及小波包分析的理论正日趋成熟,但对于研究人员来说要实现其数值计算绝非易事。自从 Math Works 公司于 1982 年推出以矩阵为基本编程单元,集数值计算、信号处理和图形显示于一体的功能强大的 MATLAB 软件后,各个领域的专家学者相继推出了 MATLAB 工具箱,特别是信号处理工具箱(signal process toolbox)和小波工具箱(wavelet toolbox)的相继推出,使各个领域的研究人员可以站在"巨人肩上"开展工作,实现小波及小波包分析计算已不再是一件难事。此外,该软件具有强大的扩展功能,各个层次的研究人员可直观、方便地按不同目的和要求编制软件进行分析和计算。以下计算即基于 MATLAB6.1 运用 MATLAB 语言编程实现的。

4. 爆破振动信号的小波及小波包分析技术

(1)爆破振动信号小波分析技术

运用小波分析方法对爆破振动信号进行分析处理已引起了爆破领域众多研究者的关注,但研究工作主要集中在对爆破振动信号突变成分(奇异性)的检测与分析、频率成分特征分析等方面。长期以来,傅里叶变换是研究函数奇异性的主要工具,其方法是研究函数在傅里叶变换域的衰减以推断函数是否具有奇异性及奇异性的大小。但由于傅里叶变换缺乏空间局部性,它只能确定一个函数奇异性的整体性质,而难以确定奇异点在空间的位置及分布情况。小波分析具有的空间局部化性质,决定了它在分析信号的奇异性及奇异性位置和奇异度的大小等方面会有比较好的效果。目前,运用小波分析模极大值(modulus maximum of wavelet transform)识别信号奇异性的研究较多,如微差爆破中延时间隔识别的研究。最近,基于小波变换的时—能密度分析(time—energy analysis based on wavelet transform)来检测信号中的突变成分已有应用,并取得了较好的效果。下面说明如何用小波变换模极大值法识别微差爆破中延时间隔。

①信号奇异性检测与小波变换模极大值之间的关系

信号的奇异点及不规则的突变部分往往带有比较重要的信息,它是信号的重要特征之一。若信号 $f(x)$ 在某点或某阶导数不连续,则称信号在此处有奇异性。实际应用中,一般用 Lipschitz 指数来表征信号的局部奇异性。下面就信号奇异性与小波变换系数之间的关系进行描述。

设 n 是一非负整数,$n<\alpha\leq n+1$,若存在两个常数 A 和 h_0,及 n 次多项式 $P_n(h)$,使得对任意的 $h\leq h_0$,均有:

$$|f(x_0+h)-P_n(h)|\leq A|h|^\alpha \quad (2\text{-}28)$$

则说 $f(x)$ 在点 x_0 为 Lipschitz 指数 α。

若式(2-27)对所有 $x_0\in(a,b)$ 均成立,且 $x_0+h\in(a,b)$,称 $f(x)$ 在 (a,b) 上是一致 Lipschitz 指数 α。

显然,$f(x)$ 在 x_0 点的 Lipschitz 指数 α 刻画了函数在该点的正则性。Lipschitz 指数 α 越大,函数越光滑;函数在一点连续、可微,则在该点的 Lipschitz 指数 α 为 1;在一点可导有界但不连续时,Lipschitz 指数 α 仍为 1;$f(x)$ 在 x_0 的 Lipschitz 指数 $\alpha<1$,则称函数在 x_0 是奇异的。

在利用小波分析这种局部奇异性时,小波系数取决于$f(x)$在x_0的邻域内的特性及小波变换所取的尺度。在小波变换中,局部奇异性定义如下:

设函数$f(x)$的小波变换用$W_f(s,x)$表示,尺度用s表示,若有:

$$|W_f(s,x)| \leq Ks^\alpha \quad (K\text{为常数}) \quad (2-29)$$

则称α为x_0点的奇异性指数。

若$x \in \delta x_0$,有:

$$|W_f(s,x)| \leq |W_f(x,x_0)| \quad (2-30)$$

则称x_0为小波变换在尺度s下的局部极值点。

从式(2-29)和式(2-30)可以看出,小波变换的模极大值处即是信号产生突变的地方,通过小波变换模极大值可以有效地识别信号发生突变的时刻。由于小波变换在不同的尺度下突出被分析信号局部特征的能力是不一样的,因此,用小波变换模极大值法对信号进行奇异性分析时,最重要的是确定一个最佳变换尺度,只有这样才能将信号中的突变成分最大限度地显示出来。

②微差延期时间的确定原理

在微差爆破中,某测点处监测到的振动信号是各分段振波叠加后的结果。因此,各分段振波信号发生的时刻必然会造成振动信号的局部突变,利用小波变换模极大值可以有效地识别这些突变点的位置,从而可以确定微差爆破时每一段雷管的起爆时刻,进一步可以确定爆破中实际的微差延期时间。

图2-8为一多段微差爆破工程中爆破振动速度时程曲线图。图2-9是用db8在尺度为16时对图2-8所示信号进行连续小波变换取模的结果。

从图2-9可以清楚地看出,爆破振动信号通过连续小波变换后,清晰地出现了5个模极值点;出现的时刻分别为0.038 4 s、0.120 8 s、0.163 2 s、0.191 6 s、0.302 s。由前述分析可知,这5个模极值点即为爆破中各段雷管的起爆时刻,将爆破振动记录的起始点作为爆破中所采用的最低段次雷管的起爆时刻,则该次爆破中采用的微差雷管的实际起爆时刻分别为0 s、38.4 ms、120.8 ms、163.2 ms、191.6 ms、302 ms;从而可以得到段间微差延期时间分别为38.4 ms、82.4 ms、42.4 ms、28.4 ms、110.4 ms。

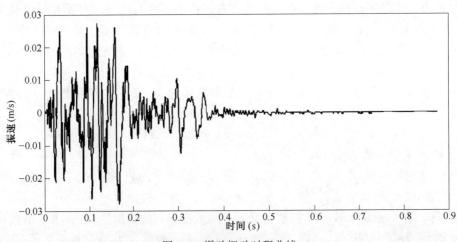

图2-8 爆破振动时程曲线

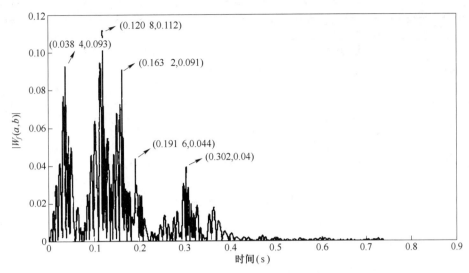

图 2-9 爆破振动信号的连续小波变换模值($a=16$)

(2)爆破振动信号小波包分析技术

非平稳信号的小波包分析是在小波变换基础上发展起来的,由小波包分析原理可知,它能对小波分析中没有细分的高频部分进一步分解,因而能够对信号的局部信息进行更为精细的掌握。因此,用小波包分析技术对爆破振动信号的频率成分进行特征研究引起了众多研究者的广泛关注,这些研究主要集中在对爆破振动信号的时—频特征分析等方面,但尚未用小波包分析技术对爆破振动信号的频带能量分布规律进行系统研究。下面给出基于小波包分析的信号不同频带能量分布规律的分析法原理和应用。

①爆破振动信号小波包分解

对信号进行小波包分析时,首先必须确定小波包分解的深度(即层数)。任何记录仪都存在最小工作频率问题,超出最小工作频率范围的这部分信号已不能真实代表原始信号(严重失真),因此爆破振动信号小波包分解的层数视具体信号及采用的爆破振动分析仪的工作频带而定。试验中所采用的爆破振动记录仪的最小工作频率为 5 Hz,由于爆破振动信号的频率一般在 200 Hz 以下,根据采样定理,信号的采样频率(sampling frequency)设为 2 500 Hz,则其奈奎斯特(Nyquist)频率为 1 250 Hz。因此,根据小波包分析原理,可以将分析信号分解到第八层,对应的最低频带为 0~4.883 Hz。根据小波包分解算法,采用二进尺度变换,其对信号分解后各层重构信号的频带范围见表 2-6。

表 2-6 小波包分解系数重构信号各层频带范围 (单位:Hz)

层数	$S_{i,0}$	$S_{i,1}$	$S_{i,2}$	…	$S_{i,j-1}$	$S_{i,j}$
1	0~625			…		625~1 250
2	0~312.5	312.5~625	625~937.5	…		937.5~1 250
3	0~156.25	156.25~312.5	312.5~468.75	…		1 093.75~1 250
4	0~78.125	78.125~156.25	156.25~234.375	…	1 093.75~1 171.875	1 171.875~1 250
5	0~39.063	39.063~78.125	78.125~117.188	…	1 171.875~1 210.937	1 210.937~1 250
6	0~19.531	19.531~39.063	39.063~58.594	…	1 210.937~1 230.469	1 230.469~1 250

续上表

层数	$S_{i,0}$	$S_{i,1}$	$S_{i,2}$	...	$S_{i,j-1}$	$S_{i,j}$
7	0~9.766	9.766~19.531	19.531~29.297	...	1 230.469~1 240.234	1 240.234~1 250
8	0~4.883	4.883~9.766	9.766~14.649	...	1 240.234~1 245.117	1 245.117~1 250
...	...	...	...	...	...	...

注:表中 $S_{i,j}$ 表示第 i 层第 j 个小波包分解系数重构信号,$j=0,1,2,\cdots,2^{i-1}$;$i=1,2,3,\cdots,n$。

②各频带的能量表征

将被分析信号分解到第 8 层,设 $S_{8,j}$ 对应的能量为 $E_{8,j}$,则有:

$$E_{8,j} = \int |S_{8,j}(t)|^2 \mathrm{d}t = \sum_{k=1}^{m} |x_{j,k}|^2 \tag{2-31}$$

式中 $x_{j,k}$——重构信号 $S_{8,j}$ 的离散点的幅值($j=0,1,2,\cdots,2^8-1$;$k=1,2,\cdots,m$;m 为信号的离散采样点数)。

设被分析信号的总能量为 E_0,则有:

$$E_0 = \sum_{j=0}^{2^8-1} E_{8,j} \tag{2-32}$$

各频带的能量占被分析信号总能量的比例为:

$$E_j = \frac{E_{8,j}}{E_0} \times 100\% \tag{2-33}$$

式中 $j=0,1,2,\cdots,2^8-1$。

这样,由式(2-31)~式(2-33)可以得到信号经小波包分解后不同频带的能量和能量百分比,从而可以找出爆破振动信号在传播过程中能量的变化规律。为方便起见,根据式(2-31)~式(2-33)用 MATLAB 语言编制了计算程序,图 2-10 即为爆破振动信号频带能量分布的小波包分解程序框图。

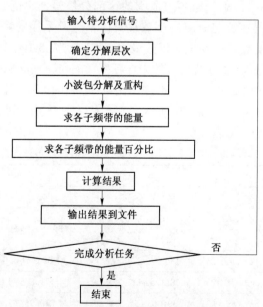

图 2-10 爆破振动信号频带能量分布的小波包分解程序框图

③爆破振动信号频带能量分布的小波包分解结果

图 2-11 左半部分为爆破振动信号时程曲线,右半部分是运行上述程序后得到的爆破振动信号不同频带上的能量分布曲线(由于信号在 200 Hz 以上的能量很少,图中只画出 200 Hz 以下部分)。从图中可以看出,经小波包分析后,爆破振动信号不同频带的能量可以被很好地表示出来,通过分析可以得到不同爆炸参量下的爆破振动信号的能量分布特征以及主振频带所在位置。

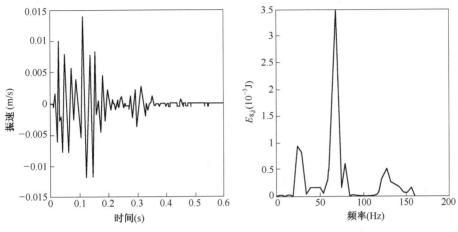

图 2-11 爆破振动信号及其不同频带的能量分布

(3) 本分析方法的有效性检验

为验证小波包分解后的信号是否真实的反映原始信号,对分解后的信号进行重构,重构后的信号与原信号间的误差如图 2-12 所示。从图 2-12 中可以看出,重构后的信号与原信号的误差量级在 10^{-13} 以上,可完全满足工程计算和分析要求。因此,用小波包分析对爆破振动信号进行分解的过程中,信号的能量损失可以忽略不计,表明所用分析方法是可靠的。

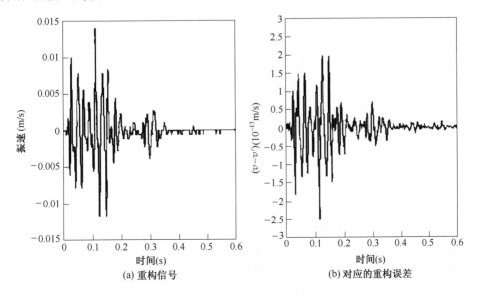

图 2-12 重构信号与重构误差

小波分析技术是近几年得到迅速发展并形成研究热潮的信号分析新技术,被认为是傅里叶分析方法的突破性进展,在非平稳信号分析、奇异性检测等方面已有很成功的应用。小波包信号分析技术是小波分析技术的进一步发展,它最基本的特点在于可以对小波分析中没有分解的高频部分作进一步分解,从而提高频率分辨率,是一种比小波分析更加精细的分解方法。本节首先论述了小波及小波包分析的基本原理,在此基础上对小波及小波包分析技术在爆破振动领域中的应用作了推广,提出了用基于小波变换的时—能密度法来检测信号中的突变成分以及用小波包分析技术对信号中不同频率成分的能量分布特征进行分析的研究方法。得出如下结论:

①小波及小波包分析在工程应用中的最优小波基的选择是非常关键的问题,在 MATLAB 小波工具箱中有一些小波函数被证明是非常有用的,完全可以满足一般信号分析处理需要。

②基于小波变换的时—能密度分析法比小波变换模极大值法具有更多的优越性,特别是在对信号突变成分进行检测方面具有分辨率高、应用效果更佳的优点。该方法是对小波分析应用的推广,对研究雷管的实际起爆时间是否达到相应技术标准、优化微差延期时间、深入研究微差爆破机理有重大的理论和工程应用价值。

③小波包理论弥补了信号在小波分解过程中对各分解尺度获得的高频分量不再进行分解,而在下一尺度的小波分解中只对低频分量进行小波变换所带来的分析信号高频部分频率分辨差,而低频分量信号却存在时间分辨不足的问题,适合于对信号中不同频率成分作精细分析。基于小波包分析的爆破振动信号的频带能量分布规律的研究方法,具有很高的潜在应用价值。

④MATLAB6.1 内置的小波工具箱解决了小波及小波包算法困难的问题,其强大的扩展能力和简单易用的编程语言,使各个层次的研究人员均可直观、方便地按不同目的和要求编制软件进行分析和计算。

⑤爆破地震波在岩石介质中传播时,其不同频率成分的地震波分量衰减程度是各不相同的,这种衰减机制一方面取决于爆源特征;另一方面由场地性质决定。为了研究爆破地震波中不同频率成分分量在特定介质中的传播规律,必须对它们进行分别研究,从而需要将研究频率范围内的地震波信号提取出来。小波和小波包技术良好的局部化特点,使得该分析技术必将在该领域得到了较好地运用,显示出它在处理爆破地震波这种非平稳信号方面具有极强的优越性。

2.2.1.3 HHT 分析法

Hilbert-Huang 变换(Hilbert-Huang transform,简称 HHT)是近年来发展起来的一种新的时频分析方法。该方法包括两大部分:第一部分为 Huang 变换,即时间序列通过经验模态分解(Empirical Mode Decomposition,简称 EMD)方法把信号分解成为有限个固有模态函数(Intrinsic Mode Function,简称 IMF);第二部分为 Hilbert 谱分析(Hilbert Spectral Analysis,简称 HSA),对分解得到的每一个 IMF 分量做 Hilbert 变换,从而得到时频平面上的能量分布谱图(Hilbert 谱),即瞬时频率和能量,而不是 Fourier 谱分析中的全局频率和能量。

HHT 是一种全新的分析爆破振动信号的时频方法,具有较多的特性。EMD 依据信号本身的固有特性进行分解,保证了信号分解后的非平稳特性,具有自适应性强和高效的优点;首次给出了 IMF 的定义,指出其幅值允许改变,突破了传统的将幅值不变的简谐信号定义为基底的局限,使信号分析更加灵活多变;每一个 IMF 可以看作是信号中一个固有的振动模态,通过 Hilbert 变换得到的瞬时频率具有清晰的物理意义,能够表达信号的局部特征;Hilbert 能量谱能清晰地表明能量随时频的具体分布,大部分能量都集中在有限的能量谱线上。HHT 能更好地揭示地震波的传播规律,更利于结构的响应特征预测和爆破振动破坏评估,有利于更好地指导爆破设计与研究。

EMD 方法通过信号上、下包络线的平均值求"瞬态平衡位置",再提取固有模态函数(Intrinsic Mode Function, IMF)。IMF 必须满足两个条件:

(1)对于一列数据,极值点和过零点数目必须相等或至多相差一点。

(2)在任意点,由局部极大点构成的包络线和局部极小点构成的包络线的平均值为零。

求取 IMF 步骤如下:

(1)找出原始信号 $x(t)$ 上所有的极值点。

(2)对极大值点进行插值,从而连接各极大值点拟合出 $x(t)$ 的上包络线,同理得到下包络线。

(3)求出两条包络线的均值定义 m_1。

(4)定义 $h_{11} = x(t) - m_1$,若经过 k 次筛选后的结果 h_{1k} 满足 IMF 的定义,则 $x(t)$ 的第一个 IMF 分量记为 $c_1 = h_{1k}$。

(5)令 $x(t)$ 与 c_1 的差 $r(t) = x(t) - c_1(t)$ 为新的信号数据,重复以上筛选过程,再依次得到 IMF 分量 c_2、$c_3 \cdots c_n$ 及余量 r_n。那么 $x(t)$ 就可分解为 n 个 IMF 分量及 r_n 的和,即:

$$x(t) = \sum_{i=1}^{n} c_i(t) + r_n(t) \tag{2-34}$$

Hilbert 变换。信号经分解后得到多个 IMF 的组合,对每个 IMF 分量进行 Hilbert 变换,即可得到每个 IMF 分量的瞬时频率,综合所有 IMF 分量的瞬时频谱就可获得 Hilbert 谱。先对信号 $x(t)$ 的 IMF 分量 $c(t)$ 作 Hilbert 变换后得解析信号:

$$z(t) = c(t) + jH[c(t)] = a(t)e^{j\Phi(t)} \tag{2-35}$$

幅值函数:

$$a(t) = \sqrt{c^2(t) + H^2[c(t)]} \tag{2-36}$$

相位函数:

$$\Phi(t) = \arctan \frac{H[c(t)]}{c(t)} \tag{2-37}$$

在此基础上求出瞬时频率:

$$f(t) = \frac{1}{2\pi} \frac{\mathrm{d}\Phi(t)}{\mathrm{d}t} \tag{2-38}$$

由上看出,经 Hilbert 变换得到的振幅和频率都是时间的函数,若将振幅显示在频率—时间中,就得到 Hilbert 谱:

$$H(\omega, t) = \mathrm{Re} \sum_{i=1}^{n} a_i(t) e^{j\Phi_i(t)} \tag{2-39}$$

式中除去了余差 r_n,Re 表示取实部。如果 $H(\omega, t)$ 对时间积分,就得到 Hilbert 边际谱:

$$h(\omega) = \int_0^T H(\omega, t) \mathrm{d}t \tag{2-40}$$

边际谱表达了每个频率在全局上的幅度(或能量),它代表了在统计意义上的全部累加幅度。另外,作为 Hilbert 边际谱的附加结果,可以定义 Hilbert 瞬时能量如下:

$$IE(t) = \int_\omega H^2(\omega,t)\,d\omega \tag{2-41}$$

瞬时能量提供了信号能量随时间的变换情况。将振幅的平方对时间积分,可以得到 Hilbert 能量谱:

$$ES(\omega) = \int_0^T H^2(\omega,t)\,dt \tag{2-42}$$

Hilbert 能量谱提供了每个频率的能量计算式,表达了每个频率在整个时间长度内所累积的能量。有关 Hilbert 能量谱、瞬时能量谱和边际能量谱的计算流程如图 2-13 所示。

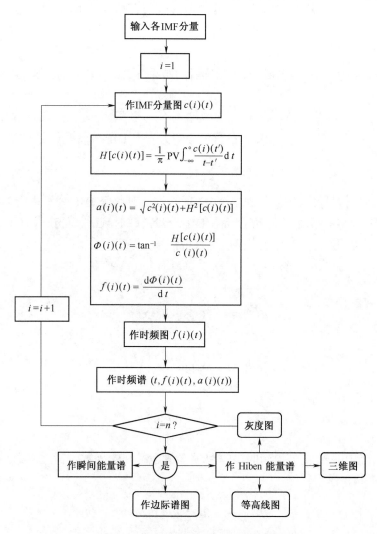

图 2-13 Hilbert 能量谱的计算机流程图

HHT 是一种全新的分析爆破振动信号的时频方法。EMD 依据信号本身的固有特性进行分解,保证了信号分解后的非平稳特性,具有自适应性强和高效的优点;Hilbert 能量谱能清晰地表明能量随时频的具体分布,大部分能量都集中在有限的能量谱线上。HHT较小波包更具适应性,能更好地揭示地震波的传播规律,更利于结构的响应特征预测和爆破振动破坏评估,有利于更好地指导爆破设计与研究。

2.2.1.4 FFT、WT与HHT在爆破振动信号处理中的应用和比较

HHT与传统的分析工具有着本质的区别。从信号分解基函数理论角度来说,不同的基函数可以对信号实现不同的分解。傅里叶分解的基函数在时域中是持续等幅振荡的不同频率的正余弦函数;小波变换的基函数是预先确定的,不同基函数得出的结果有一定差异。而HHT方法依赖于信号本身,在时域中自适应分解,可以得到较好的分解效果。

从多分辨率的角度来看,傅里叶变换只具有单一的分辨率,而小波变换和HHT都具有多分辨分析的能力。因在同一小波分量中不同时刻的频率特性是一样的,故小波中的多分辨称为恒定多分辨;而HHT中在同一分量中,不同时刻的瞬时频率可以相差很大,因此将HHT中的多分辨称为自适应多分辨。当然,HHT相对于傅里叶变换和小波变换来说,理论证明还不完善。在实际应用中,还有几个关键问题尚需更好地解决,还没有国际通用的程序。

上述三种变换的基本性质差异归纳起来,见表2-7。

表2-7 三种变换的基本性质

变换类型	Fourier	Wavelet	HHT
分解类型	频率	时间—频率	时间—瞬时频率
变量	频率	尺度,小波的位置	时间,瞬时频率
信息	组成信号的频率	时域窄的小波提供好的时间局部化性质,时域宽的小波提供好的频率局部化性质	对时频局部性作定量描述
适应条件	平稳信号	非平稳信号	平稳信号,非平稳信号
基函数	正弦(余弦)函数	小波基函数	无
分析函数	正弦型函数	具有相对确定振荡次数的时间有限的波。小波函数的伸缩改变其窗口大小。由于小波的振荡次数不变,故小波频带随尺度的改变而改变	采用EMD分解,从数据本身特征出发
算法	成熟	成熟	较成熟,但还需提高

FFT、WT与HHT的应用实例

采用2008年1月17日新南岭隧道爆破在掌子面附近所监测到的振动波形作分析实例。如图2-14所示为隧道爆破在内部岩壁上所产生的振动信号,现用三种方法对信号进行分析。

(1)快速傅里叶变换

对该爆破振动信号进行FFT分析,获取信号的频谱图和功率谱图,如图2-15所示。

从图2-15中可以看出,爆破振动的主频为263 Hz,振动能量主要集中在100~300 Hz。同时我们也可以发现:爆破振动波为非平稳信号,所包含的频率成分丰富,有一定的频带宽度。

(2)小波变换

在对信号的小波分析中,最优小波基的选择是一个十分重要的问题。因为用不同的小波

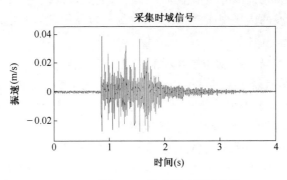

图 2-14　爆破振动原始信号

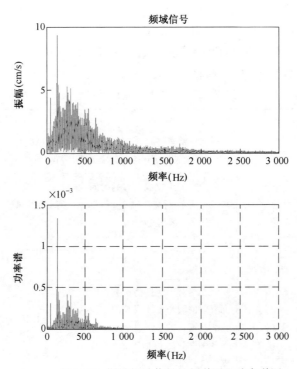

图 2-15　爆破振动信号的频谱图和功率谱图

基分析同一个信号会产生不同的结果。Daubechies 小波系列(dbN)具有较好的紧支撑性、光滑性及近似对称性,已成功地应用于分析包括爆破地震在内的非平稳信号问题。该小波系列中 N 表示阶数,db 是小波名字的前缀,除去 db1(等同于 Haar 小波)外,其余的 db 系列小波函数都没有解析的表达式。目前在爆破振动的信号处理中用的最多的 db3、db5、db7 和 db8,图 2-16 给出了相关的小波函数图。

如果用 $x_0(t)$ 表示实测爆破振动信号,$x_r(t)$ 表示小波分解后的爆破振动完全重构信号,可以得到它们之间的相对误差为:

$$err = [x_0(t) - x_r(t)]/x_0(t) \times 100\% \tag{2-43}$$

分别对各小波基的分解分量进行信息重构和重构误差分析,选择最优小波基,如图 2-17~图 2-20 所示。

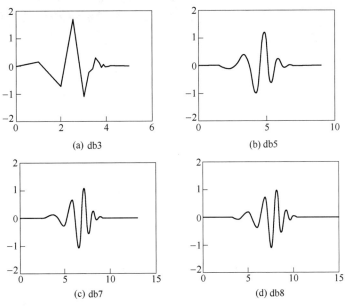

图 2-16 相关的小波函数形状图

根据图 2-17~图 2-20 所显示的结果,应用 db8 小波基对该信号进行尺度为 7 的小波分解,原始信号和重构信号的相对误差为 10^{-13} 数量级,认可 db8 小波基处理振动信号的可行性。

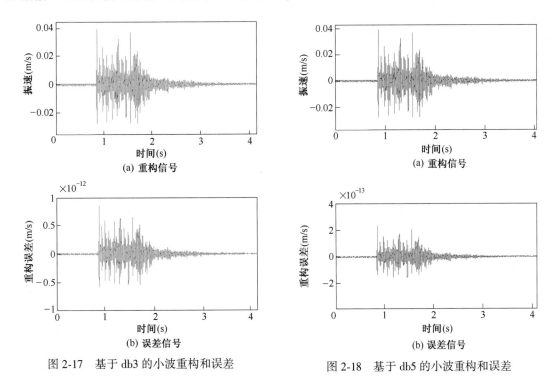

图 2-17 基于 db3 的小波重构和误差　　图 2-18 基于 db5 的小波重构和误差

根据小波分解原理,其中 a_7 为低频分量、$d_1 \sim d_7$ 为高频分量,8 个频带宽度分别为:0~39.0625 Hz、39.0625~78.125 Hz、78.125~156.25 Hz、156.25~312.5 Hz、312.5~625 Hz、

625~1 250 Hz、1 250~2 500 Hz、2 500~5 000 Hz。将8个频带的小波分解系数重构后,获得上述8个频带的爆破振动分量的时程曲线,小波分解后7个层次的8个频带上的振动速度峰值及相对能量的分布情况,如图2-21和图2-22所示。

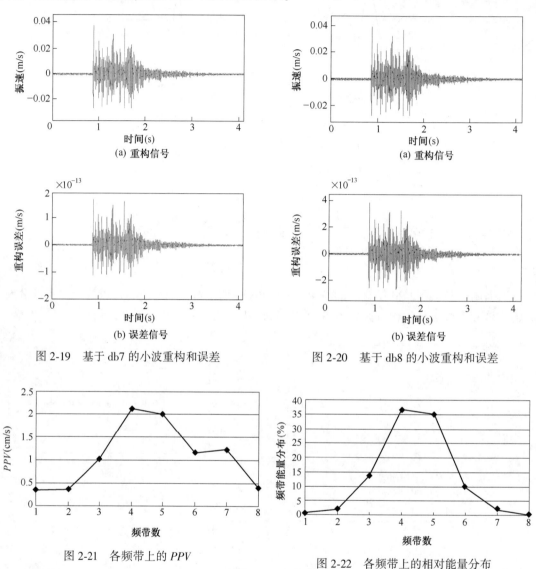

图2-19 基于db7的小波重构和误差

图2-20 基于db8的小波重构和误差

图2-21 各频带上的 PPV

图2-22 各频带上的相对能量分布

通过小波分析,可以得出以下的结论:频带156.25~312.5 Hz爆破振动分量的振速和小波频带能量都最大。前述FFT中的爆破振动的主频为263 Hz,也正处于156.25~312.5 Hz频带之间。对爆破振动信号进行小波频带细分,可以反映爆破振动频率的作用影响,爆破振动的主振频率基本上分布在某一频带范围。

(3) Hilbert-Huang 变换

对同样的爆破振动信号进行EMD分解,得到16个IMF分量,如图2-23所示,然后针对各IMF分量做频谱图(图2-24)。通过对这些数据的综合分析可知,该爆破振动信号的优势频率主要集中在100~300 Hz,在 c_3、c_4、c_5 子振频率段振动较强,它对信号分更加细致。

2.2.2 爆破振动波幅值判读与分析

爆破振动波幅值通常用质点振动速度表示,一般采用质点振动速度来评估爆破振动破坏程度。我国《爆破安全规程》规定以爆破振动峰值速度评判爆破振动是否在安全范围。

对于接近正弦波的振动波形,可以方便地确定振动波幅值和频率,当波形比较对称,基线不能准确定位时,可读取波形峰峰值,如图 2-25 所示,即读取 $2A$ 值再推算爆破振动波幅值($A = 2A/2$)。若波形在基线两侧很不对称,只应读取峰值 A_1、A_2,而且以最大的峰值作为本次

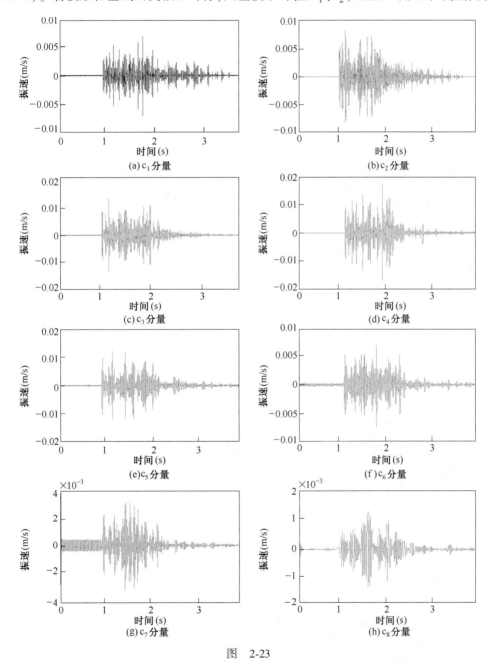

图 2-23

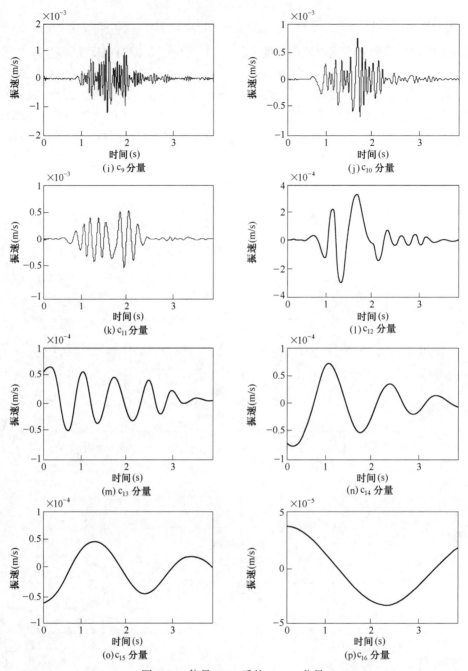

图 2-23 信号 EMD 后的 $c_1 \sim c_{16}$ 分量

振动波幅值。对于简单的近似正弦波的波形,可以量取最大波峰对应的全周期时间作主要振动周期 T,或读取最大波峰与相邻波谷的时间差作半振动周期 $T/2$,根据 $f=1/T$ 求出的振动频率作为该爆破振动中峰值振动的优势频率,也称主振频率。对于较为复杂的随机振动波形需要由频谱分析得到主振频率。

在爆破振动检测中需要同时测试水平径向 x 方向,水平切向 y 方向,垂直向 z 方向的质点振动速度,以这三向振动速度分量计算不同时刻的矢量和,得到合速度波形。找出振动合速度

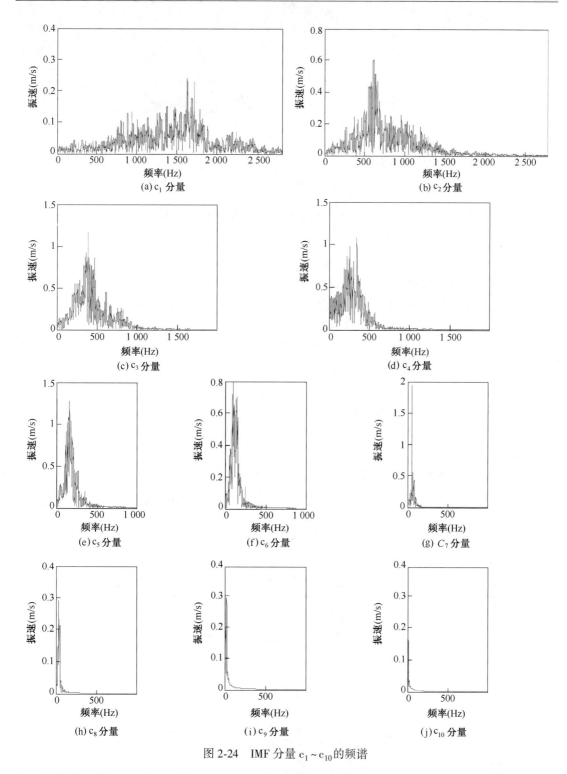

图 2-24 IMF 分量 $c_1 \sim c_{10}$ 的频谱

的最大值作为衡量爆破振动是否超出标准的依据。其具体计算方法为：读取同时检测的 x、y、z 三向振动速度数字化波形,取相同时刻的三向振动速度值进行矢量求和,得到振动合速度随时间变化图,找到最大值判读为爆破振动合速度最大值。

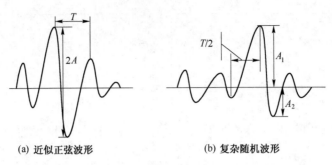

(a) 近似正弦波形　　　　(b) 复杂随机波形

图 2-25　爆破振动波幅值与周期分析示意图

速度矢量和计算方法:同一台仪器测得 x、y、z 三向振动速度波形,以数字化保存后,可以将任意相同时刻的三向振动速度值进行矢量求和,计算公式为:

$$V(t)=\sqrt{V_x(t)^2+V_y(t)^2+V_z(t)^2} \qquad (2\text{-}44)$$

得到合速度(标量)随时间的变化曲线,可以找到合速度的最大值。如图 2-26 所示。

大量实测资料表明,振动速度幅值与炸药量、爆心距、地形地质条件和爆破方式等因素有关。表述振速幅值衰减的经验公式广义地表达为:

$$V = k\, Q^\alpha R^\beta \qquad (2\text{-}45)$$

式中　V——爆破振动速度峰值(cm/s);

　　　k——经验系数;

　　　α、β——与场地有关的衰减指数;

　　　R——爆心距(m);

　　　Q——炸药量(kg)。

具体到不同国家有不同的经验计算式,常见的有:

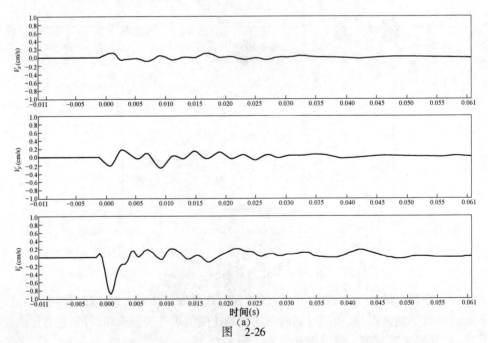

图 2-26

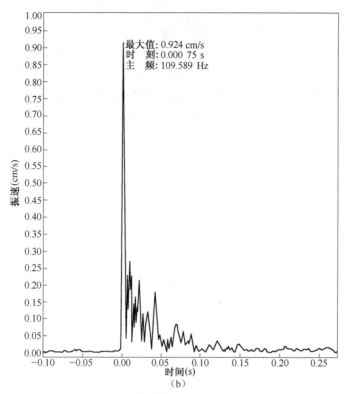

图 2-26　三向振动速度矢量求和得到合速度的最大值

(1) 萨道夫斯基公式

$$V = k\left(\frac{\sqrt[3]{Q}}{R}\right)^{\alpha} \tag{2-46}$$

式中　V——介质质点的振动速度(cm/s);

　　　R——观测点至爆心的距离(m);

　　　k、α——与爆破条件、岩石特征等有关的系数,介质为岩石时 $k=30\sim70$,介质为土时 $k=150\sim250$,$\alpha=1\sim2$;

　　　Q——炸药量(kg),同一时刻爆炸的炸药量,分段起爆时取对应段别的药量。

钻孔爆破都是很多药包在不同时段爆破,当观测点距离远大于药包分布范围,可以近似于点爆源,简单地采用单段起爆药量作 Q 值。但当药包分布范围接近甚至大于观测点的距离,不同炮孔至观测点的距离有很大差别,需采用等效药量 $\overline{Q}$ 和等效距离 $\overline{R}$ 来替代。

$$\overline{Q} = \sum Q_i\left(\frac{\overline{R}}{R_i}\right)^3, \quad \overline{R} = \frac{\sum \sqrt[3]{Q}R_i}{\sum \sqrt[3]{Q}} \tag{2-47}$$

考虑抛掷爆破时振动速度计算公式需考虑爆破作用指数,变为:

$$V = \frac{k}{\sqrt[3]{f(n)}}\left(\frac{\sqrt[3]{Q}}{R}\right)^{\alpha} \tag{2-48}$$

式中　$f(n)$——爆破作用指数 n 的函数,根据鲍列斯科夫的建议,$f(n)=0.4+0.6n^3$。

计算振动速度峰值时,关键是确定 k 和 α 值,因其变化范围较大,不易选准,一般通过试验确定较为可靠。k、α 值与爆区地形、地质条件和爆破条件都相关,但 k 值更依赖于爆破条件的变化,α 值主要取决于地形、地质条件的变化。爆破条件中临空面多、夹制作用小,k 值就小,反之 k 值越大;地形平坦、岩体完整、坚硬,α 值趋小,反之破碎、软弱岩体、起伏地形,α 值趋大。k 取值范围大部分在 50~250 之内,α 取值在 1.3~3.0 之间。有人建议将近距离振动衰减规律和远距离衰减规律分开考虑,当比例距离 $R' = R/Q^m \leqslant 10$ 时,认为是近距离振动,$R' = R/Q^m > 10$ 时认为是远距离。近距离振动 k 值较大,α 值较大,可取 2.0~3.0;远距离爆破振动,衰减指数 k 一般小于 200,α 也小于 1.5。

(2)美国矿业局的经验公式

$$V = k\left(\frac{\sqrt[3]{Q}}{R}\right)^\alpha \quad (k、\alpha\ 值由实验确定) \tag{2-49}$$

(3)日本常用公式

$$V = CQ^{0.75}/R^2 \tag{2-50}$$

式中 C——与爆破条件有关的系数;露天爆破时 $C=100$,隧道爆破时 $C=300$。

对于不同的爆源,因振动波阵面扩散差异,质点振动速度衰减经验公式需对爆炸药量增加修正指数,变为 $V = k\left(\dfrac{Q^m}{R}\right)^\alpha$ 形式后基本能反映其衰减规律,其相关性和趋势性较满意。但是公式中各参数的经验选取方法建议作适当调整。m 为药量指数,当药包尺寸或同段炮孔的分布范围与测点距离相比很小(比例尺不到 1∶10)时,可以认为同段爆破药包为点药包,取 $m = 1/3$;更近距离范围 m 趋于 1/2,当测点距离与同段药包分散相当时,取 $m = 1/2$。

2.2.3 爆破振动波时域判读与分析

爆破振动持续时间很短,一次振动只有几十毫秒到几百毫秒,常用的毫秒雷管段数为 20 段以内,20 段雷管延时为 2 s。再长的延时要靠接力传爆,应用相对较少,因此超过 2 s 的爆破振动时长较少见。很多情况下爆破振动一次完成,如拆除或洞室爆破等,虽然复杂条件下爆破过程可达几秒,但整个爆破过程是分段完成,各段雷管的间隔时差约 25~1 000 ms。也有采石场或某些石方开挖爆破工程中,需要长期爆破,当爆破振动强度超过建筑物弹性变形范围,地震波作用造成的危害会不断累加。

对于单个爆破振动波形可分为主振段和尾振段,从初至波到波的振幅值 $A = A_{\max}/e$(e 为自然对数的底),这一段称为波形的主振段,如图 2-27 所示。其相应的历时 t_k 即为爆破振动持续时间。有时根据工程要求不同做如下规定:从振幅$(1/5~1/3)A_{\max}$ 开始到波形衰减到 $(1/5~1/3)A_{\max}$ 为止的一段时间作为爆破振动持续时间 t_k。

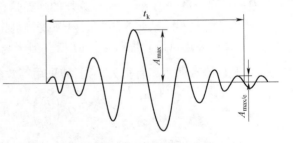

图 2-27 爆破振动波主振段和尾振段

近年来,由于应用了电子雷管及其起爆系统,增加了起爆的段数,爆破引起的质点峰值振动速度得以有效降低,然而可能延长了爆破振动持续时间。爆破振动响应及破坏与振动的幅值、频率、持续时间和结构本身的振动特性等综合因素有关,爆破振动持续时间的增长,必然引起相应的结构动力学特征的改变。然而针对这一新问题国内外尚未开展系统的研究。

2.3 爆破振动传播特性分析

2.3.1 爆源条件与爆破振动的关系

爆源条件主要包括：炸药性能、炸药量、装药结构、起爆网路、临空面条件。

理论上炸药爆轰的波阻抗越接近岩石声阻抗，传入岩体中爆破振动波能量越大，一般岩石声阻抗大于炸药爆轰的波阻抗。在爆破工程中选用低爆速、低密度、低爆压的炸药，炸药爆轰的波阻抗就远小于岩石声阻抗，爆炸传入岩体中的冲击波动能相对较小，从而爆破引起的振动强度必然降低。光面爆破选用低爆速、低密度专用光爆炸药，或采用分段不耦合装药结构，明显降低爆轰波对孔壁最大冲击力，研究表明专用光爆炸药或不耦合装药结构比普通二号岩石炸药正常爆破可降低振速50%。所以低爆速、低密度炸药或不耦合装药结构是控制爆破振动的有效措施。

爆破介质的临空面条件是影响振动强度的另一重要因素。反映到台阶爆破中为最小抵抗线越大爆破振动越强烈，最前排炮孔的爆破振动明显小于后排孔的爆破振动。特别在隧道爆破掘进中掏槽孔夹制作用最大，扩槽眼、底板眼夹制作用次之，周边眼夹制作用最小，从振动波形和统计规律中可以明显地看出：随着爆破炮孔临空面条件改善，夹制作用逐渐减小，隧道围岩内产生的爆破振动减小，具体表现在爆破振动速度衰减公式中临空面条件越好，k值越小。表2-8为隧道内顶部实测爆破振动衰减规律回归结果，在夹制作用最大的掏槽爆破条件下，爆破振动衰减式中k值最大；扩槽爆破时临空面改善，夹制作用减小，k值也减小；周边爆破临空面条件最好，夹制作用最小，k值也最小。说明在地质条件基本相同的情况下，夹制作用大，则爆破振动衰减公式中k值较大；夹制作用小，则k值也减小。

表 2-8 爆破振动衰减参数

隧道名称	炮眼名称	k	α
天鹅岭隧道	掏槽眼	176	2.08
	扩槽眼	168	2.05
	底板眼	145	1.96
	周边眼	52	1.95
新南岭隧道	掏槽眼	139	1.48
	扩槽眼	106	1.50
	二圈眼	94	1.57
	周边眼	67	1.56

对于群孔爆破而言，最大齐爆药量受雷管段位的延期精度影响较大。我国目前广泛使用的毫秒延期雷管，段位越高延期时间越长，误差范围也越大。高段位同段雷管齐爆可能性较小，同段位群药包爆炸产生的振动波并非全部同时叠加，由此反映到爆破振动效应中错时叠加致使幅值会普遍减小。且起爆雷管段位越高，同段位药量分散爆炸的可能更大产生的爆破振动越小。根据大量爆破振动测试效果分析，爆破振动衰减式中的k值可根据雷管段位适当乘以一定的修正系数。其修正系数与雷管段位的关系见表2-9。

表 2-9　毫秒导爆管雷管段位对应的 k 值修正系数

段位	≤2	3	4	5	6	7	8	9	10
修正系数	1.0	0.97	0.94	0.90	0.85	0.80	0.75	0.70	0.65

2.3.2　振动点至爆源的距离对振动波的影响

爆破地震波在介质中的传播,由于介质的阻尼作用具有高频滤波特性,使得低频波的传播距离较远。即随着爆破地震波由近向远传播,地震波的高频成分逐渐被吸收,低频成分的能量相对增大,因此,在远距离处,爆破地震波主要表现为低频振动。

通过单孔爆破试验,深入分析单药包爆破振动波形,振动测点范围从 50~600 m,各检测点的垂直向爆破振动测试波形如图 2-28 和图 2-29 所示。

根据爆破振动测试波形分析,爆破振动波随传播距离的变化有如下规律特征。

(1)爆破振动波形随着距离的增加,P 波、S 波和 R 波逐渐分离,表现为振动波峰增多,质点振动时间不断延长,爆破振动持续时间加长。不同岩土介质的 P 波和 S 波波速见表 2-10。若岩体的 P 波波速为 5 000 m/s,而 S 波波速约 2 900 m/s,根据计算,不同距离的测点 P 波和 S 波到达的时差见表 2-11。

表 2-10　部分岩土介质的 P 波、S 波波速

岩石名称	密度 (kg/cm³)	岩石的纵波速度 (m/s)	岩体纵波速度(m/s)	岩体的横波速度(m/s)
石灰岩	2.42×10³	3.43×10³	2.92×10³	1.86×10³
石灰岩	2.70×10³	6.33×10³	5.16×10³	3.70×10³
白大理岩	2.73×10³	4.42×10³	3.73×10³	2.80×10³
砂岩	2.45×10³	(2.44~4.25)×10³	—	(0.95~3.05)×10³
花岗岩	2.60×10³	5.20×10³	4.85×10³	3.10×10³
石英岩	2.65×10³	6.42×10³	5.85×10³	3.70×10³
页岩	2.35×10³	(1.83~3.97)×10³	—	(1.07~2.28)×10³
煤	1.25×10³	1.20×10³	0.86×10³	0.72×10³

表 2-11　不同距离的测点 P 波和 S 波到达的时差计算案例

测点至爆源距离(m)	50	100	150	200	300	400	500	600	700
P 波和 S 波到达时差(s)	0.007	0.014	0.022	0.029	0.043	0.058	0.072	0.087	0.101

观察两组单孔爆破振动波形图,对照后续二次振动波峰出现的时间与计算值一致,证明单孔爆破振动波波形主要由两部分构成,即 P 波和 S 波,面波在近距离范围所占能量比较小。显然近处测得的振动波形不能区分 P 波和 S 波,而 250 m 以外的测点 P 波和 S 波出现分离,更远的 450 m 处 P 波、S 波与表面波也出现分离。

(2)不同类型的爆破振动波各有特点,P 波频率较高、衰减快;S 波频率较低、衰减慢;表面波频率更低、衰减更慢。表现在不同距离范围特征为:近距离主要考虑 P 波的影响,振动频率高、峰值大;中距离主要考虑 S 波的影响,因 P 波的峰值衰减更快,S 波峰值基本与 P 波的峰值相当,但 S 波振动频率较低,危害更大;远距离主要考虑表面波的影响,虽然其峰值也有较大衰

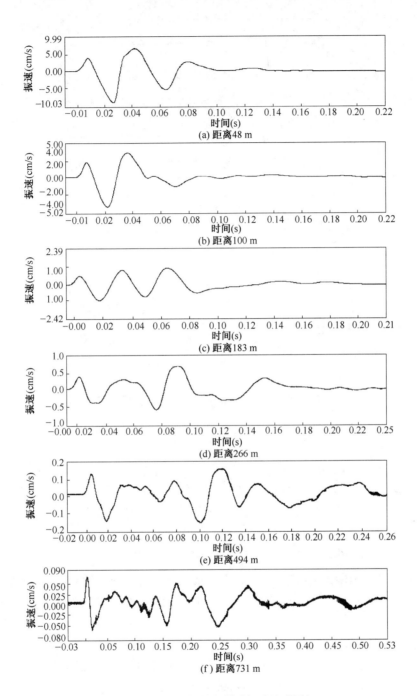

图 2-28 单孔起爆垂向爆破振动波形图组

减,但振动频率低、持续时间加长。因此,随着距离渐远,高频 P 波减弱,频率较低的 S 波和表面波渐成主要成分,表现出爆破振动的主振频率随距离增大而逐渐降低。图 2-30 是距爆源 800 m 处的爆破振动波形,在逐孔延时 9 ms 持续 1.8 s 的爆破振源作用下,首先到达的 P 波频率较高、峰值较小,在后期 1.2~1.8 s 时段传播速度较慢的 S 波和表面波共同作用下,爆破振动速度出现最大幅值。说明远距离处爆破振动成分中 P 影响小,S 波和表面波影响较大。

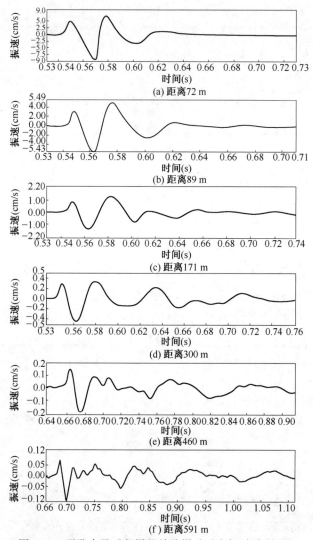

图 2-29 群孔中最后起爆的单孔爆破垂向振动波形图组

(3) 随着爆破振动波传播范围扩大,必将穿越大量的岩体地质结构面,地震波受到结构面的反射和折射,使得地震波形的尾部与反射波、折射波叠加,振动波形发生变异,振动持续时间延长。

2005 年 5 月在深圳安托山的一次典型爆破中测试了不同距离的振动波形,如图 2-31 所示。爆破参数如下:孔径 115 mm,共 30 孔,采用接力起爆网路,第 1 段 2 孔,其他每孔一段,共 29 段。总装药量 2 094 kg,最大一段起爆药量 150 kg。

从波形上看出,在近区(121 m)信号分成几个相对独立的部分,说明各起爆段别的振动信号仍然可以分开,不仅 P 波、S 波尚未出现分离,且振波未发生很大变异;随距离增远,超过 165 m 以后整个波形逐渐连成一体,形成一个连续振动波,这时虽然不能有效地区分每个振动段,但是爆破振动的峰值仍然对应在相应分段时刻;202 m 处的振动波完全是一个连续随机振动波,几乎不能区各分段分别对应的峰值时刻。这说明一方面随着地震波传播距离的增加,传播介质对爆破地震波有变异和过滤作用;另一方面从频谱分析图看出,爆破振动主频随着传播距离的增加而减小,高频成分的能量逐渐减少,低频振动比重明显增大。可以从爆破振动波形和频谱分析图清楚看出这些规律。

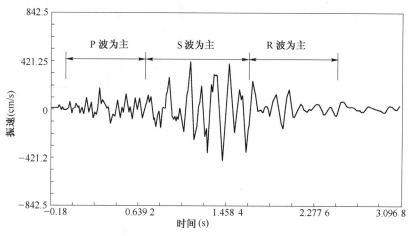

图 2-30　典型的远距离爆破振动波

2.3.3　地形地质条件对爆破振动的影响

地形及地质场地条件主要包括:岩性与结构、场地地形变化、与爆源相对位置关系。爆破地震波在传播过程中,由于地质构造的复杂性和介质的非均匀性(局部区域的地质构造、地层岩性、岩体结构、地形地貌等都可能存在很大差异),当遇到各种介质性质不同的分界面时(如断层、破碎带、层理、节理、裂隙、空洞等),地震波都将会发生反射、折射和绕射现象,使地震波的传播路径和方向发生变化,因此岩体地质条件对爆破振动场的影响十分显著。根据以往大量测试资料分析,地质条件的影响主要表现在振动波传播的衰减指数 α 有较大变化。岩体越坚硬完整,衰减指数 α 越小,也即爆破地震波衰减较慢;而爆破地震波通过软弱或破碎岩体时,振动衰减指数 α 增大,振动衰减较快。《爆破安全规程》中总结以往经验,大致给出不同岩性对爆破振动衰减参数的影响,见表 2-12。

表 2-12　爆区不同岩性 k、α 值

岩性	k	α
坚硬岩石	50~150	1.3~1.5
中硬岩石	150~250	1.5~1.8
软岩石	250~350	1.8~2.0

为了研究岩体地质条件对爆破振动衰减的影响,在德兴铜矿和准格尔煤矿不同台阶和矿区进行了大量爆破振动测试,并且以单孔爆破振动的基础波分析为主,研究岩性特征对爆破振动波的传播衰减影响。下面是各种地质岩性条件下测得的爆破振动衰减规律。

(1)2009 年 9 月 30 日在德兴铜矿 61 m 高程台阶进行了导爆管雷管的爆破振动试验,共 79 孔、58 t 炸药,爆破参数为:孔深 17.5 m,孔径 250 mm,孔网参数 6 m×8 m,平均单孔药量720 kg,孔间延时 25 ms,排间延时 65 ms,起爆网路采用地表雷管节理延时。试验区岩性为花岗闪长斑岩,岩性坚硬,完整性较好,地形起伏不大。各检测点的爆破振动测试结果见表 2-13。

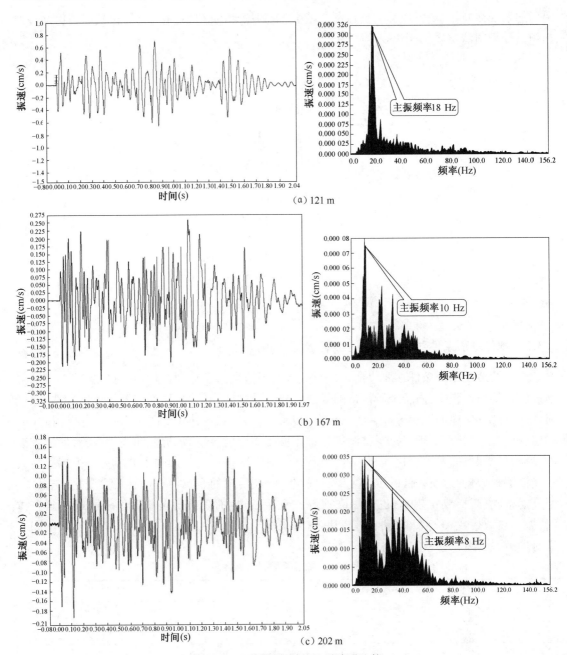

图 2-31 不同距离爆破地震波形比较

表 2-13 各检测点的爆破振动测试结果

测点号	单响药量 （kg）	距爆心 水平距(m)	径向振速 （cm/s）	横向振速 （cm/s）	垂向振速 （cm/s）	三向矢量合速度 （cm/s）
1	750	78.4	8.71	6.11	14.55	15.95
2	750	328.5	3.34	1.63	1.97	3.95
3	750	507.5	1.4	1.22	1.3	1.88
4	750	707.1	0.32	0.22	0.37	0.48
5	750	757.7	0.5	0.43	0.5	0.59

通过对爆破振动检测数据分别进行处理和回归分析,得到的拟合曲线相关性较好。61 m 高程台阶爆破振动衰减曲线如图2-32 所示。

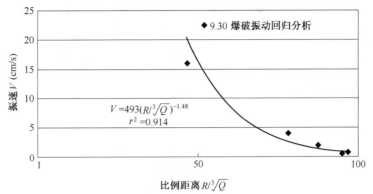

图 2-32　61 m 高程台阶爆破振动衰减曲线

r^2—方差,下同

(2)2009 年 11 月 17 日在德兴铜矿进行远距离爆破振动监测试验,测试目的是掌握400~1 500 m 范围爆破振动波衰减规律和计算预报。采用孔间25 ms、排间65 ms 时差Orica 非电导爆管接力逐孔起爆网路,孔网参数 6 m×7 m,炮孔深 17.5 m,孔径 250 mm,单孔药量 750 kg。试验区位于52 m 高程台阶,岩性为花岗闪长斑岩,岩性坚硬,完整性较好,远距离测点高程大于爆破地高程,地形坡度约 15°。各检测点的爆破振动测试结果见表 2-14。爆破振动衰减规律如图 2-33 所示。

表 2-14　德头铜矿远距离各检测点的爆破振动测试结果

测点号	距离(m)	单孔药量(kg)	径向振速(cm/s)	横向振速(cm/s)	垂向振速(cm/s)	三向矢量合速度(cm/s)
1	491	750	0.59	0.52	0.49	0.55
2	701	750	0.35	0.15	0.31	0.3
3	917	750	0.18	0.14	0.11	0.17
4	809	750	0.23	0.17	0.22	0.21
5	1 531	750	0.12	0.07	0.09	0.09
6	420	750	0.72	0.57	0.6	0.6
7	473	750	0.61	0.35	0.51	0.43
8	555	750	0.36	0.27	0.26	0.31
9	867	750	0.24	0.16	0.15	0.19
10	1 103	750	0.12	0.07	0.09	0.11

(3)2009 年 12 月 11 日在德兴铜矿 113 m 高程台阶进行电子雷管爆破振动测试。此处台阶较高,岩体相对风化,节理裂隙发育。爆破网路仍然采用孔间 25 ms、排间 65 ms 时差接力起爆网路,孔网参数 6 m×8 m,孔深 15 m,孔径 250 mm,平均单孔药量 650~750 kg,总炮孔数 41个,总药量 30 t。最后爆破的 3-11 号孔多延时 320 ms 作为单孔爆破振动考虑,计算的单段药量为 650 kg。爆破振动源的起爆网路示意图及对应的单(群)孔爆破振动衰减规律如图2-34、图 2-35 所示。各检测点的爆破振动测试结果见表 2-15、表 2-16。

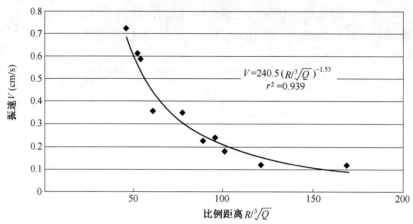

图 2-33　52 m 高程台阶远距离爆破振动衰减规律回归分析

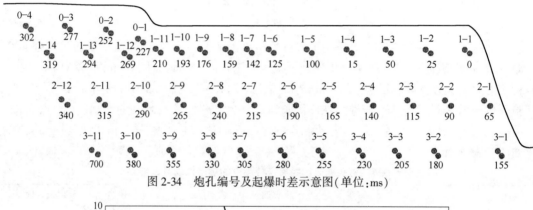

图 2-34　炮孔编号及起爆时差示意图(单位:ms)

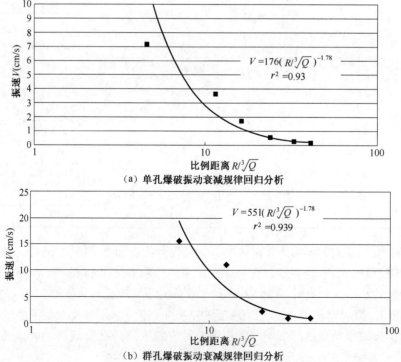

(a) 单孔爆破振动衰减规律回归分析

(b) 群孔爆破振动衰减规律回归分析

图 2-35　单(群)孔爆破振动衰减规律

表 2-15 3-11 号孔单独爆炸时各检测点的爆破振动测试结果

测点号	距离(m)	单孔药量(kg)	径向振速(cm/s)	横向振速(cm/s)	垂向振速(cm/s)	三向矢量合速度(cm/s)
1	40	650	4.2	3.54	7.15	7.98
2	100	650	3.32	3.27	3.63	4.84
3	211	650	0.44	0.75	0.59	0.86
4	142	650	1.36	1.13	1.72	1.83
5	286	650	0.27	0.39	0.31	0.47
6	355	650	0.1	0.1	0.15	0.17

表 2-16 全体炮孔逐孔爆炸时各检测点的爆破振动测试结果

测点号	距离(m)	单孔药量(kg)	径向振速(cm/s)	横向振速(cm/s)	垂向振速(cm/s)	三向矢量合速度(cm/s)
1	60	700	14.27	6.92	11.57	15.34
2	110	700	4.72	6.07	9.38	11.05
3	245	700	1.13	1.12	1.22	1.49
4	175	700	2.13	2.25	1.73	2.52
5	318	700	0.83	0.56	0.64	1.07

(4) 2009 年 12 月 12 日在德兴铜矿傅家坡采区 496 m 高程剥离风化岩中进行电子雷管爆破振动测试。采用孔间 20 ms、排间 75 ms 时差起爆网路,孔网参数 7 m×8 m,孔深 15 m,孔径 250 mm,单孔药量 600~700 kg,总炮孔数 53 个,总药量 33 t。最后爆破的 6-7 号孔多延时 300 ms 作为单孔爆破振动考虑,计算的单段药量为 650 kg。爆破振动源的起爆网路示意图如图 2-36 所示。对应的单(群)孔爆破振动衰减规律如图 2-37 所示,各检测点的爆破振动测试结果见表 2-17、表 2-18。

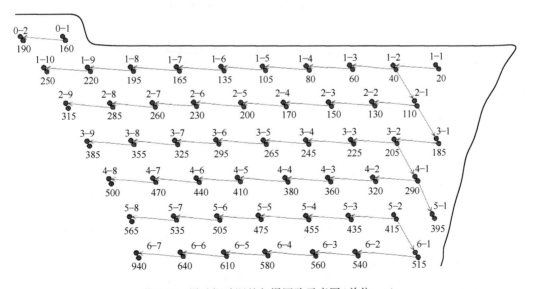

图 2-36 爆破振动源的起爆网路示意图(单位:ms)

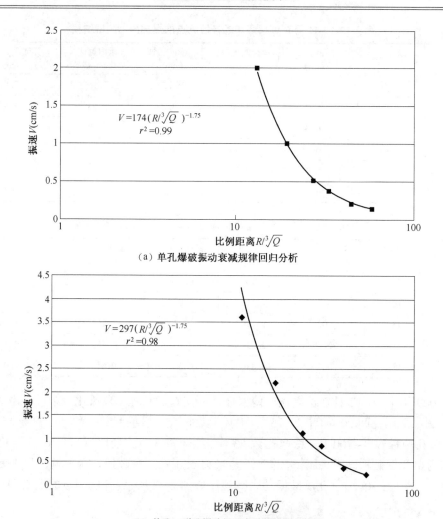

（a）单孔爆破振动衰减规律回归分析

（b）单孔、群孔爆破振动衰减规律回归分析

图 2-37 单孔、群孔爆破振动衰减规律

表 2-17 6-7 单孔爆破各检测点的爆破振动测试结果

测点号	距离(m)	单孔药量(kg)	径向振速(cm/s)	横向振速(cm/s)	垂向振速(cm/s)	三向矢量合速度(cm/s)
1	110	600	1.49	0.82	1.49	2.03
2	160	600	0.93	0.49	0.46	1.0
3	226	600	0.38	0.33	0.4	0.51
4	277	600	0.35	0.18	0.27	0.37
5	372	600	0.17	0.13	0.12	0.2
6	490	600	0.15	0.15	0.15	0.16

表 2-18 群孔爆破各检测点的爆破振动测试结果

测点号	距离(m)	单孔药量(kg)	径向振速(cm/s)	横向振速(cm/s)	垂向振速(cm/s)	三向矢量合速度(cm/s)
1	99.3	700	4.36	1.78	3.62	4.93
2	153.8	700	1.78	1.09	2.21	2.44
3	219.2	700	0.83	0.79	1.14	1.22

续上表

测点号	距离 (m)	单孔药量 (kg)	径向振速 (cm/s)	横向振速 (cm/s)	垂向振速 (cm/s)	三向矢量合速度 (cm/s)
4	273.4	700	0.84	0.4	0.87	0.97
5	369.2	700	0.45	0.34	0.39	0.55
6	479.8	700	0.43	0.26	0.24	0.43

(5)2009年11月14日在德兴铜矿进行远距离爆破振动监测试验,测试目的是掌握400~1 200 m范围爆破振动波衰减规律和计算预报。采用孔间25 ms、排间65 ms时差,Orica非导爆管接力起爆网路,孔网参数6 m×7 m,炮孔深17.5 m,孔径250 mm,单孔药量750 kg。试验区位于114 m高程台阶,岩性为闪长斑岩,传播区岩性风化,节理裂隙发育,远距离测点高程大于爆破地高程,地形坡度约15°。各检测点的爆破振动测试结果见表2-19,爆破振动源的起爆网路示意图如图2-38所示。爆破振动衰减规律如图2-39所示。

表2-19 全体炮孔逐孔爆炸时各检测点的爆破振动测试结果

测点号	距离(m)	单孔药量 (kg)	径向振速 (cm/s)	横向振速 (cm/s)	垂向振速 (cm/s)	三向矢量合速度 (cm/s)
1	419.6	750	0.57	0.6	0.6	0.72
2	472.9	750	0.35	0.51	0.43	0.61
3	555.0	750	0.43	0.47	0.26	0.54
4	637.4	750	0.27	0.26	0.31	0.36
5	867.5	750	0.16	0.15	0.19	0.19
6	1 102.9	750	0.07	0.09	0.11	0.12

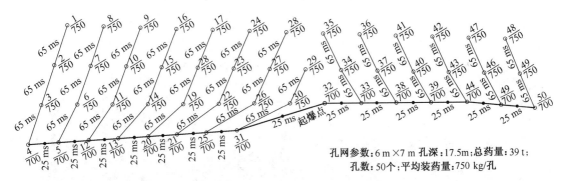

图2-38 爆破振动源的起爆网路示意图

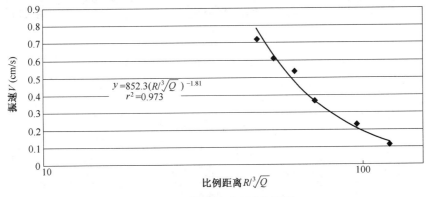

图2-39 爆破振动衰减规律图

对以上振动检测数据进行回归分析后,整理各种状况下的爆破振动速度衰减公式中的 k、α,其统计结果见表 2-20。

表 2-20　各种地质和爆破状况下的爆破振动速度衰减公式中 k、α 值比较

日期	k	α	地质条件	说明
9.30	493	1.48	坚硬完整花岗岩	群孔爆破,导爆管雷管,距离 70~800 m
11.14	852	1.82	闪长斑岩,局部发育断层破碎带	群孔爆破,导爆管雷管,远距离 400~1 200 m 测振
11.17	240	1.53	闪长斑岩,完整性好	群孔爆破,导爆管雷管,远距离 400~1 500 m 测振
12.11	511	1.76	闪长斑岩,局部节理发育	群孔爆破,电子雷管,距离 100~500 m
12.12	298	1.75	闪长斑岩,局部节理发育	群孔爆破,电子雷管,距离 100~600 m
11.14	257	1.68	闪长斑岩,局部节理发育	单孔爆破,距离 50~800 m
12.10	212	1.69	闪长斑岩,局部节理发育	单孔爆破,电子雷管最后孔延时 250 ms
12.11	176	1.78	花岗岩,局部节理发育	单孔爆破,电子雷管最后孔延时 350 ms
12.12	174	1.75	花岗岩,局部节理发育	单孔爆破,电子雷管最后孔延时 350 ms

(6) 2009 年 9 月 8 日在准格尔煤矿,开展多次煤层和岩石松动爆破振动测试,爆破区岩层为软弱泥质砂岩和煤层,水平产状。采用孔间 9 ms、排间 150~200 ms 时差,Orica 非电导爆管接力起爆网路,孔网参数 9 m×9 m,炮孔深 40.5 m,孔径 310 mm,单孔药量 1 250 kg。检测点与爆源的平面相对位置示意图如图 2-40 所示,各检测点的爆破振动测试结果见表 2-21、表 2-22。根据实测数据进行回归分析,衰减规律性很好。图 2-41 为根据以上数据绘制得到的爆破振动衰减规律曲线。将这次松动爆破振动衰减规律曲线 $V = 778.1 \left(\dfrac{R}{\sqrt[3]{Q}} \right)^{-2.1}$ 进行比较分析,其衰减系数 $k_1 = 778.1$、衰减指数 $\alpha_1 = 2.1$。

图 2-40　检测点与爆源的平面相对位置示意图

表 2-21　煤层爆破振动检测各测点处爆破地震强度

测点号	垂向振速 V_z(cm/s)	径向振速 V_x(cm/s)	横向振速 V_y(cm/s)	矢量合速度 V(cm/s)	距爆心水平距 R(m)	单响药量 Q(kg)	备注
1 号	0.725	2.86	3.32	7.36	100	1 500	后侧
2 号	0.53	0.83	1.29	1.31	200	1 500	后侧
3 号	0.07	0.12	0.21	0.23	400	1 500	后侧
4 号	0.42	0.09	0.27	0.20	500	1 500	后侧

注:距离指检测点至爆破中心点的距离。

表 2-22　岩石松动爆破振动检测各测点处爆破地震强度

测点号	垂向振速 V_z(mm/s)	径向振速 V_x(mm/s)	横向振速 V_y(mm/s)	矢量合速度 V(mm/s)	距爆心水平距 R(m)	单响药量 Q(kg)	备注
3-1 号	9.56	10.0	10.0	15.23	80	3 000	后侧
3-2 号	3.96	1.33	1.33	1.98	270	3 000	后侧
3-3 号	9.9	1.03	1.02	1.34	280	3 000	后侧
3-4 号	0.68	0.34	1.0	1.14	300	3 000	后侧
3-5 号	0.85	1.06	0.62	1.06	320	3 000	后侧

注：距离指检测点至爆破中心点的距离。

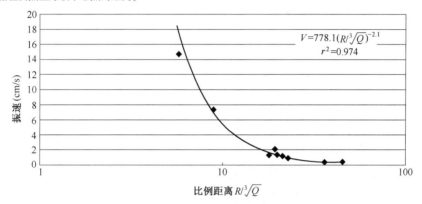

图 2-41　煤层和岩石松动爆破振动衰减规律曲线

从图 2-41 中可以看出，由于煤层爆破和岩石松动爆破更多爆炸能量通过地震波形式向外传播，因此煤层或软岩石松动爆破的振动衰减曲线的衰减指数较大，衰减速度快。

根据以上统计分析得到以下几点认识，对研究岩性特征与爆破振动波的传播衰减影响有重要意义。

(1) 无论是单孔爆破还是群孔爆破的振动测试资料，各种地质岩性条件下获得的爆破振动衰减有很好的规律性。其中衰减指数 α 与地质条件相关性很强，地震波传播区岩体越坚硬完整，衰减指数 α 越小，也即爆破地震波衰减较慢；而爆破地震波通过软弱或破碎岩体时，振动衰减指数 α 增大，振动衰减较快。例如爆破地震波通过软泥岩煤层或节理发育的破碎岩体时，振动衰减指数 α 增大至 1.82~2.10，硬岩中只有 1.45~1.75。无论是单孔爆破还是群孔爆破只要地质条件相同，爆破振动衰减指数 α 基本相同，例如，12 月 11 日同一区爆破时单孔爆破振动衰减指数 $\alpha=1.78$，群孔爆破振动衰减指数 $\alpha=1.76$；12 月 12 日同一区爆破时单孔爆破振动衰减指数 $\alpha=1.75$，群孔爆破振动衰减指数 $\alpha=1.75$；11 月 14 日与 12 月 10 日在同一区进行的单孔爆破，振动衰减指数分别为 $\alpha=1.68$，$\alpha=1.69$。充分说明：地质条件相同，振动衰减指数 α 变化很小。

(2) 根据不同爆破条件下测得的振动速度回归分析，衰减系数 k 主要与爆破临空面条件和爆破网路时延叠加情况有关。单孔爆破的介质夹制作用条件与振动衰减式中的衰减系数 k 有一定的对应关系。11 月 14 日没有临空面条件下的单孔爆破，振动衰减系数 $k=257$，明显大于其他单孔爆破情况；12 月 10 日单孔爆破为采用电子雷管最后延时 250 ms 的炮孔，而 12 月 11 日和 12 月 12 日单孔爆破是采用电子雷管最后延时 350 ms 的炮孔，对比发现 12 月 10 日单孔爆破的炸药单耗小、临空面条件差（延时较短），其衰减系数 k 偏大，而临空面条件较好的两次单孔爆破衰减系数 k 较小。所以在地质条件基本相同的情况下,夹制作用大,则衰减式中 k 值较大;夹制作用小,则 k 值也减小。此外,每次群孔爆破中,虽然是逐孔起爆,但各炮孔爆破振动波有一定的叠加,振动作用普遍加强,对应的衰减系数 k 必定大于单孔爆破振动,具体放大系数与不同延时叠加情况有关。需要说明的是当炮孔起爆延时间隔在某一特例状态,达到波峰与波谷叠加,可能产生群炮孔爆破振动小于单孔爆破振动现象。下例为德兴铜矿 12 月 10 日采用电子雷管爆破,炮孔延时间隔 20 ms 逐孔起爆,在 72 m 和 88 m 距离处测得振动波形(图 2-42),显然群孔爆破振动波峰受后续波谷局部抵消,导致整体振动波平缓,峰值小于最后的单孔爆破振动波峰。

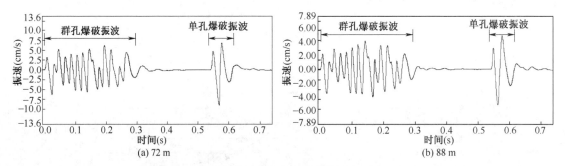

图 2-42　72 m 和 88 m 距离处测得爆破爆破振动波形

当爆破地震波穿越断层破碎带或预裂爆破裂缝时,爆破振动峰值的衰减显著加快。为验证预裂缝对爆破振动峰值衰减的影响,分别进行了两组振动测试。一组是深孔爆破后侧方向,沿爆区后缘提前进行了预裂爆破(图 2-43);另一组是深孔爆破两侧方向,没有预裂爆破缝阻隔地震波传播。两条测线范围内地形、地质条件基本相同。

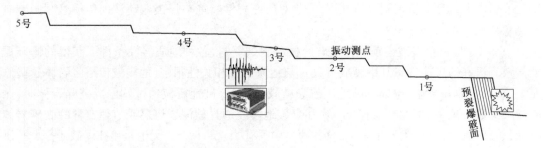

图 2-43　预裂爆破后深孔爆破区后侧方向测振点剖面图

通过对以上爆破振动检测数据分别进行处理和回归分析,得到的拟合曲线相关性较好。后侧有预裂爆破缝阻隔的爆破振动衰减规律回归曲线如图 2-44 所示,爆破区右侧没有预裂爆破缝阻隔的爆破振动衰减规律回归曲线如图 2-45 所示。

爆破区后侧有预裂爆破缝阻隔的爆破振动衰减规律为:

$$V = 98.7 \left(\frac{R}{\sqrt[3]{Q}} \right)^{-1.3}$$

爆破区右侧没预裂爆破缝阻隔的爆破振动衰减规律为:

$$V = 200.7 \left(\frac{R}{\sqrt[3]{Q}} \right)^{-1.4}$$

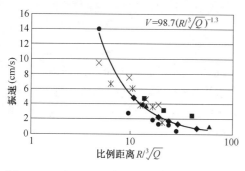
图 2-44 后侧有预裂爆破缝阻隔振动衰减规律

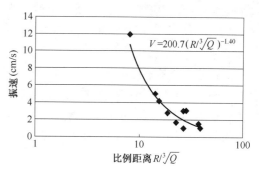
图 2-45 右侧没预裂爆破缝阻隔的爆破振动衰减规律

由此可知,爆破区后侧有预裂爆破缝阻隔的爆破振动衰减系数 $k_y = 98.7$、衰减指数 $\alpha_y = 1.3$;爆破区右侧没有预裂爆破缝阻隔的爆破振动衰减系数 $k = 200.7$、衰减指数 $\alpha = 1.4$。这一特征参数在 100~1 800 m 的距离范围、最大单响药量 15 000 kg 深孔爆破条件下获得。爆破区后侧穿过一条深达 70 m 的预裂爆破带,爆破区右侧没有预裂爆破带、地形平坦。根据振动实测数据分析认为,爆破有没有预裂爆破缝阻隔其振动衰减指数差别不大,$\alpha_y = 1.3$、$\alpha = 1.4$,因此振动衰减指数主要与地形、地质条件有关;但爆破振动衰减系数 k 受预裂爆破缝影响很大,深达 70 m 的爆破预裂缝使 k 值减小约一倍,$k_y = 98.7$、$k = 200.7$。说明爆破振动波穿过预裂爆破带振动强度减弱一半,预裂爆破带起到了重要的减振作用。

地形高差对爆破地震效应的影响主要表现在以下几方面:

(1)当爆破地震波穿越凹形沟壑时,爆破振动波有明显的衰减作用。爆破振动波衰减与凹形沟壑宽度和深度有关,但深度比宽度更能影响爆破振动波的衰减。

(2)在高边坡附近爆破时,振动观测点位置突然高于爆源很多时,如高边坡、山顶孤立岩柱、高耸建筑物,高坡地形对爆破振动波具有放大效应,且地形相对高差越大,放大效应越明显。有学者提出了爆破存在高程差时的萨道夫斯基公式中的 k 和 α 值修正形式:

$$V = k' k \left(\frac{\sqrt[3]{Q}}{R}\right)^{\alpha \cdot \alpha_1} \tag{2-51}$$

式中 V——爆破地震波引起的地面质点振动速度(cm/s);

Q——最大单段的起爆药量(kg);

R——测点与爆心的水平距离(m);

k——地质、爆破方法等因素相关的系数;

α——与地质条件有关的地震波衰减系数;

k'——k 值高程修正系数;

α_1——衰减系数的高程差修正系数。

铁科院在深圳安托山高处爆破,低处现场实测爆破振动得到的修正系数为:

$$k' = e^{-0.037\,8H};\ \alpha_1 = 1 - 0.004\,5H$$

此外,在《水工建筑物岩石基础开挖工程施工技术规范》中给出了反映高程差的爆破振动衰减规律修正公式:

$$V = k \left[\frac{\sqrt[3]{Q}}{R}\right]^{\alpha} \left[\frac{\sqrt[3]{Q}}{H}\right]^{\beta} \tag{2-52}$$

式中 β——高程影响系数,反映高程差的放大或衰减作用,通过爆破试验确定;
H——测点与爆心之间的高程差(m)。
其他符号同上。

高程放大效应,实际上是一种爆破地震波在自由面的反射和绕射现象。当爆源和测点位置不在同一高程时,爆破地震波在传播过程中不是沿水平路线从爆源直接传向观测点,而是根据实际地形情况沿最近的路线传播,如图 2-46 所示。爆破地震波传播到坡脚的 A 点,在 A 点产生衍射,使爆破地震波的传播方向发生改变,传播路径也更加复杂。

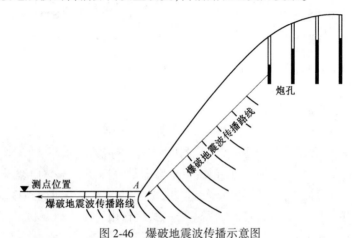

图 2-46 爆破地震波传播示意图

绕射是指波在传播过程中,途中遇到障碍物或缝隙时传播方向发生变化的现象。障碍物或缝隙的宽度越小,而波长越大,则绕射现象就越明显。爆破地震波的波长一般在百米数量级以内,相对地形地貌的变化来说已经很大,所以绕射的现象非常明显。因此采用衍射绕射理论来研究具有高差的爆破地震波在地表的传播规律是合理的。

按照惠更斯—菲涅尔原理,以后的爆破地震波以入射地震波波阵面上各点为子震源。而 A 点附近的子震源相对于平面上传播的波,其传播途径要长一些,如图 2-47 所示,相应的下一时刻(位置)振动强度必然减小,减小的数量可以根据柯希霍夫衍射公式进行计算。1882 年德国物理学家柯希霍夫建立了一套严格的波的衍射数学理论,为惠更斯—菲涅耳原理提供了比较完善的理论基础。由柯希霍夫的衍射理论得到了入射波和衍射波的比例系数 C:

$$C = -i/\lambda = e^{-i\pi/2}/\lambda \tag{2-53}$$

式中 i——虚数单位;
λ——波长(m)。

这表明次级波源的位相比该点振动 $U(Q)$ 的位相领先 $\pi/2$,在计算 P 点波的强度时应注意到 $C \propto 1/\lambda$。柯希霍夫理论同时根据菲涅耳原理中入射波和衍射波之间的射线方向不同,推导出两者之间的倾斜因子 $K(\theta)$,如图 2-47 所示。

$$K(\theta) = \frac{1 + \cos\theta}{2} \tag{2-54}$$

在深孔台阶控制爆破中,客观存在着高边坡、高程差等现实问题,在爆破地震波传播时如图 2-47 所示,在山坡坡脚处,入射波和衍射波之间有一个夹角 θ。此时应该对实际现场情况所使用的萨道夫斯基公式进行修正,公式形式为:

$$V = K_1 \cdot K \left(\frac{\sqrt[3]{Q}}{R} \right)^\alpha \quad (2\text{-}55)$$

其中，K_1 为高程差存在时的修正因子，与柯希霍夫公式(2-54)相对应，形式如下：

$$K_1 = A/A_0 = \frac{1 + \cos\theta}{2} = \cos^2(\theta/2) \quad | \; 0 < \theta < 180° \quad (2\text{-}56)$$

式中　A——衍射波的振幅；
　　　A_0——入射波的振幅；
　　　θ——入射波和衍射波射线之间的夹角(°)。

另一方面，从图 2-46 中可以看出，在爆破振动峰值速度计算时，使用爆源到观测点的平面距离代替爆破地震波实际传播距离，会引入一个人为误差——距离减少了一点，这点误差对于 H/R 很小

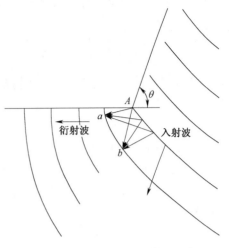

图 2-47　爆破地震波衍射传播示意图

(即爆源至观测点的高程差相对水平距离的比值不大)时影响不大，当 H/R 比较大(≥ 0.3)时，所带来的误差就不可忽视；如果中间隔着冲沟、河流或山包，爆破地震波传播路线更长则引起的误差更大，以至几次爆破振动数据难以用一条曲线拟合分析。

为了减少这一误差，同时考虑方便工程使用(尽量使计算距离接近实际距离)，因此使用下式代替萨道夫斯基公式中的爆破距离。

$$R' = \sqrt{R^2 + H^2} \quad (2\text{-}57)$$

式中　R'——爆源到观测点的计算距离(m)；
　　　R——爆源到观测点的平面距离(m)；
　　　H——爆源到观测点的垂直高程差(m)。

当然在有条件的情况下使用爆破地震波实际传播的路线长度更合理，能够比较准确地预报爆破地震效应的强度，但是在实际工程使用中难以准确地通过爆区周围的地形测量进而分析计算出实际传播路线长度。

通过以上分析，综合考虑台阶深孔控制爆破修正后的萨道夫斯基公式为：

$$V = k \left(\frac{\sqrt[3]{Q}}{\sqrt{R^2 + H^2}} \right)^\alpha \cdot \cos^2(\theta/2) \quad | \; 0 < \theta < 180° \quad (2\text{-}58)$$

式中　R——爆源到观测点的平面距离(m)；
　　　H——爆源到观测点的垂直高程差(m)；
　　　θ——入射波和衍射波射线之间的夹角(°)；
　　　k、α——与场地条件有关的系数、指数。

3 爆破地震预报

随着我国基础建设和矿山开采的迅猛发展,爆破作为岩体开挖的一种必要手段所面临的环境越来越复杂,爆破振动影响造成的扰民事件及工程安全问题呈上升趋势,严重制约了爆破施工的顺利进展,有的还影响到社会稳定。如何采用科学、有效的措施最大限度保证爆破安全,尽量降低爆破振动对周边环境的影响,成为顺利实施爆破施工、构筑和谐社会的一项迫切任务。由此,对爆破振动的评估及分析也成为人们日益重视的问题,如今毫秒微差延时爆破在岩体开挖中已经得到广泛的应用。为了控制爆破振动,爆破设计时需要对目标处可能产生的振动进行预报。

3.1 常规统计预报方法

常规的爆破振动预报是根据大量实测数据,用回归统计法分析其传播衰减规律,得到经验系数进行预报,其主要缺陷是经验系数方法人为因素多、误差大,只能对爆破振动的峰值进行预测,爆破振动的持续时间及其振动主频都没法预估。

爆破地震的主参变量有9个,其中包括5个独立变量(炸药当量Q、观测点至爆源的距离R、介质的波速C、介质密度ρ、时间t)和4个因变量(地面振动位移U、速度V、加速度a、频率f)。根据Bukingham的π定理,上述参量可以组成6个无量纲数,即:U/R,V/C,a/Cf,ft,tC/R,$Q/\rho C^2 R^3$,其中6个无量纲数包含全部5个独立变量。实际上ρC^2为介质弹性模量的量纲,鉴于岩石介质的ρC^2值变化范围不大,尤其对同一爆破场区其值基本相等,故可作为介质常数处理。于是得到著名的爆破振动衰减相似关系式:

$$V = kf\left(\frac{R}{\sqrt[3]{Q}}\right) \tag{3-1}$$

式中　V——质点振动速度的最大幅值(cm/s);

　　　Q——装药量(kg);

　　　R——测点至爆源的距离(m);

　　　k——爆破现场的特征指数。

国内外对爆破振动进行了大量的监测、试验和理论研究工作,取得了不少有价值的成果。西方国家尤其是美国曾经历过以爆破峰值振速、振动加速度以及振动能量比等作为爆破振动强度判据。根据现场爆破试验观测地震波参数随距离变化的回归分析,其弥散性都较大,尤其是加速度和位移,所以通常选择振动速度参数作回归分析。

1954年Blair和Duvall,1959年Petkof分析爆破地震波的强度与装药量和测点距离的关系,将远距离点柱状药包看成球形药包,对装药量进行了1/3次方修正,按照比例距离的概念,

得到爆破地震波衰减规律公式为:

$$V = k\left(\frac{R}{\sqrt[3]{Q}}\right)^{-n} \tag{3-2}$$

式中 k、n——与场地环境及传播介质有关的经验系数,其他符号意义同前。

比例距离的引入,为相似定律在爆破地震研究中的应用打下了良好的基础。随后,萨道夫斯基根据自己的研究提出了与式(3-2)相似的经验公式:

$$V = k\left(\frac{Q^m}{R}\right)^{\alpha} \tag{3-3}$$

萨道夫斯基明确了经验公式中的常数 k 和 α 系数的取值范围。并且针对不同的爆破方式,他采用了鲍列夫斯基的建议,在经验公式中考虑爆破作用指数函数 $f(n)$ 的影响,得出:

$$V = \frac{k}{\sqrt[3]{f(n)}}\left(\frac{\sqrt[3]{Q}}{R}\right)^{\alpha}, \quad f(n) = 0.4 + 0.6n^3 \tag{3-4}$$

式(3-4)可以说是对 Duvall 等人的研究成果的完善和发展。在实践中根据式(3-3),利用最小二乘法分析实测振动质点振速 V、最大一段装药量 Q、测点距爆心距离 R 的相互关系,从而确定与爆破地形、地质条件以及爆破规模和药包结构等特征相关的特定系数 K 和衰减指数 α,由此得到最为广泛引用的爆破振动衰减预测方程。

我国颁布实施的《爆破安全规程》(GB 6722)仍沿用 M. A 萨道夫斯基公式,而且在计算公式中取消了符号 m,直接以 1/3 代替。

原苏联和美国等国家对爆破地震效应问题作过较系统的实验观测研究。原苏联一直以地面峰值振动速度为判据,以安全距离作为控制标准指导爆破工程。1964 年 С. В. Медведев 院士在《岩石爆破振动》中初步提出了地面建筑物爆破动力反应分析法。1965 年 A. M. 普格斯提出根据地面振动周期和建筑物固有振动周期的比值关系加以修正,确定危险区半径。美国矿务局对 20 个采石场和建设工地的爆破振动的观测数据进行了统计分析,提出了地震动最大速度的经验公式:

$$V = k\left(\frac{R}{\sqrt{Q}}\right)^{-\alpha} \tag{3-5}$$

1965 年 P. B. Attwell 等人对欧洲采石场的爆破振动观测数据进行了统计分析,提出了地震动最大速度的经验公式:

$$V = k\left(\frac{Q}{R^2}\right)^{\alpha} \tag{3-6}$$

其他的研究学者,如瑞典的 Langerfor 和 Gustafsson、日本的学者忽略装药的对称性,近似地选择炸药量和爆心距作为主要变量,直接采用了如下经验公式:

$$V = kQ^n R^{-m} \tag{3-7}$$

通过大量的现场爆破观测数据统计分析,拟合得到公式中的经验系数和指数。

尽管上述经验公式所选择的主要变量相同,但由于各自的观测数据是在特定的条件下采用不同的观测仪器得到的,所以,根据这些数据得到的回归系数值相差极为悬殊,这给实际应用带来了很大的困难。然而,由于这些经验公式在一定程度上与现场的观测结果比较接近,且方法简单,因此,被大多数爆破工作者所接受,并使其在爆破振动强度的预测和安全评定中一直得到广泛地应用。

应该说爆破振动预测需要了解全部振动过程,而不仅仅是一个峰值指标。目前爆破振动预报中公认的爆破振动衰减规律数学表达式为:

$$A = k(Q^n/R)^\alpha \tag{3-8}$$

式中 A——振动强度;
Q——单段起爆药量(kg);
R——爆源到测点距离(m);
k、α——有地质条件有关的经验系数。

反映到振动速度 V 上,则有 $V=k(\sqrt[3]{Q}/R)^\alpha$。鉴于爆破地震波的传播和衰减影响因素如此复杂,仅靠统计分析难以获得准确的预测结果。

关于爆破振动的预测,目前主要采用萨道夫斯基公式和经验系数方法,k、α 为与爆破条件、场地地质条件等有关的系数,由经验和回归分析确定。实际上,此公式是根据集中药包洞室大爆破的经验和统计得来的,引用到群孔爆破中影响因素更加复杂,回归分析的相关系数较低,近距离的爆破振动峰值计算误差可达 200%~300%,远距离的计算误差也有 50% 以上。而且当深孔爆破采用高精度导爆管毫秒雷管及孔内、孔外毫秒延时接力网路时,需要逐孔起爆,孔间延时间隔小于 10 ms,炮孔连续不断地引爆。如仍采用此计算公式预报爆破振动强度,无法核算单响药量 Q,此经验公式已不适用小间隔毫秒延时的爆破振动峰值估算,准格尔黑岱沟煤矿的爆破振动效应是一个典型的案例。总之,采用常规的萨道夫斯基公式和经验系数方法进行爆破振动预测存在以下缺陷:

(1)公式中 k 和 α 的值都是根据爆破现场的实际情况靠经验确定。若想得到比较可信的 k 和 α 的值,通常需要利用该爆破现场的爆破振动测试数据、采用回归分析法才能得到相应分析结果,但是有时回归分析的相关系数较低,采用经验公式计算爆破振动速度峰值 V,只能从概率原理上进行预测。因此,预测结果的可信度和准确度难以把握。

(2)公式中炸药量 Q 的值通常取为起爆网路中同段装药总量的最大值,R 代表最大药量爆破药包对应到预测目标点的距离。而实际工程应用中,由于起爆器材自身延期精度的限制,同段的雷管无法精确同步起爆,而且采用短延时接力逐孔爆破模式也难以区分各段药量,各炮孔振动波前后叠加,无法确定单段起爆药量。

(3)同段起爆的多个炮孔至目标点的距离各不相同,因此,即使多炮孔同时起爆,各炮孔相应的 Q 和 R 值有较大差异,采用该公式的基本假设与深孔爆破现实有些矛盾,得出的预测结果自然准确度降低。有些情况误差达一个数量级。

(4)通常评估爆破振动效果时除需考虑质点振动速度的峰值 PPV 外,还需考虑爆破振动频率和爆破持续时间,只有综合考虑到这三方面的因素,才能得到比较可信的评估结果。而上述公式仅仅给出了对质点振动速度的峰值 PPV 的预测结果,无法得知爆破振动频率和爆破持续时间,因此采用上述公式对爆破振动进行分析评估不够全面。

近年来也有人采用 BP 神经网络方法预测爆破振动强度,它具有很强的非线性动态处理能力,振动峰值预测效果好于萨道夫斯基经验公式,但这种方法的本质仍然是基于同类工程的大样本统计规律预测,只是统计分析方法有较大改进。关于爆破振动波的数值模拟计算预测方法,受爆破过程的复杂性和介质条件的不均匀影响,预测结果的可靠性很不理想。无论如何,这些探索一定程度上推动了爆破振动预测技术的发展,加深了对爆破振动规律的认识。但其缺陷是仍然停留在半理论半经验的方法上，只能对爆破振动的峰值大致范围预测，对爆破振动的持续时间及其振动频率的分布范围都没法预估。应该说爆破振动预测需要了解全部振动过程，而不仅仅是一个指标。

3.2 单孔叠加仿真预报方法

数码电子雷管的投入使用，可以实现对爆破延时的精确控制，保证设计延期与实际起爆时间相一致，这就为更准确预报爆破振动提供了基础条件。单孔叠加仿真预报方法是一种与传统统计预测方法完全不同的振动叠加预测模型。该方法不需要长期大量的振动检测样本，主要通过预先单孔爆破实验采集多点振动信号作基础，利用开发的软件对信号解析和叠加计算，实现不同位置的群孔爆破振动波形预测。单孔爆破振动信号分析包括了现场爆破的地形地质条件、爆源炸药和临空面等所有条件，因此具有充分的现实和理论依据。

3.2.1 理论原理

预测指定位置的爆破振动波形最重要的一步是进行单孔爆破试验，单孔爆破的位置应与群组炮孔临近。单孔爆破获得的各测点振动信号中包含了爆破施工区到测点位置间所有复杂地质条件下大地震动的属性。因此，基于实地记录得到的单孔爆破振动波形综合包含了本地区地质条件和爆破条件的信息，群组炮孔爆破其实是由多个单孔爆破在不同时空下的组合，因此利用实测的单个炮孔爆破振动波形来表征群组炮孔的爆破振动特点具有理论依据。

由于单孔爆破和群组爆破地震波传播经历的地质结构，如岩性、地层构造等是基本相同的。单孔爆破产生的振动信号携带了上述所有相关的参数信息，完全包含了场地地质条件和现场装药及炸药性能的信息，不仅回避了建立复杂的地质模型，也不需要依靠经验系数的假设修正。理论上将爆破振动传播过程假设为一个线性系统也是可行的，这样我们就可以用单个炮孔的爆破振动信号，按照在线性系统中信号的叠加原则来模拟群组药包爆破振动信号。即：

$$F(t) = \sum_{i=1}^{n} f_i(t + T_i) \qquad (3-9)$$

式中　T_i——当前单个炮孔爆炸地震波传播到目标位置相比上一炮孔延迟的时间；

$f_i(t)$——当前单个炮孔爆炸形成的振动波；

$F(t)$——预测得到的完整爆破振动波形。

地震波叠加原理示意图如图 3-1 所示；预测点振动波叠加示意图如图 3-2 所示。

国内外在这方面也做了相关的分析研究。徐全军等采用 ANSYS/LS-DYNA3D 模拟了岩

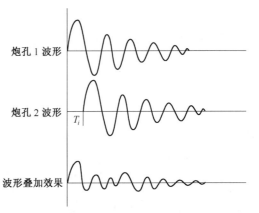

图 3-1　地震波叠加原理示意图

体中双孔微差爆破近源场的爆破振动,确定了微差爆破进行振动叠加的起始位置。甄育才从单孔爆破振动特性出发,对中远区微差爆破振动叠加效应的产生及其影响因素进行了分析,明确了影响叠加强度的因素。郭学彬和张继春在均匀介质中进行单孔爆破振动测试,并用数值模拟分析深孔台阶微差爆破振动效应,得到了微差爆破地震波的段间叠加特性。

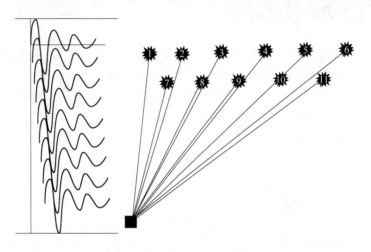

图 3-2 预测点振动波叠加示意图

上述研究从理论上说明将整个爆破振动传播过程假设为一个线性系统,利用单个振源信号叠加模拟多振源振动信号是可行的。但局限于我国雷管的延期精度长期不能满足上述模拟预测的要求,使得上述研究多停留在理论分析阶段,工程试验的规模都比较小,受雷管延期误差影响,爆破振动强度预测误差很大,无法给出在实际工程中应用的具体实施办法,严重的影响了此类研究的全面展开,难以获得可信的结果。数码电子雷管的出现使这一情况得到了改变,数码电子雷管可实现精确到 1 ms 延期时间,极大地提高了起爆网路的延时准确性,为爆破技术向数字化、精准化发展提供了基础条件,爆破地震的线性叠加预测方法的可行性也得到了充分的验证。

3.2.2 预报分析软件

爆破振动预报软件由三部分组成:(1)地震信号读取;(2)波速计算;(3)振动预测。

测振仪在现场爆破振动数据采集过程中,受多种因素影响会引入高频噪声,使信噪比降低。软件设计了低通滤波处理,若振动有高频噪声可预先滤波,降低噪声对分析结果的影响。

爆破地震波的传播速度根据式(3-12)来计算,通过判读单孔爆破振波到达各测振点的第一个波峰的时间来确定时差 Δt,由高精度 GPS 测量坐标可计算出各测点之间到爆源的距离差 S,已知 S 和 Δt 求出波速 C_v。

式(3-9)中 $f_i(T_i)$ 可以利用单孔试验中得到的基础振动波形推算,假设各炮孔的爆破振动波形基本与基础波形相似,只是药量和距离的小范围变化使得振动幅值相应变化,则根据下列公式,获得相应炮孔的爆破振动波形表达式。

$$f_i(t) = \sqrt[3]{\frac{Q_i}{Q_0}} \cdot f_0(t) \cdot \left(\frac{L_0}{L_i}\right)^{\alpha} \qquad (3\text{-}10)$$

式中 $f_0(t)$ ——前期单孔试验得到的基础振动波形;
$\quad\quad Q_0$ ——单孔试验装药量(kg);
$\quad\quad L_0$ ——单孔试验点至测振点距离(m);
$\quad\quad Q_i$ ——第 i 个炮孔装药量(kg);
$\quad\quad L_i$ ——第 i 个炮孔至测振预测点距离(m);
$\quad\quad f_i(t)$ ——第 i 个炮孔的振动波形;
$\quad\quad \alpha$ ——单孔爆破振动峰值衰减指数。

式(3-9)中的 T_i 为第 i 个炮孔起爆后地震波传播到预测点位置的延迟时间,其中包括了雷管延期时间和地震波穿越一定距离至预测点位置的迟后时间。

$$T_i = t_i + \frac{L_i - L_0}{C_v} \qquad (3\text{-}11)$$

式中 t_i ——炮孔的设计延期时间(ms);
$\quad\quad L_0$ ——单孔试验点至测振点距离(m);
$\quad\quad L_i$ ——任意某炮孔至振动预测点距离(m);
$\quad\quad C_v$ ——地震波传播速度(m/s)。

仿真预测的基本流程如图 3-3 所示,软件界面如图 3-4 所示。

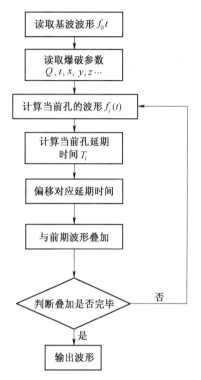

图 3-3 爆破振动预测程序执行流程图

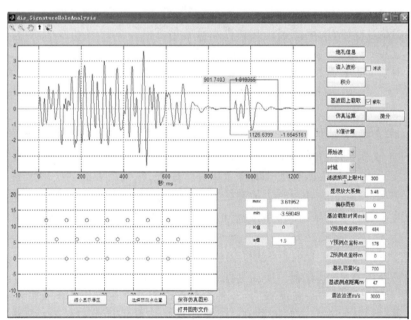

(a)读入实测波形、截取单孔爆破振动基波

图 3-4

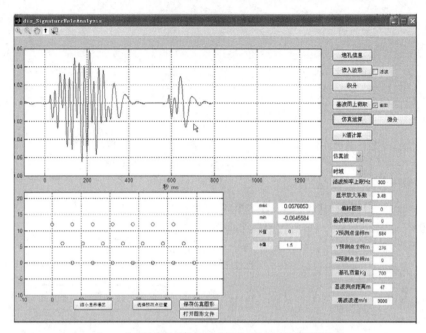

(b) 仿真运算获得爆破延时模式下的振动波形预报结果

图 3-4 软件界面

根据软件分析调试,该爆破振动预测方法是按以下程序进行:

首先,在爆破区域附近确定一基准爆破孔,其爆破孔径、深度、装药量和地质条件与其他炮孔基本相当;

其次,在位置坐标为 (u_0,v_0,r_0) 的预测目标点与上述基准爆破孔之间选取至少一个参考测振点,并在预测目标点和各参考测振点处分别安置可同步触发的测振仪;

再次,起爆基准爆破孔,以获得预测目标点和各参考测振点的爆破振动波形,以 TXT 文件格式输入,读取各测点振动波到达时间和振幅峰值;

最后,根据基准爆破孔的爆破信息以及爆破区域内各炮孔的参数信息(包括坐标、装药量、起爆时间等以 Excel 文件形式输入),执行爆破振动波形预测进程,输出对预测目标点的振动波形。

采用本技术方案对振动波形进行预测时,其主要原理是:先选取一基准爆破孔用于获取包含本场地条件和爆源条件信息的振动波形,作为原始分析数据;起爆基准爆破孔后,根据基准爆破孔以及爆破区域内其他所有炮孔的参数信息作输入,执行爆破振动波形预测进程,即可得到预测目标点的爆破振动仿真波形。预测得到完整的振动波形,能综合反映质点振动速度的峰值、爆破振动频率以及爆破持续时间等评价爆破振动效果需要的参数,进而可对爆破振动效果进行更全面的评估。除此之外,利用本技术方案进行爆破振动评估时,只需在爆破现场进行一次单孔爆破试验,依据在预测目标点和参考测振点分别测得的数据就可以得到可信的分析结果,爆破现场操作简单,也有利于提高测振效率。本方法执行的爆破振动波形预测进程,对从各测振点测得的数据进行分析处理,这一数据分析过程几乎不受人为因素的影响,进一步提高了分析结果的准确性和可信性,也为更好地优化调整爆破设计提供了有效手段。该方法主要缺陷在于:各炮孔的雷管起爆延时精度要求很高,若起爆延时误差较大,则预测的波形精确性较低。对于电子数码雷管延时误差在 ±1 ms 以内,其预测的可靠性非常好。

3.2.3 基础数据的获取方法

在预测爆破振动时,为了精确计算各炮孔的爆破振动波传到目标点的起始时间,需要获得现场地震波传播的速度,实际上地震波传播速度一定程度上反映了场地地质条件的参数。为了获取地震波传播速度,在单孔爆破振动检测中,要安排三台以上测振仪布置在一条测线上,采用无线同步触发装置,使各爆破测振仪同时开始记录,读取地震波到达各台测振仪的起始时间,根据下面计算公式计算得到当地地震波传播的速度。

$$C_v = \frac{S}{\Delta t} \tag{3-12}$$

式中　S——任意两台测振仪至炮孔的距离之差(m),如图 3-5 所示中 $S_2 - S_1$;

　　　Δt——地震波到达对应两台测振仪的时间差(ms);

　　　C_v——两台测振仪间地震波传播的速度(m/s)。

安排多台仪器测振是为了求得各段地震波传播速度,提高测量结果的准确性,也是为了获得不同距离范围的单孔爆破基波信号。

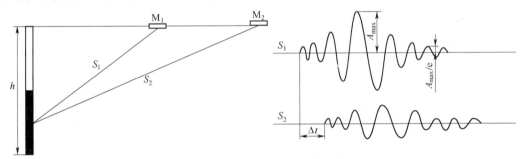

图 3-5　地震波速度实测和计算示意图

3.2.4 新型预报法实施步骤

(1)在待爆区范围内选择一个合适的炮孔进行单孔爆炸试验,多点采集单孔爆破振动数据。为了不增加单孔爆破试验的费用,可以安排群孔爆破的首末爆孔分离爆炸,作为获取单孔爆破振动的基础信号的方法,但首末爆孔与其他炮孔爆破的延时间隔应在 200 ms 以上,才能分离获得首末炮孔的单独炮孔爆破振动波形。

(2)在目标点测线方向安放多台测振仪(不少于 3 台),测点距离从近至远,尽可能涵盖预测点的距离范围。

(3)收集现场爆破参数,包括:所有炮孔坐标,孔深,装药量,爆破网路延时间隔等。

(4)利用本方法开发的软件对采集到的单孔爆破振动数据进行分析,选择合理的单孔爆破振动波作基础信号。

(5)输入群炮孔爆破参数和对应的设计延期时间,通过软件分析得到地震波的预测结果。

(6)根据预测结果对爆破网路延期方案进行修改,使之符合工程指标后进行爆破。

(7)再次记录现场爆破振动,并与软件的预测分析结果进行对比,进一步优化仿真计算参数,若某爆破场地能进行 2~3 个循环的实测和参数优化,预测结果的精确性就会有更大提高。

本爆破振动预测方法中的爆破振动波形预测进程,依据基准爆破孔的爆破信息以及爆破区域内各炮孔的参数信息进行仿真预测。其中,基准爆破孔的爆破信息包括基准爆破孔的位置坐标(x_0,y_0,z_0)和装药量Q_0,群炮孔的参数信息包括炮孔的总数n以及各炮孔的位置坐标(x_i,y_i,z_i) $(i=1,2,\cdots,n)$、装药量$Q_i(i=1,2,\cdots,n)$和起爆延期时间$t_i(i=1,2,\cdots,n)$。

作为一种优选方案,上述基准爆破孔的爆破信息还可进一步包括炮孔深度H_0,各炮孔的参数信息还可进一步包括炮孔深度$H_i(i=1,2,\cdots,n)$。考虑炮孔的深度,更有利于计算结果的准确性。

爆破振动波形预测模型实际是按照以下步骤进行:

步骤一,基准炮孔爆破后,分别读取从各测振仪测得的所有测振点爆破振动波形,并计算得到基准爆破孔在预测目标点的振动波形$f(t_0)$、爆破区域当地的地震波波速C_v和基准孔爆破质点振动速度峰值衰减指数α。

步骤二,读取基准爆破孔的爆破信息和群炮孔的参数信息。

步骤三,依据基准爆破孔的爆破信息计算地震波从基准爆破孔传播到预测目标点所经过的距离L_0;依据各炮孔的参数信息分别计算地震波从各炮孔传播到预测目标点将经过的距离L_i。

步骤四,依据公式:

$$f(t_i) = \sqrt{\frac{Q_i}{Q_0}} \cdot f(t_0) \cdot \left(\frac{L_0}{L_i}\right)^{\alpha} \tag{3-13}$$

依次计算各炮孔的爆破振动波形$f(t_i)$,其中,α为爆破振动衰减指数;依据公式:

$$T_i = t_i + \frac{L_i - L_0}{C_v} \tag{3-14}$$

依次计算各炮孔的爆破振动波形$f(t_i)$在预测目标点的偏移叠加延期时间$T_i(i=1,2,\cdots,n)$。

步骤五,基于振动波叠加原理,依据公式$F(t) = \sum_{i=1}^{n} f(T_i)$,计算得到预测目标点的振动波形$F(t)$。

步骤六,结束本爆破振动波形预测,再进一步作质点振动速度峰值、主频和振动持续时间的分析。

上述爆破振动波形预测过程中,计算出各个炮孔的爆破振动波形$f(t_i)$以及各炮孔的爆破振动波形在预测目标点的偏移叠加延期时间T_i后,就可依据振波叠加原理计算出各个炮孔作用于预测目标点时振动波形的叠加效果,从而得以预测目标点处振动速度的峰值、爆破振动频率和爆破持续时间等评价指标,而且还能得知峰值出现的时刻,也就是爆破发生后振动对预测目标点影响最明显的时刻。这就可以准确地把握爆破振动的全过程,更加全面地预测爆破振动效果,从而为优化爆破网路设计提供参考依据。

上述地震波从基准爆破孔传播到预测目标点所经过的距离L_0可采用以下计算公式:

$$L_0 = \sqrt{(x_0 - u_0)^2 + (y_0 - v_0)^2 + (z_0 - r_0)^2} \tag{3-15}$$

式中 x_0、y_0、z_0——基准爆破孔孔口坐标;

u_0、v_0、r_0——预测目标点坐标。

同理,地震波从各炮孔传播到预测目标点将经过的距离L_i可采用以下公式计算:

$$L_i = \sqrt{(x_i - u_0)^2 + (y_i - v_0)^2 + (z_i - r_0)^2} \tag{3-16}$$

式中 x_i、y_i、z_i——各炮孔的孔口坐标。

对于深孔爆破需要进一步考虑基准爆破孔的炮孔深度 H_0 和各炮孔的炮孔深度 H_i ($i=1$, $2,\cdots,n$) 对地震波传播距离的影响，则距离 L_0 可采用式(3-17)计算得到：

$$L_0 = \sqrt{(x_0 - u_0)^2 + (y_0 - v_0)^2 + \left(z_0 - r_0 + \frac{H_0}{2}\right)^2} \tag{3-17}$$

距离 L_i 可采用式(3-18)计算得到：

$$L_i = \sqrt{(x_i - u_0)^2 + (y_i - v_0)^2 + \left(z_i - r_0 + \frac{H_i}{2}\right)^2} \tag{3-18}$$

这样算得的距离就能更准确地反映地震波传播的实际距离，从而更有利于提高预测结果的准确性。

作为爆破振动波形预测进程的优选方案，在执行上述步骤时，可采用低通滤波的方式读取各测振仪测得的振动数据，这样有利于抑制高频噪声，消除环境噪声对采集数据的影响，从而有利于提高振动数据的准确性。处理原始振动数据时采用的低通滤波阈值优选取为 500 Hz 以内，以 300 Hz 以内为最佳。

3.3 新型爆破振动预报方法应用实例

3.3.1 德兴铜矿富家坞采区工程实验

2009 年 12 月在德兴铜矿进行了隆芯 1 号数码电子雷管推广试用，并应用本技术在富家坞采区进行了工程实验。爆破工程平面图如图 3-6 所示。其爆破台阶高度 15 m，一次采宽 90 m。炮孔全部为垂直孔，孔径 250 mm，孔深 15~17.5 m，药柱装填高度 7.5~9 m。每孔放置两个起爆弹，每个起爆弹中放置一发电子雷管。共 41 孔，孔网参数为 8 m×8 m。单孔装药量 500~700 kg/孔，爆破总药量 37 t。按照本方法的实施步骤，在爆破中设计了最末炮孔单独爆炸试验方案，群组炮孔和测振点位置如图 3-6 所示。图 3-7 是三个测点的单孔爆破振动记录。实际群组爆破时，三个测点的位置与前期单孔爆炸试验测振位置完全相同。1 号测点距离单孔 98 m，2 号测点距离单孔 142 m，3 号测点距离单孔 211 m。在进行群组炮孔爆破后，根据已有的爆破设计参数，利用开发的预测设计软件对振动情况进行了仿真模拟，将叠加计算获得的爆破振动波形与实际的振动记录进行了比对，预测波形与实测波形对比如图 3-8 所示。

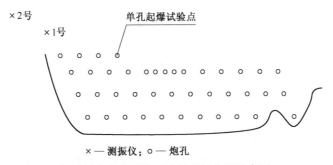

图 3-6 振动测点和预测值对比的现场位置示意图

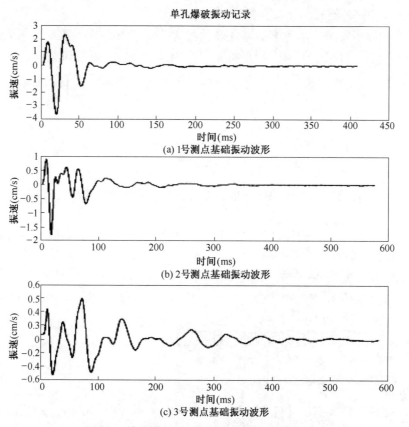

图 3-7 单孔爆破时三个测点的基础振动波形

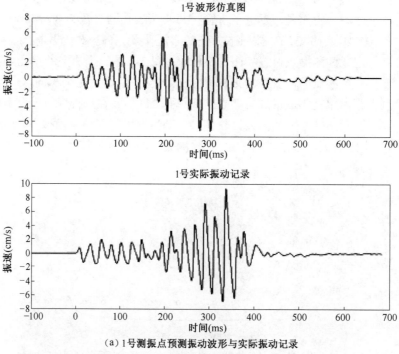

（a）1号测振点预测振动波形与实际振动记录

图 3-8

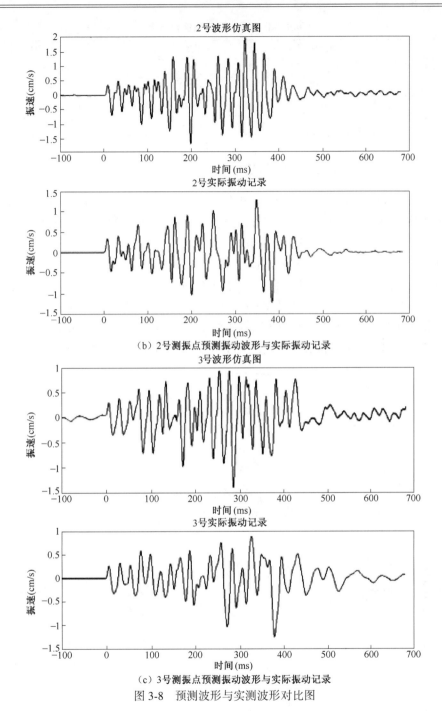

(b) 2号测振点预测振动波形与实际振动记录

(c) 3号测振点预测振动波形与实际振动记录

图 3-8　预测波形与实测波形对比图

从图 3-8 可以看出,在三个不同地点的预测波形与实测波形的波动变化规律基本一致,振动增强和减弱发生的时间也是接近的,主振频率和持续时间也基本相同。可以说通过本方法预测得到的振动波形基本反映了爆破振动在预测点的振动趋势,不仅有科学的计算原理,还有符合实际的预报效果。表 3-1 给出了三个测振点预测振动峰值 V_c 与实测振动峰值 V_s 的数值对比,从中可以看出在峰值预测方面的准确性也有相当大的提高。振动预测值与实测值相比误差不超过 10%。

表 3-1　振动速度峰值对照表

测振点		预测峰值 V_c (cm/s)		实测峰值 V_s (cm/s)		$|V_c-V_s|$ (cm/s)	
编号	距离(m)	正向	负向	正向	负向	正向	负向
1 号	98	9.29	−8.28	9.33	−6.91	0.04	1.37
2 号	142	1.98	−1.67	1.8	−1.78	0.18	0.11
3 号	211	0.93	−1.40	0.88	−1.25	0.05	0.15

3.3.2　广元市大中坝边坡松动爆破工程实验

2009 年 8 月,在四川广元市大中坝边坡松动爆破中,为了减小爆破振动对周边民房的影响,施工方采用数码电子雷管,并应用本方法进行了工程试验。通过爆破振动波预报调整逐孔起爆时差,以获得最小爆破振动和最佳松动爆破效果。

单孔爆炸试验以及群组炮孔、测点位置示意图如图 3-9 所示。其炮孔深度为 7~9 m,钻孔直径 140 mm,单孔装药量 40~60 kg,通过电子雷管高精度延时达到逐孔起爆并产生振动干扰叠加,各炮孔间延时差为 18 ms。图 3-10 是单孔爆破记录的振动波形,1 号和 2 号测振点至单孔爆破的距离分别为 142.5 m 和 172.2 m。图 3-11 和图 3-12 是群组炮孔爆破时上述两个测振点的实测结果和本方法的预测结果。表 3-2 是 1 号和 2 号测振点预测振动峰值 V_c 与实测振动峰值 V_s 的数值对比。

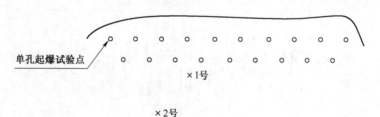

图 3-9　振动测点和预测值对比的现场位置示意图

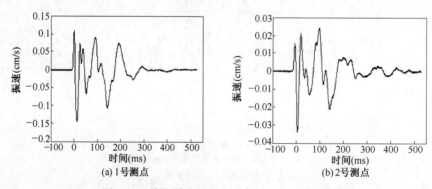

图 3-10　单孔爆破时两个测点的基础振动波形

通过工程试验证明,由于单孔爆破记录的波形真实全面地反映了本场地的地质条件、实际爆破参数和相应的爆破振动衰减规律,因此应用实测单孔爆破振动波叠加模拟预测的群组炮孔爆破振动波形,其结果与实测的爆破振动波形相近,预测误差达到工程允许范围,远小于传统的经验估算误差。大多数钻孔爆破工程中,应用本方法可以对爆破振动的强度、波动历程和主振频率做出有效的判断。同时还发现,应用高精度电子雷管可以实现不同炮孔间振动波波峰与波谷的干扰叠加,使振动强度能达到小于单孔爆破的振动幅值。这样,在爆前利用本预测程序先预测振动波形,再依据波形最大值的发生时刻对整个起爆方案的延期进行合理调配,寻找最优的振动控制效果,就可以得到最佳的延期设计方案。

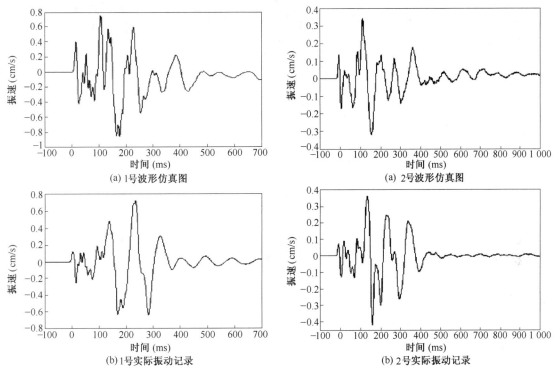

图 3-11 1号测振点预测振动波形与实际振动记录　　图 3-12 2号测振点预测振动波形与实际振动记录

表 3-2 振动速度峰值对照表

测振点		预测峰值 V_c (cm/s)		实测峰值 V_s (cm/s)		$|V_c-V_s|$ (cm/s)	
编号	距离(m)	正向	负向	正向	负向	正向	负向
1号	142.5	0.87	-1	0.73	-0.64	0.14	0.36
2号	176.2	0.33	-0.31	0.36	-0.42	0.03	0.11

也应该注意到,地震波在地面传播过程中不断衰减变化,在不同传播方向其波形变化是不一致的。根据某预测点的振动强度变化选择的延期只能保证在该预测点得到最好的减振效果,在其他位置点上就不一定是最好的,甚至有可能使振动增强。作为露天深孔爆破,延期间隔的选择还应考虑到对爆破块度大小、抛掷率的影响,因此,最终的起爆时差不完全取决于减振效果,确保爆破的综合效益更加重要。

3.3.3 新型爆破振动预报方法应用特点

每个预测点可以用各单个炮孔的爆破振动信号,按照在线性系统中信号的叠加原则来模拟,所以某点的群组药包爆破振动信号用式(3-9)计算。

为此最紧要的是获得单孔爆破振动基波波形和以下几方面的资料收集。

1. 单孔爆破基波波形获取

单孔爆破基波波形获取首先想到的是进行单孔爆破试验,在没有电子雷管条件时,群孔爆破中很难通过网路时差调整区分出单孔爆破振动波形,唯一的办法就是在相同爆破区域进行一次单孔爆破试验,获得单孔爆破条件下不同距离的振动基波。若有电子雷管可以任意调整群药包起爆时差,于是设想到让首爆炮孔或最末爆炮孔与群药包起爆时差间隔加长到足够时间,使得首爆炮孔或最末爆炮孔的振动波与群炮孔的振动波完全分开。如图 3-13 所示。

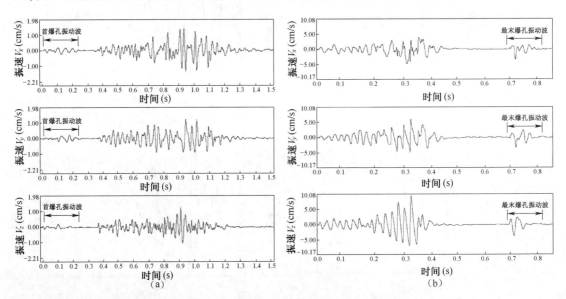

图 3-13 首爆炮孔或最末爆炮孔的振动波与群炮孔的振动波完全分开

根据多次预测经验总结,最末起爆炮孔的单独振动基波作叠加预报效果更好。因为首爆炮孔临空面条件好,产生的爆破振动偏小,而最末起爆炮孔与大多数群炮孔的爆破状态更接近,所以采用最末起爆炮孔的振动基波更能符合实际,计算得到的模拟振动波更好。根据振动波形和爆破安全要求分析,一般情况最末起爆炮孔比群炮孔延时 200 ms 以上较合适。原则上,单孔药量越大延时间隔时间越长。

2. 爆破振动波传播速度获取

随着爆破振动测试仪器的发展,采用无线同步触发装置爆破测振仪已容易实现,它可使各爆破测振仪同时触发记录波形。为了获取地震波传播速度,在单爆源振动检测中,若安排三台以上测振仪(建议多于 5 台)布置在一条测线上,不仅可以获得振动峰值,还可以读取地震波到达各台测振仪的起始时间,根据各测点距离和震波到达时差,按式(3-12)计算得到当地地震波传播的速度。以此才能确定各炮孔爆炸后振动波到达预测点的准确时间,叠加计算的精度得以保证。

3. 单孔爆破振动衰减指数的获取

在进行单孔爆破振动测试中,测点距离布置一定要按照对数等间隔选取,最近测点以保证飞石安全为原则。即测点尽量接近振源(至少 10 m 以外),但不至于有较大飞石落至将仪器砸坏,若有小飞石落至,可以考虑用防护罩保护仪器。大多数矿山深孔爆破振动关心 500 m 范围内的爆破振动,测点距离的安排并非等间隔,一般情况下以 50 m 以内作为最近点,之后 100 m、150 m、250 m、400 m、700 m 以远。一条测线不少于 5 个测点,由于这 5 个测点具有相同振源和一致的地质条件,所以根据其检测基波波形分析,振动峰值和主振频率衰减规律的相关性很好,大多数相关性系数在0.9以上,尽管依据的测点资料不多,但由此获得的单孔爆破振动衰减指数可信度很高。以往每次爆破测点数据为1~2个,很多次爆破振动数据放在一起回归分析,得到的衰减规律相关性必然很差。因为这里面包含了多种爆源条件、多种地质条件,综合在一起可能会存在较大差异,所以爆破振动预测结果不仅可信度差,而且用这样的统计资料预测某点爆破振动没有太大的实用价值。爆破振动衰减指数的获取,以单孔爆破时5个以上测点,以等对数距离间隔排列,通过现场测试数据回归分析,相关系数大于0.9时才有可信度和实用价值。

4. 选用的单孔基波实测点距离尽量接近预测点的距离

理论上在某预测点获得最接近实际的基波,其爆破振动预测结果就越准确。前面已述如何获得单孔基波、振波传播速度、基波衰减指数等参数,但是基波的波形随距离加大有较大的变化,因为振动波从爆源发出传播到不同距离处,其纵波、横波和面波到达时间不同,表现到某距离点的振动峰值、主频和持续时间都有变化,例如50 m处的振动波形与500 m处的振动波形有很大差异。如图3-14所示。

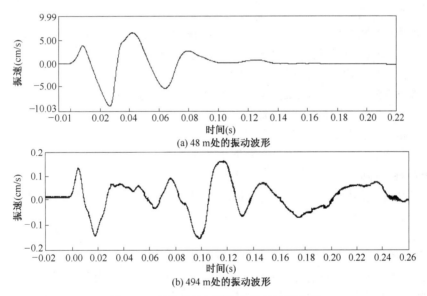

图3-14 单孔基波不同距离处的波形变异

因此,在应用基波叠加法振动预报计算中,需要预先获知重点关注多远距离的爆破振动情况,在获取单孔爆破振动基波测试中,特意安排某一测点距离接近预想的距离范围。选取的单孔基波其实际距离尽量接近预测点的距离,计算得到的预测振动波形更符合实际。若在单孔爆破振动测试中布置的测点越多、越密集,进行叠加振动预报计算中基波的选取就更方便更符合实际,所以在单孔爆破振动基波测试中建议布置更多的测点,无论如何一次不少于5个点,7~10点较理想。

5. 动态监测与爆破振动预测技术应用

基于单孔爆破振动基波的振动效应预测,是建立智能动态爆破设计系统的基础。借助爆破智能预测系统,提升爆破效果的分析能力,通过信息反馈功能,结合爆破振动实时连续监测数据,进一步实现爆破综合优化设计。爆破振动预测与设计优化系统应用步骤如图3-15所示。

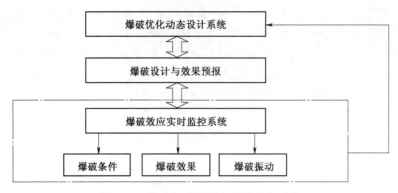

图 3-15　爆破振动预测与设计优化系统

3.4　小　　结

综上所述,基于实际单孔爆破振动波的线性叠加,预测群组爆破时指定点的爆破振动具有更大的理论和实用价值,与传统的统计加经验系数预报方法相比有以下突出优点:

(1)爆破振动参数的预报分析不仅局限于振动峰值速度,而是预测全部地震波的波形,使得振动分析评价中包含了爆破振动的频率和持续时间,预测结果更全面。

(2)本方法在工程实际应用中不必选用经验系数,避免了人为因素影响;而且包含了实际地质条件和爆破条件的信息,预测结果更准确。特别适用于高精度延时雷管的炮孔爆破振动预测。

(3)本方法工程现场实施过程中需要现场实测振动点的数量相比传统预测方式要少很多,预测效率和准确度有显著提高,工程可行性更强,便于在实际工程中推广。

虽然在此仅列出了两次工程实验的数据来证明方法的准确性,但该方法在德兴铜矿及其余应用电子雷管的爆破工程中也得到了应用,都证明了它的可靠性和准确性。实践证明,根据场地地震波的传播叠加原理,以实测单炮孔爆破振动波形为基础,考虑预测点位置与各炮孔的相对位置关系,并按照实际起爆网路设计的各炮孔起爆时差和实测的地震波传播速度等参数,计算获得预测点的爆破振动波形,不仅可以预测爆破振动速度峰值,而且可以预测完整的振动波形,并可获知爆破振动持续时间及主振频率分布范围。根据现场应用数码电子雷管的深孔爆破实验,该方法计算的预测波形与实测波形相当吻合,计算结果可靠性较好,已获得发明专利,可以在实际工程中推广使用。当然,作为一种新的技术,还会存在一些不完善之处,需要进一步的研究和发展。

4 爆破振动测试与分析

爆破作业引起大地振动,波及建筑物基础,影响建筑物安全,并给人们带来不愉快的感觉,成为社会关注的"公害"。在许多情况下,爆破规模的控制、爆破工艺的选择以及爆破设计方案能否实施,均取决于对爆破地震效应的控制能否保证建筑物安全和人的舒适性程度,因此爆破地震监测被业主和爆破工程师高度重视,《爆破安全规程》明文规定"地面建筑物的爆破振动判据采用保护对象所在地的质点峰值振动速度和主振频率","在特殊建(构)筑物附近或爆破条件复杂地区进行爆破时,必须进行必要的爆破地震效应的监测或专门试验,以确定被保护物的安全性"。

爆破振动检测工作在施工中广泛开展,测试系统和测试技术已成为爆破控制技术的重要手段。当前爆破振动测试和分析的主要应用范围有:

(1)通过小型爆破试验进行振动检测,了解爆破地震波的时程曲线特征,并利用数模或经验公式回归计算该场地条件下的爆破振动衰减规律,预报实际爆破地震强度及评价建(构)筑物的安全,进而对爆破方案进行修改、限制和优化。

(2)在扩建、改造工程中,对爆区附近建筑物和正在运行的设备基础进行爆破地震监测,以控制一次爆破规模。在工期较长的爆破工程中,使某些特定位置的地震强度受到监控,以保证建筑物和运行设备的安全。

(3)在实施爆破施工时,对特殊建(构)筑物、可能引起民事纠纷的地段或建筑物进行爆破振动监测,为工程验收和可能发生的司法程序提供依据。

(4)在建(构)筑物上进行爆破振动测试,研究建筑物对爆破地震的反应谱,研究建(构)筑物振动荷载条件下的安全稳定性等。

4.1 爆破振动的测试方法

4.1.1 爆破振动测试方案

为确保爆破振动检测作业得到有效合法的数据,所有爆破振动检测实施前都应制订爆破振动测试方案,在爆破振动测试中严格按设计方案的要求进行操作。爆破振动测试方案的主要内容包括:工程概况、测试内容和目的、测试仪器性能和人员配备、测点布置和仪器安装、爆破振动预测分析和测振仪参数设置、测试方法及操作程序、爆破振动安全控制指标、编制依据。爆破振动测试方案由爆破振动检测师编写,并由总工程师审核和公司经理批准后,报爆破施工单位和公安部门备案,最终根据爆破警戒安排的时间付诸实施。具体每节编写的内容如下。

工程概况主要包括:项目整体介绍,建设单位、施工单位、监理单位、工程地点、周围环境条件、地形地质条件,爆破施工的方法和主要设计参数等。

测试内容和目的:写明哪些爆破需要进行爆破振动检测,重点要获得什么数据。其检测数据的主要作用是服务于何方,主要目的是什么,是否需要给出爆破振动衰减规律等。

测试仪器性能和人员配备:主要有仪器硬件和软件系统的简单介绍,特别应说明仪器的通道数、频响范围、量程范围、采样频率范围、记录时间长度、触发方式、触发量级、灵敏度系数、测试结果的不确定度等。每次测振人员配备不少于2人,且持有培训考核的资格证书,一人调试仪器,另一人记录,然后互相校对检查。

测点布置和仪器安装:重点指出测点布置原则,说明各测点布置的意义,并在平面图上标出具体测点位置。根据各测点的地形地质条件确定振动测试仪器的安装方法。具体细节在后面章节介绍。

爆破振动预测分析和测振仪参数设置:首先应根据测试区的地形地质条件以及爆破参数和方式,预估爆破振动衰减系数 k、α 值,估算各测点的最大爆破振动峰值,作为调试仪器量程的依据。测振仪其他参数也应根据爆破设计参数分析预置范围,提出合理的设置值,特别是采样时间、采样频率、触发电平等参数,如设置不合理将影响测试结果,甚至测不到振动波形。

测试方法及操作程序:根据起爆程序的安排,调整振动测试的安装、调试和开关机等程序,它是确保安全和质量的重要方面。

爆破振动安全控制指标:针对爆破振动源周围环境条件和保护目标的状态,参考《爆破安全规程》和其他行业标准,预先分析确定保护目标的振动安全允许值。

编制依据:主要有《爆破安全规程》(GB 6722)和相关行业标准、爆破设计方案、爆破振动检测作业指导书、仪器说明书等。

4.1.2 宏观调查

爆破对保护对象可能产生危害时,应进行宏观调查与巡视检查。宏观调查与巡视检查应采取爆前爆后对比检测方法,主要内容应包括:

(1)保护对象的外观在爆破前后有无变化。
(2)邻近爆区的岩土裂隙、层面及需保护建筑物上原有裂缝等在爆破前后有无变化。
(3)在爆区周围设置的观测标志有无变化。
(4)爆破振动、飞石、噪声等对人员、生物及相关设施等有无不良影响。

在保护对象的相应部位,爆前应设置明显测量标志,对保护对象的整体情况,包括有无裂缝、裂缝位置、裂缝宽度及长度等,进行详细描述记录,必要时还应测图、摄影或录像;爆后调查这些部位的变化情况。测量标志点部位应尽量与振动检测点靠近。

爆破前后,调查人员及其所使用的调查设备主要有:尺、放大镜、照(录)相机等。应根据宏观调查与巡视检查结果,并对照仪器检测成果,评估保护对象受爆破影响的程度,一般可划分为以下几个等级:

(1)未破坏:建筑物、基岩完好;原有裂缝无明显变化,爆破前后读数差值不超过所使用设备的测量不确定度。
(2)轻微破坏:建筑物、基岩轻微损坏,如房屋的墙面有少量抹灰脱落;原有裂缝的宽度、长度有变化,爆破前后读数差值超过所使用设备的测量不确定度,受保护建筑物经维修后不影响其使用功能。
(3)破坏:建筑物、基岩出现破坏,如房屋的墙体错位、掉块;原有裂缝明显张开延伸,并出现新的细微裂缝等。

(4) 严重破坏:建筑物严重破坏,原有裂缝张开延伸和错位,出现新的裂缝,甚至房屋局部倒塌。

必要时应根据宏观调查结果与现场测试人员的自我感觉,并对照仪器检测成果,评估人员及动物受爆破影响的程度。宏观调查后可参见表4-1填写调查记录表。

表4-1 爆破安全检测现场记录及宏观调查表

爆破编号		起爆时间		天气	
工程名称		爆破位置	x: y:		z:
爆破类型		炸药品种		最小抵抗线	
钻孔直径		炸药直径		孔数	
孔深		孔距		排距	
单孔药量		总装药量		最大单段药量	
防护措施					
测点部位	记录仪编号	传感器编号	爆心距	速度(加速度、噪声、空气超压等)	
噪声感觉	难受	可以忍受	一般	建筑(保护)物	爆破飞石
本人					
旁人					
备注					

记录:　　　　　　校核:　　　　　　日期:

4.1.3 仪器观测

目前确定爆破振动强弱的指标主要有质点振动速度和主振频率参数。《爆破安全规程》指出了各类保护物的允许质点振动速度,不同爆破环境下,应根据具体要求确定爆破振动的安全距离。通过仪器观测质点振动速度能直接反映真实的爆破振动效果。为了有效地记录爆破地震波,预先应预估被测信号的幅值范围和频率范围,以便确定爆破振动记录仪的量程、触发电平和采样频率,实际测试过程中将根据现场装药量和测点距离调试仪器参数。测试仪器的量程范围上限应高出被测信号最大预估值的50%以上,采样频率应设为被测信号预估主振频率的100倍以上。爆破振动检测中,测振点传感器应提前埋放,保证爆破振动记录时传感器已牢固粘接,每个测点测试三个方向的振动信号,即水平横向、水平纵向和竖直向,测试时传感器与记录仪连接线不宜长于2 m。

为保证测试人员和仪器的安全,在检测过程中应按以下步骤完成爆破振动测试。首先,与爆破施工方确认爆破实施的时间,起爆前1 h到现场安装好测振仪,在实施警戒前,将所有仪器全部调试好,根据电池容量和贮存器容量确定提前打开爆破测振仪的时间,确保电池足够维持现场记录。爆破时测试人员撤到安全区域,并与爆破指挥部取得联系。起爆后5~15 min,解除警戒后进入现场读取记录的基本数据,然后关闭电源,收取仪器。回到室内通过计算机连接读取爆破振动记录仪中的波形,进行数据处理与分析。若是远程网络振动测试仪,可在爆破后立即上网读取爆破振动波形并进行数据处理与分析,填写完整的爆破振动记录表。整个操作流程如图 4-1 所示。

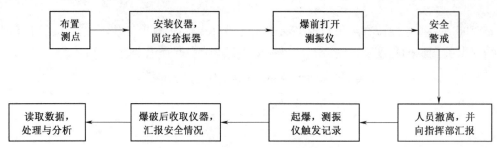

图 4-1　爆破振动测试操作流程框图

当前爆破振动测试仪器一般都可以储存很多次不同时段的爆破振动波,系统内置数码芯片自动对测试过程进行控制,可适应全天候的野外测试作业,待机记录时间达 1~7 d。测试系统框图如图 4-2 所示。

4.1.4　测点布置

爆破地震效应监测时,测点的布置有极其重要的意义,它直接影响爆破振动测量的效果和观测数据的应用价值。设置振动测点要有针对性地选取具有代表性的位置进行振动测试。从地震波的传播规律可知,爆破振动峰值基本随距离增大而衰减,因地形和地质条件不同有较大差异。所以布置爆破振动测点时,应遵循以下原则:

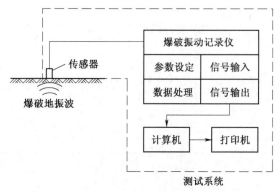

图 4-2　测试系统框图

(1) 先进行现场进行踏勘,根据振动检测的目的,确定离爆源最近的振动测点位置,其他测点按近密远疏(等对数距离间隔)的原则排列。此外,中间若有可能发生纠纷的居民房、较为重要的建(构)筑物、年久失修抗震能力较弱的建(构)筑物应补充安排振动测点。测试前对每个测点的测试数据要事先有个估计,按估算峰值选用合适的传感器和设定合理的量程及参数。

(2) 针对建(构)筑物的振动测点应设置在靠近爆源一侧的室外地基土石地表;针对隧道的振动测点应设置在最靠近爆源一侧的洞壁或拱腰处;针对普通桥梁的振动测点一般设置在靠近爆源的桥墩顶部;其他有特别要求的应根据其规定布置振动测点。

(3) 若需要实测场地爆破振动衰减规律,考虑野外爆破振动测试重复性较差,要求同次爆破测试点应不少于 5 个,按等对数距离排列。以爆区几何中心作为爆源中心,径向向外排列,在爆破振动影响范围内布置测点。不盲目追求多测点、大规模,但最远点与最近点的距离一般在 10~20 倍以上。

(4) 在振动测点布置中应避开沟槽、地形突变和人工改造的位置,尽量选择原状土层或基岩位置。测点应尽量在同一地层或基岩上,每一测点最好能同时测三个互相垂直方向的振速。为了观测某些特殊的地质构造(断层、裂缝、滑坡等)和地形地物(沟、坎、高程差)对振动强度的影响,测点应围绕这些特殊的地质构造和地形地物周围布置。

(5) 针对某些研究性爆破振动检测可根据具体要求布置测点。如研究爆破对高层建筑的振动反应,在不同楼层高度布置振动传感器,分析不同层高对振动的放大或衰减作用,如图4-3所示;又如研究隧道爆破在前方或后侧的振动衰减规律,在某段测线上安装爆破振动传感器,从某断面开始检测,直到爆破掌子面远离检测点后,所有爆破振动检测数据综合分析可得到有价值的研究成果。

(6)测点布置时应考虑测点位置的安全性,传感器可否回收,如果测点被爆堆覆盖或仪器被飞石砸坏就得不到数据,必要时可采取一些保护措施,使传感器和记录仪避开飞石的损伤。对于必须取得数据的重要测点,可布设多个对比测试点。

(7)爆破地震效应监测中,若甲方只要求选取代表性的位置进行测试,应遵循以下原则:

① 选取离爆区最近的建(构)筑物处布置振动测点;
② 选取居民争议最大处布置振动测点;
③ 在较为重要的建(构)筑物处布置振动测点;
④ 在爆破振动较强的代表性位置布置测点。

图4-3 地下爆破对高层建筑的振动反应测点布置示意图

测点布置案例1:2010年12月10日,江西德兴铜矿所属付家坡矿坑进行废石剥离爆破。工程技术人员用多台爆破测振仪,准确记录了本次大规模深孔爆破引起周边环境的振动速度与频率衰减变化规律,从而为新的爆破设计与环保工作提供了宝贵的数据。测点布置参数见表4-2。测点距离变化达到一个数量级,基本反映了爆破振动随距离的整体变化规律。

表4-2 爆破振动测点位置表

测点号	坐标(m)		高程(m)	距离(m)	高差(m)	地表情况	传感器方向	实测速度值(cm/s)
	x	y						
爆源中心	570 583	3 211 787	97.7					
1-1	570 660	3 211 830	95	88.4	-2.2	基岩	垂径切	6.85
1-2	570 680	3 211 822	96	103.3	-1.2	基岩	垂径切	4.92
1-3	570 764	3 211 816	96	183.5	-1.2	基岩	垂径切	1.94
1-4	570 892	3 211 769	97	309.7	-0.7	基岩	垂径切	0.59
1-5	571 043	3 211 698	97	468.7	-0.7	基岩	垂径切	0.32
1-6	571 166	3 211 651	100	598.8	2.3	基岩	垂径切	0.17

测点布置案例2:2013年5月15日,燕山化工厂内场平爆破。工程技术人员针对附近20 m处架空热水管道作安全评价,用2台爆破振动测试仪对比了深孔爆破引起管道支柱和架空管道的振动速度与频率。实测结果证明架空管道上的振动速度峰值放大了3倍,频率由25 Hz降为10 Hz。这一振动测试结果为优化爆破设计与管道安全保护工作提供了宝贵的数据。因此,振动测点布置应根据测试目的和要求而定。管道支柱的爆破振动波及架空管道上

的测点及爆破振动速度波形分别如图 4-4、图 4-5 所示。

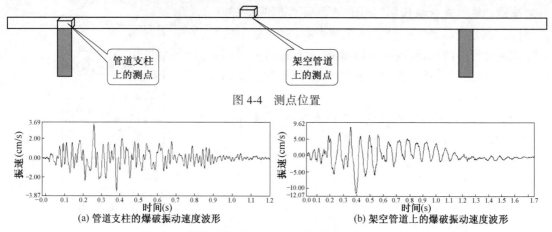

图 4-4 测点位置

(a) 管道支柱的爆破振动速度波形

(b) 架空管道上的爆破振动速度波形

图 4-5 管道支柱及架空管道上的爆破振动速度波形

测点布置案例 3：1995 年 5 月，广州地铁一号线林河村段下穿民房的隧道爆破振动监测。由于隧道埋深仅 7 m，地表有大量 3~5 层村民自建的住房。为分析爆破对多层砖混结构的影响以及建筑物对地震的响应程度，测点布置在 50 号楼的 1~3 层楼板，以评价层高对爆破振动有无放大作用。其检测结果见表 4-3。

表 4-3 掏槽爆破时各楼层的振动速度峰值

测点位置	测点高度(m)	房屋最大振动速度(cm/s)								
		第一次爆破			第二次爆破			第三次爆破		
		$V_\perp$	$V_=$	$V_合$	$V_\perp$	$V_=$	$V_合$	$V_\perp$	$V_=$	$V_合$
一层	0	2.78	0.67	2.86	2.97	0.81	3.08	2.86	1.02	3.03
二层	3.1	1.85	1.38	2.31	1.78	1.26	2.18	1.59	1.32	2.06
三层	6.2	0.48	1.75	1.81	0.62	1.98	2.07	0.59	1.87	1.96

检测数据表明，隧道爆破产生的振动随楼层的升高，垂直向振动衰减很快；而水平向振动有一定的放大，合速度整体上随楼层高度升高呈下降趋势。然而，恰好水平向振动对建筑结构产生破坏性剪应力，因此表现出 50 号楼房二层以上墙角产生多处裂缝。但是并非所有爆破振动随楼层升高振动水平都有放大作用，这与楼层的自振频率及爆破振动频率是否吻合相关。

4.1.5 爆破振动远程实时监测

工程爆破振动监测技术经过几十年发展，已有很大进步。下面对爆破振动测试系统进行简单回顾。

第 1 代爆破振动测试系统是传感器加光线示波器，所有测点的传感器均需由导线与监测站内的光线示波器相连，光线示波器又大又重，连接传感器的导线长达几十米，甚至几百米，因此还需要信号放大器，现场测试时记录人员必须守候在光线示波器旁，手动控制记录波形曝光时间，稍有不慎会导致测试失效，而且输出的记录波形显示在感光纸上，不便于长期保存。

第 2 代测试系统是传感器加磁带记录仪，同样需要布置长导线将传感器与记录设备相连，记录设备重量减轻不多，只是测试人员可以不用守候在记录设备旁，在起爆前十几分钟开机，让设备连续记录,记录波形保存在磁带或存储器内,可以多次回放。

第3代测试系统是传感器加爆破自记仪,每个测点安放一台爆破自记仪,不需长导线将传感器与记录设备相连,设备可以待机几小时、甚至几天,波形以数据文件格式保存在自记仪内,可以多次读取或拷贝到不同计算机上,由专用软件进行详细分析。

新一代的爆破测试系统是传感器加远程数据传输的爆破记录仪,在数字测振系统内加装3G网络通信装置组成网络远程测振系统,它利用手机信号(3G/4G网)实现无线上网(因特网),可以直接将系统采集的爆破振动数据与测点坐标传到互联网上专用的大型服务器内,数据通过专用VPN通道传输,作加密处理,保证了数据的安全性。现场工作人员只需按指令安置传感器,打开远程监控记录仪的开关,记录仪的参数设置均可由管理员通过监测管理软件进行远程设置,如:调整采集参数、控制仪器开始/停止采集、查看采集波形图、删除文件、远程开关机等。远程测振系统能在不同授权范围内查询振动测试数据或操控测振仪器,真正实现远程遥测、遥控,不仅提高了测试效率,更保证了检测数据的真实可靠性。一旦爆破振动仪测试到振动波形,记录的数据自动发送到测试系统的数据库中,有权限的相关人员可随时随地登录互联网的服务器立即下载或处理检测的振动波形及相关参数,也可以通过上网软件远程控制仪器。尽管3G网络传输数据需要一定流量费用,但通过集团采购预订流量费用很低,对于测振要求完全可以轻松承受。如爆破振动在井下或隧道深处,还可通过WiFi网络将数据传至有手机信号的地表,再经3G终端上传互联网到专用服务器;或可通过WiFi网络将数据传至能连接因特网的电脑,再由因特网上传到专用服务器。网络远程测振系统除具有普通爆破测振仪的数据采集与存储功能外还具有无线信号发射与接收功能,数据传输速率极高,振动测试波形传输过程几乎是瞬间完成。

从爆破振动测试系统的发展历程来看,主要是在不断地改进记录设备。为实现工程爆破有害效应远程监测,就需要研制新一代的监测记录设备——爆破远程记录仪(图4-6),使它具有智能化识别、定位、跟踪、监控和管理功能。

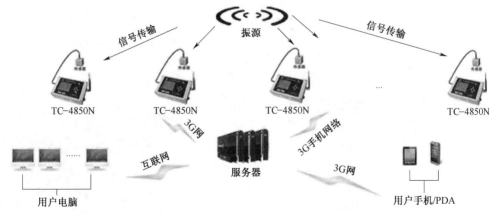

图4-6 爆破振动远程监测原理图

爆破远程记录仪除具有爆破自记仪的一切功能外,同时还具有以下功能:

(1)技术人员可以通过手机或计算机上网进行测试参数设置、控制仪器开始/停止采集、查看采集波形图、远程开关机等。

(2)内置GPS卫星定位系统,准确监控到每台测试设备的使用地点及时间。

(3)通过 RFID 电子标签,将传感器信息反馈给"监测管理系统"。

(4)内置无线上网卡,可随时随地将测试数据及时发往"监测管理系统",实现远程在线监测,确保监测数据真实可靠。

随着物联网技术的不断发展,爆破远程记录仪设备将不断升级换代,将根据实际需要开发更多功能。如:(1)多测点振动信号测试系统,用于管理全国范围内各爆破工程的爆破振动测试和分析;(2)各测点采用自动化测量模式,能测出起爆后振动波最大振速及对应的主振频率,以及地震波传播速度等参数,并随时响应多个已授权远程终端读取数据及控制设备的命令;(3)根据顾客需要设备的供电方式可以是:内置锂电池(最长可开机 7 d);外接锂电池组(最长可开机 30 d);太阳能电池板(可长期供电);有条件的位置外接有线电源也可长期供电。

授权远程终端读取数据及控制设备界面如图 4-7 所示,远程实时爆破振动测试仪现场监测如图 4-8 所示。

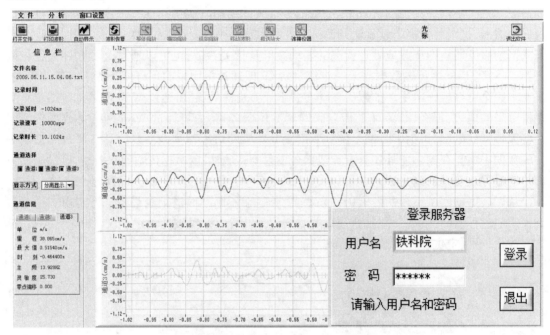

图 4-7 授权远程终端读取数据及控制设备界面

系统配置:系统由测试现场和数据中心及工作站点组成,测试现场的设备由工业级 3G 接入设备和新一代远程振动监测仪组成。远程监测仪负责测量、存储爆破过程的待测信号,同时将数据通过 3G 设备发送到预设好的 Internet 中的数据中心站,远程用户通过连接互联网并输入经过授权的用户名及密码随时上网读取相应测点的数据。读数可以用电脑、Pad、手机等上网工具。

仪器设置:仪器外壳采用高强度工程塑料整体注塑。根据测试要求情况,采用分布式测量方法,各测点的爆破振动远程监测仪布置在相应的爆破振动测试现场,测试现场至数据中心的距离没有限制(如城际或省际),每台监测仪均配置无线网络接入设备和 GPS

图 4-8 远程实时爆破振动测试仪现场监测图

卫星定位系统。仪器现场供电可根据需要选配。

仪器特点：远程爆破振动监测仪内置嵌入式控制软件，带有触摸式液晶显示屏，三向并行同步采集通道，网络接口（LAN 口）及 USB 接口。内置 GPS 卫星定位装置，能通过远程遥控开、关机，便于长期爆破振动测试。具有硬件浮点放大（自适应量程）、4 GB 大容量存储器、最多 2 048 段记录等特点，外壳采用高强度高分子材料整体注塑，配套 ABS 三防仪器箱，防水防尘等级达到 IP64 标准，每通道最高采样率为 50 kHz，向下可分多个档程控设置。通过 10M/100M 自适应 LAN 接口，可以很好地与 3G 接入设备协同工作，充分发挥 3G 网络的高速传输优势。此外，仪器配套三向集成式振动速度传感器，也可在测试现场设置采集参数、显示完整波形和测点坐标、读取主频和最大振速等，实现脱机工作。

3G 网络接入设备是基于 3G 技术的无线路由器产品，以其高速的移动数据传输能力满足不同的应用需求。支持如 CDMA 2000 1x EV-DO（Rev. A）、TD-SCDMA（TD-HSPA+）、WCDMA（HSPA+）等 3G 移动网络技术。配有 32 位处理器，基于通用基础平台、模块化设计、内置无线核心模块，采用嵌入式操作系统，保证了设备稳定性和网络连接的可靠性。

数据中心联入互联网，负责与测试现场和工作站点进行数据通信。测试现场会将数据发送至数据中心进行异地统一存储。工作站点则访问该数据中心，获取相应的测量数据。

工作站点联入互联网后，监测工程师即可根据权限访问测量数据库，因振动波形直接存入数据中心，现场无法变更、修正波形，授权访问人直接从数据中心获取测振数据，分析结果的真实可靠性得到保证。

测试过程：用户既可在试验现场、也可通过远程登录连接爆破测振仪，设置好测振仪的各项参数，并使测振仪进入"等待触发"状态；起爆后，相应测点的测振仪自动将经过该测点的振动波（垂直、水平方向）记录下来，测振仪的内部时钟也将相应的时刻信息标注在相应的采集数据文件中。测振仪可设置为"多次触发、分段存储"模式，能够自动记录下多次爆破的振动数据，用户不用每次重新进行设置。通过 3G 无线网络将爆破测振仪内部的数据（包括振动波形、GPS 坐标、传感器的 RFID 电子标签）传输至 Internet，并通过 Internet 与远程用户建立连接。用户（可以是业主、爆破公司、监理方、管理机关等）可以随时通过远程终端登录 Internet，输入用户名和密码，访问不同测点的测振仪，读取数据、设置参数，使不同单位、不同地点的用户均可随时监视各个测点的数据，实现爆破振动监测的远程信息化功能。

系统软件：系统软件分为"工作站点软件"及"数据中心服务器软件"两部分，"工作站点软件"安装在远程用户终端电脑（工作站点）上，符合国家爆破安全规程相关标准，集成 3G(4G) 网络接入设备管理功能，可实现与各测点 3G(4G) 网络接入设备的通信，控制各测点的测振仪参数，显示出各测点相应的最大振速及对应的主振频率等数据；"数据中心服务器软件"则可实现整个无线遥测系统数据的管理、安全、远程接入验证等工作。

4.2 爆破振动的测量仪器选择

爆破振动的测试系统主要有两大核心：拾振器和记录仪。拾振器类型相对统一，用于质点振动速度测量的基本为磁电式，分为垂直型、水平型和三向组合型；用于质点振动加速度测量的基本为压电式，分为垂直型、水平型，需要稳压电源供电，加速度测量在爆破领域应用较少。拾振器与记录仪之间的联接线很短，基本排除了线路对信号干扰的影响，同时大大减轻了测试人员的劳动强度。目前爆破振动测试所用仪器类型很多,随着电子与通信技术的发展,记录仪基本以数字式为主,数字式记录仪集信号转换、记录储存于一体,其优点是体积小、线路短、现场使用方便、测试可靠,主要缺点为振动数据的储存格式和分析软件缺乏统一标准。振动测试信号储存在记录仪上,使用专用软件读入计算机进行分析处理,输出分析结果打印振动测试报告。当前最重要的问题是传感器对爆破振动信号的匹配,下面重点介绍传感器的原理和性能特点,以及记录仪的参数和选型要求。

4.2.1 磁电式振动速度传感器的技术参数

磁电式振动速度传感器是通过磁电作用将被测量的振动信号转换成电动势信号,利用导体和磁场发生相对运动而在导体两端输出感应电势,属于机—电能量变换型传感器。

该类传感器的优点:不需要供电电源,电路简单,性能稳定,输出阻抗小。

1. 磁电式振动传感器的结构原理

磁电式传感器在使用时,与被测物体紧固在一起,当物体振动时,传感器外壳随之振动,此时线圈、阻尼环和芯杆的整体由于惯性而不随之振动,因此它们与壳体产生相对运动,位于磁路气隙间的线圈就切割磁力线,于是线圈就产生正比于振动速度的感应电动势,如图4-9所示。该电动势与速度成一一对应关系,可直接测量振动速度,经过积分或微分电路便可测量位移或加速度。

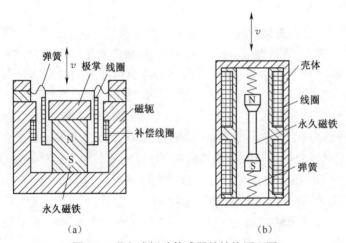

图4-9 磁电式振动传感器的结构原理图

其计算原理如下:

由电磁感应定律计算出线圈运动时产生的电动势:

$$E_s = N\frac{d\phi}{dt} \tag{4-1}$$

式中 N——线圈匝数;

$\dfrac{d\phi}{dt}$——磁通变化率。

于是有:

$$E_s = NHL\frac{dx}{dt} = NHLv = f(v) \tag{4-2}$$

式中　v——线圈运动速度(m/s);
　　　L——线圈在磁场内的长度(m);
　　　H——磁铁空隙中的磁场强度。

传感器的灵敏度 K_e 为:

$$K_e = \frac{dE_s}{dv} = NHL \tag{4-3}$$

磁电式振动传感器作为一个二阶系统,如图 4-10 所示。相对运动速度 $V(t)$ 就是前面的线圈相对磁场的运动速度 dx/dt,即 $V(t)$ 为惯性质量块相对外壳的运动速度,传感器的输出电势 E 与相对速度 $V(t)$ 成正比,而 $V(t)$ 可以度量被测物体振动速度 $V_0(t)$, $V_0(t)$ 即为传感器外壳的运动速度,所以电势 E 也可以度量 $V_0(t)$。

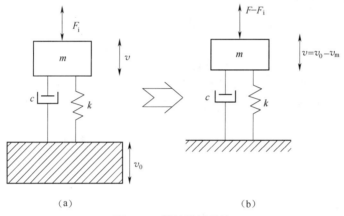

图 4-10　等效机械系统

根据波动理论,磁电式传感器的动态特性也可用以下几个方程进行描述。

运动方程:

$$m\frac{dV(t)}{dt} + cV(t) + K\int V(t)dt = -m\frac{dV_0(t)}{dt} \tag{4-4}$$

幅频特性:

$$A_v(\omega) = \frac{(\omega/\omega_n)^2}{\sqrt{1-(\omega/\omega_n)^2 + [2\xi(\omega/\omega_n)^2]}} \tag{4-5}$$

相频特性:

$$\varphi_v(\omega) = -\arctan\frac{2\xi(\omega/\omega_n)}{1-(\omega/\omega_n)^2} \tag{4-6}$$

式中　ω——被测振动的角频率;
　　　ω_n——传感器运动系统的固有角频率;
　　　ξ——传感器运动系统的阻尼比。

只有 $\omega \gg \omega_n$ 的情况下, $A_v(\omega) \approx 1$,相对速度 $V(t)$ 的大小才可以作为被测振动速度 $V_0(t)$ 的量度。限于材料与工艺条件一般磁电式速度传感器的低频率限为 10~15 Hz,特殊工艺制造经筛选的传感器低频限值可至 1~2 Hz,高频限达到 400 Hz 以上可以实现。

2. 传感器的其他特性指标

(1)线性度

传感器输入量和输出量可用下列多项式表示:

$$y = a_0 + a_1 x + a_2 x^2 + \cdots + a_n x^n \tag{4-7}$$

式中　　x——输入量；

　　　　y——输出量；

　　　　a_0——零位输出；

　　　　a_1——灵敏度；

$a_2, a_3, \cdots, a_n$——非线性待定系数。

实际使用中，如果非线性项的方次不高，则在输入量变化不大的范围内，可以用切线或割线代替实际曲线的某一段，使得传感器的输入量和输出量近似于线性关系。传感器的线性化关系用灵敏度 k 表示，$y = kx$。理想情况下，传感器的输出电势 E 与振动速度 V 成正比。由于传感器活动部件惯性影响，传感器的实际输出与输入之间不完全为线性关系，总存有一定的误差，如图 4-11 所示。传感器的输出输入校准曲线与理论拟合直线之间的最大偏差与传感器满量程输出之比，就称为该传感器的"非线性误差"或称"线性度"e_f，如图 4-12 所示，通常用相对误差表示其大小：

$$e_f = \pm (\Delta'_{\max}/\Delta_{Fs}) \times 100\% \tag{4-8}$$

式中　$\Delta'_{\max}$——输出平均值与理论平均值的最大偏差；

　　　Δ_{Fs}——传感器满量程输出平均值。

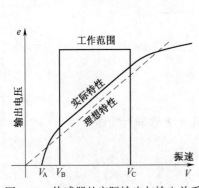

图 4-11　传感器的实际输出与输入关系

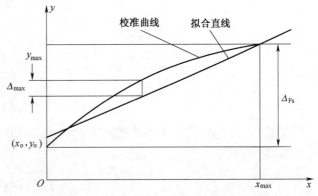

图 4-12　传感器的"非线性误差"或称"线性度"

(2) 重复性

重复性是指传感器在输入量按同一方向做全量程连续多次变动时，静态特性不一致的程度。特性曲线一致，重复性就好，误差也小。重复性表征标定值的分散性，是由随机效应引入的不确定度分量，一般用标准偏差来计算：

$$e_z = \pm \frac{(2 \sim 3)\sigma}{U_{Fs}} \times 100\% \tag{4-9}$$

式中　σ——标准差；

　　　U_{Fs}——传感器满量程输出。

(3) 灵敏度

灵敏度是描述传感器的输出量对输入量敏感程度的特性参数。其定义为：传感器输出量的变化值与相应的被测量(输入量)的变化值之比，即：

$$k = \frac{dy}{dx} \tag{4-10}$$

式中　　k——灵敏度；

　　　　dy——输出量的变化量；

　　　　dx——输入量的变化量。

灵敏度数值大,表示相同的输入变化量引起输出的变化量大,即传感器的灵敏度高。

对于线性传感器来说,灵敏度是一个常数,而对非线性传感器灵敏度随输入量的变化而变化。灵敏度是重要的性能指标,它可以根据系统的测量范围、抗干扰能力等进行选择。一般来说,测量很小的振动幅值时,就要使用灵敏度尽可能大的传感器。当然灵敏度愈高,与测量信号无关的噪声信号也容易混入,为此应挑选信噪比较好的传感器。和灵敏度有关的还应考虑记录仪器的量程范围,当记录仪器的量程范围限值确定后,灵敏度愈大所测量的幅值范围就愈小。

(4)稳定性和温度稳定性

稳定性是指传感器在规定工作条件范围和规定时间内,其性能参数保持不变的能力。一般以重复性的数值和观测时间长短表示,有时称为长时间工作稳定性或零点漂移。

理想情况下不管什么时候传感器的灵敏度等特性参数不随时间变化。但实际上,随着时间的推移,大多数传感器的特性会改变。这是因为传感元件或构成传感器的部件特性随时间发生变化,产生一种经时变化的现象。即使长期放置不用的传感器也会产生经时变化的现象。变化与使用次数有关的传感器,受到这种经时变化的影响更大。因此,传感器必须定期进行校准,特别是作标准用的传感器更是如此。

测试时先将传感器输出调至零点或某一特定点,相隔 4 h、8 h 或一定的工作次数后,再读出输出值,前后两次输出值之差即为稳定性误差。

温度稳定性也称为温度漂移,是指传感器在外界温度变化下输出量发生的变化。

测试时先将传感器置于一定的温度下(如室温),将其输出调至零点或某一特定点,使温度上升或下降一定的度数(如 5 ℃ 或 10 ℃)再读出输出值,前后两次输出值之差即为温度稳定性误差。

(5)漂移

漂移指在一定时间间隔内,传感器输出量存在着与被测输入量无关的、不需要的变化。漂移包括零点漂移与灵敏度漂移。

零点漂移或灵敏度漂移又可分为时间漂移(时漂)和温度漂移(温漂)。时漂是指在规定条件下,零点或灵敏度随时间的缓慢变化;温漂为周围温度变化引起的零点或灵敏度漂移。所谓零点是指,当输入量为零时,传感器输出量不为零的数值,又称零位。零位值应该从测量结果中设法消除。

(6)传感器的动态特性

大多数情况下传感器的输入信号是随时间变化的,这时要求传感器时刻精确地跟踪输入信号,按照输入信号的变化规律输出信号。当传感器输入信号的变化缓慢时,是容易跟踪的,但随着输入信号的变化加快,传感器随动跟踪性能会逐渐下降。输入信号变化时,引起输出信号也随时间变化,这个过程叫做响应。动态特性就是指传感器对于随时间变化的输入量的响应特性。这种响应特性即动态特性,反映了传感器测量动态信号的能力,是传感器的重要特性之一。

设计传感器时要根据其动态性能要求与使用条件选择合理的方案和确定合适的参数。使用传感器时要根据其动态性能要求与使用条件确定合适的使用方法,同时对给定条件下的传感器动态误差作出估计。总之,动态特性是传感器性能的一个重要指标。在测量振动波参数时,只考虑静态性能指标是不够的,还要注意其动态性能指标。

传感器的动态特性主要取决于传感器本身。每种仪器只能在一定的频率范围内工作,在这一范围内仪器对输入信号的响应是一致的,输出信号仅与输入信号的大小有关,与频率无关。频率特性用对数幅频特性表示,图 4-13 是一个典型的对数幅频特性曲线图。

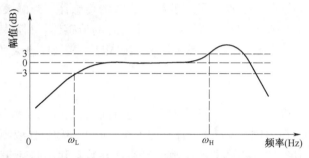

图 4-13　典型的对数幅频特性曲线图

如果测试仪器的幅频特性曲线偏离理想直线,但还没有超出允许公差范围时,特性曲线仍然可以使用。在声学和电学仪器中,公差范围规定为 ±3 dB。幅频特性公差范围对应的频率分别称为下截止频率 $f_下(\omega_L)$ 和上截止频率 $f_上(\omega_H)$,上下截止频率之间的频率区间,称为仪器的频响范围或通频带。在选择仪器的频响范围时,应使被测信号的有用谐波频率都在仪器的频响范围之内。

国产大多数振动速度传感器的幅频特性曲线如图 4-14 所示。当被测信号的频率大于 15 Hz 小于 300 Hz 时,该传感器能准确地反映被测信号;当被测信号的频率小于 15 Hz 或大于 300 Hz 时,输出远小于真实幅值,无法完成准确测量。因此若不考虑传感器的动态性能,其动态测量的输出误差就可能很大。挑选传感器时,必须注意其动态性能指标是否符合测量要求。爆破产生的地震波是一个频域宽阔、成分复杂的振动波,它具有持续时间短、突变快等特点,属于典型的非平稳信号,其能量在频域上绝大部分集中在 3~300 Hz 频率范围。由于低频范围振

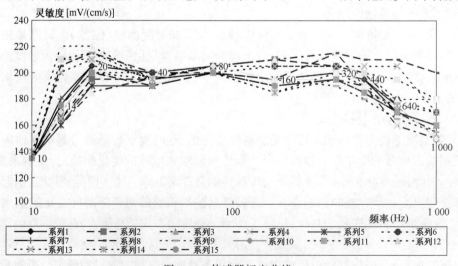

图 4-14　传感器标定曲线

动破坏力较大,因此,低频振动测试与研究在工程技术领域更为引人关注。多年来爆破振动测试使用的是模拟单分量拾振器,需要分别安装一个垂直向拾振器和两个水平向拾振器,这种测试方法接收到同一测点的三个方向信号一致性差。而爆破振动的破坏判据应以三个分量中最大的或三分量的矢量合成量为准。因此,采用 x、y、z 三向合一的、频率响应范围为 $1\sim300\ Hz$ 的高灵敏度速度传感器是理想的爆破振动拾振器。目前处于世界领先的进口产品,其频率范围也仅为 $2\sim250\ Hz$,国内也已开发 $2\sim300\ Hz$ 的三维一体高灵敏度速度传感器,达到同类产品的国际先进指标。进口与国产三维一体振动速度传感器和记录仪如图 4-15 所示。

(a) 进口仪器　　　　　　　(b) 国产仪器

图 4-15　三维一体爆破振动速度传感器和记录仪

4.2.2　爆破振动记录仪的技术要求

1. 爆破振动记录仪的选择

爆破振动记录仪正向数字式自动记录方式发展,它利用最新的电子技术和计算机技术,使爆破振动记录仪轻小、便携,且功能齐全,省去了现场远距离放线的麻烦和信号干扰。我国爆破振动记录仪现在已有多种产品,发展成多家竞争的局面,甚至某些产品的指标超过了美国、加拿大的仪器,当前大部分振动记录仪都能满足一般振动测试要求。根据实践经验总结,选购爆破振动自记仪应满足以下几方面要求。

(1) 自触发设置要可靠。野外测振自动记录仪一般放置在传感器附近,记录仪的触发方式基本选择自动内触发,若内触发有误,将导致测试失败。国内某些产品曾发生过因气温过低导致内触发失败,或预估振动峰值误差较大而出现内触发失败的故障。当今新一代振动记录仪和国外进口产品具有硬件浮点放大(自适应量程)功能,在自触发方面非常可靠,基本不会发生自触发错误问题。

(2) 记录波形应有负延时记录。若由自触发启动记录存储,没有负延时设置,有可能丢失振动波头记录,波头信号非常重要,据此可反算出地震波的传播速度,一般负延时记录应达到 0.10 s 以上。

(3) 一台记录仪至少应有三个通道。通常测量某点 x、y、z 三方向的振动分量,需要三个传感器接入同一台记录仪,最好采用三向合一的传感器,它可保证三个方向同步记录,便于求出任一时刻合速度。一般情况下合速度峰值要比单个方向速度峰值大 10% 以上,用合速度峰值控制安全系数更符合实际。

(4) 记录仪的内存可适当加大。随着计算机技术的发展,大容量内存条或储存卡已不再昂贵,增大记录仪的储存容量,可增加记录波形的长度和次数,方便野外多次测振记录。

(5) 野外自动记录仪主要发展方向是轻便、耐用,能准确、可靠地捕获到信号,并通过通信网络及时将振动波传送到用户手上,而不必在记录仪上开发附带多种功能。设备附带多种功能必然会增加成本,一般野外条件潮湿、多尘、颠簸振动大,功能越多,故障率越高。应该将测振仪多功能开发转移到室内计算机的分析处理上,在计算机上开发可使功能更强大,而且不必过多增加记录仪成本配置。

2. 附带软件功能

分析软件功能已是振动测试仪的主要功能之一。根据大量振动测试的实践总结,一般爆破振动自记仪附带的振动分析软件至少有以下基本功能:

(1)最大振动速度值的寻找。要求软件能自动、方便地找到各分段爆破的振动峰值速度,使一次爆破振动记录能得到更多的信息量。

(2)对振动波形作微分、积分处理。因振动速度微分一次可得加速度波形,积分一次可得位移波形。微积分得到的加速度和位移参量有些偏差,但它对评价爆破振动安全提供了参考。

(3)对波形进行 FFT 变换或其他频谱分析选项,通过频谱分析确定主振动频率,主振动频率对振动安全性评价有重要意义。

(4)速度矢量求和。对三个方向的速度分量求和,可得任意时刻合速度的最大值,它更能全面反映振动强度大小,所以速度矢量求和必不可少。

(5)滤波分析。某些情况下现场记录的振动波受环境干扰或信噪比影响,会叠加一些高频或过低频振动信号,需要通过滤波分析还原真实的振动信号。

(6)方便的信息输入、存储、打印。采用网络远程输入、储存、打印是软件发展的方向,它为用户提供了极大的方便。

4.2.3 振动测试仪的选配

1. 频响匹配问题

任何一台动态测试仪都有一定的频率响应范围,当所测信号的频率超出仪器频响范围,振动测试所记录的信号将严重失真,不能正确反映真实振动信号特征。因此,在爆破振动测试中应特别注意所选测振仪的记录仪和拾振器的频响范围是否满足测试要求。记录仪的频响范围很宽,一般没有问题,要特别关注拾振器的频响范围。

正确的爆破振动测试要求传感器的频率响应范围与爆破地震波的频域特性相吻合,通常爆破振动波频域较广,频率成分复杂,爆破地震波频率范围主要在 3~300 Hz。

研究表明影响爆破地震波频率的主要因素有距离、传播介质特性和药包结构。距离爆破振动源越远振动频率越低,爆破振动波的主频大致与距离的对数成反比关系,大多数情况下百米以外的爆破振动主频在 50 Hz 以下,为了选择测振系统的合适工作频率可根据下式估算爆破振动主振频率 f:

$$f = 1/\tau \lg R \quad (\text{Hz}) \tag{4-11}$$

式中 R——测点到爆源的距离(m);

τ——与传播介质特性有关的系数;坚硬岩 $\tau=0.01~0.04$,冲积层 $\tau=0.06~0.08$,土层 $\tau=0.11~0.13$。

振动波传播介质越致密、坚硬、完整,其振动频率越高,这在上述估算式中系数 τ 已有反映,较厚土层中的爆破振动主频基本在 10 Hz 以下。

药包结构对主频变化的影响主要表现在炮孔直径和不耦合系数上,$\phi 40$ mm 小炮孔爆破振动主频在 30~100 Hz 较常见,$\phi 80$ mm~$\phi 150$ mm 炮孔的深孔爆破振动主频多在 10~50 Hz,孔径 $\phi 150$ mm~$\phi 330$ mm 的大规模深孔爆破振动主频在 3~30 Hz 较常见。

根据以上分析,爆破振动测试选用的常规振动速度传感器频率响应范围一般宜在 2～200 Hz。大多数振动速度传感器频率范围较窄,低频域小于 15 Hz 的传感器高频域通常只能到 80 Hz;传感器高频域达 300 Hz 以上的,低频域通常会高于 10～15 Hz,这类传感器基本不能用于完整的爆破振动测试。所以对已经购买的传感器在用于爆破振动测试之前,一定要进行频响匹配筛选,磁电式速度传感器的频响范围既要满足 15 Hz 以下的低频段,又要满足 100 Hz 以上的高频段尚有一定难度,市面上价格较低的普通动圈式速度传感器基本不能满足此要求。如果传感器的频率响应范围与爆破振动主频不相符合,测得的波形数据误差较大甚至会严重失真。鉴于爆破振动的主频段范围主要在 3～300 Hz,当前国内外厂家已研发出频响范围在 2～300 Hz 的三向振动速度传感器,通过现场测试验证效果比较理想,所以在传感器配备安装方面一定要注意这些问题,使用之前应在振动台上标定速度传感器的频响范围,只有传感器的频响范围与爆破振动主频相吻合,才能用于爆破振动测试中。某些爆破现场聘请地震局带仪器进行振动检测是不合理的,因天然地震测试仪的频响以小于 50 Hz 的低频段为主,不能覆盖爆破振动的主要频率范围,所以其振动检测结果偏差很大。

2. 动态范围

在爆破振动测试中除应注意频响范围外,还要特别注意仪器量程,即动态范围,其中主要指传感器的动态范围。用小量程的仪器测量大振动会引起超量程或损坏仪器;用大量程的仪器则灵敏度低,精度差。

国内目前采用的振动速度传感器应考虑两大要素:(1)灵敏度,传感器灵敏度要与被测信号的强弱以及记录仪的量程相匹配。一般振动速度传感器灵敏度约为 300 mV/(cm/s),当振动信号较弱时应选择更高灵敏度的振动速度传感器,如灵敏度为 800 mV/(cm/s) 的传感器。(2)记录仪的量程有分挡设置和自适应型。分挡设置型需预估振动峰值,并将量程挡调整到预估振动峰值的 150% 左右;最新型爆破振动记录仪已改用量程自适应技术,无需调试量程挡位,称为自动挡。仪器的采样速率应大于预估主振频率的 100 倍以上,确保数据分析不会失真。

4.2.4 国内外典型测振仪器一览表

国内外典型测振仪器见表 4-4。

表 4-4 国内外典型测振仪器一览表

型号	TC-4850N	NUBOX-6016	Blastmate Ⅲ	SSU3000LC
厂家	成都中科动态测控有限公司	四川拓普测控科技有限公司	加拿大 Instantel	美国 Geosonics
测量范围(mm/s)	250	250	254	130
频响范围(Hz)	2～500	2～500	2～300	2～1 000
最高采样率(kHz)	100	50	16	2
内存	高速 SD 卡 32G	32GB	300 个波形	20 个波形
传感器类型	三向速度	三向速度	三向速度	三向速度
其他	3G 远程遥测	3G 远程遥测		

典型爆破振动的测试仪器分析对比如下。

1. TC-4850 测振仪

TC-4850 为集成了嵌入式计算机模块的智能化爆破测振仪,具有 128M 大容量存储空间,现场可连续存储上千次爆破振动数据。分析软件兼容 Windows 平台,支持多种分析方法,具有波形缩放、自适应量程计算、安全判据等功能。仪器自带液晶显示屏,现场设置各种采集参数,并能即时显示振动波形、峰值、频率。具有集成度高、精度高、携带方便、坚固耐用等特点。TC-4850 采用量程自适应技术及特征值重采样处理算法,现场无须设置量程,做到对各种幅值的信号都能准确捕捉,真正避免了波形削顶或丢失信号的情况。

TC-4850N 测振系统由无线网络振动记录仪、高精度三向速度传感器、专用数据服务器组成,搭载手机网络和因特网。由于系统设置 3G 网络设备,可在任何有手机网络的地方通过无线上网,快速将现场采集的爆破振动数据与波形(甚至现场视频画面)传到互联网上专用的大型服务器内,用户在任何地方经互联网登录到服务器可立即看到数据、波形及现场图像。仪器还内置 WiFi 模块可在现场无手机信号情况下(如:井下、隧道深处)先经 WiFi 网络将数据传至有手机信号的地方再经网络终端上传互联网到专用服务器,亦可通过 WiFi 网络将数据传至能连接因特网的地方再上传到专用服务器。数据通过专用 VPN 通道传输,并且在传输过程中有加密处理,保证了数据的安全性。

TC-4850N 测振仪除具有普通 TC-4850 爆破测振仪的数据采集与存储功能外,还具有无线信号发射与接收功能,其中 3G 网络传输速度可达上行 280 kB、下行 450 kB(WCDMA 网络)而 WiFi 网速可达数兆/s,系统传输速率极高,整个过程几乎是瞬间完成,经密码授权后,监测人员在遥远的办公室就能实时看到爆破振动数据和爆破现场画面。用户在查看现场数据和画面的同时,也可以通过上位机软件远程控制仪器,如:修改采集参数、控制仪器进入/停止采集、修改时间、删除文件、远程开关机等。

TC-4850N 的主要技术指标。通道数:四通道并行采集;采样率:1~100 kHz,多挡可调;直流精度误差小于 0.5‰;读数精度达到 1‰;频响范围:2~500 Hz;工作温度:-10 ℃~75 ℃;尺寸:168 mm×99 mm×64 mm;屏幕:320×240 小点阵高亮度单色液晶显示屏,在强光下能看清楚;存储:大容量高速 SD 卡;数据传输:标配 3G 传输功能,可轻松的接入 3G、ADSL、GPRS、CDMA 等网络;电源:内置锂电池可连续工作一个星期,采用远程开关机和程控开关机功能,自由掌控测试时间。

2. NUBOX 爆破振动测试仪

系统由测量现场和数据中心及工作站点组成,测量现场的设备为工业级 3G 接入设备和 NUBOX 智能振动监测仪组成。NUBOX 智能监测仪不仅测量、存储爆破过程的振动信号,而且通过 3G 网络将数据发送到预设的数据中心,远程用户通过连接互联网并输入经过授权的用户名及密码随时读取相应测点的数据。

NUBOX 爆破振动智能监测仪内置嵌入式控制软件,带有彩色触摸式液晶显示屏,3 个并行同步采集通道,网络接口(LAN 口)及 USB 接口,内置可充电锂电池,具有硬件浮点放大(自适应量程)、4 GB 大容量存储器,外壳采用高强度高分子材料整体注塑,配套 ABS 三防仪器箱,防水防尘等级达到 IP64 标准,每通道最高采样率为 50 ksps,向下可分多挡设置。仪器配套提供三向集成式振动速度传感器,还可在测试现场进行采集参数设置、完整波形显示、主频和最大振速读取以及数据分析处理,实现了仪器独立工作,且符合仪器简单化、小型化的思路,方便野外工作。

NUBOX 支持如 CDMA 2000、TD-SCDMA(TD-HSPA+)、WCDMA(HSPA+)等 3G 移动网络技术。设备采用 32 位处理器,基于通用基础平台,模块化设计,内置工业级无线核心模块,采用嵌入式操作系统,设备稳定性和网络连接的可靠性较好。

3. MINI-SEIS Ⅱ 型小型数字式爆破地震仪

这是美国生产的国际上先进的便携式爆破地震仪,性能极好、无须使用交流电,具有 1 个声通道和 3 个爆破振动信号通道。爆破结束后数秒时可读出爆破冲击波噪声以及 3 个向量的振动速度分量及矢量和以及它们的主频率。存储空间 1 024 k,最多可存储 341 个记录,且每个记录均包含了垂向、径向、切向三个方向的振动速度和声波记录。最大采样频率 2 048 Hz,并可根据地震波的大小选择三个量程挡:64、127、254 mm/s。触发值范围为 0.254~57.9 mm/s。该仪器能探测到的最低速度值为 0.03 cm/s。

4. Minimate 型振动监测仪

Minimate 型振动监测仪由加拿大生产制造,Minimate PRO4 型振动监测仪提供 64 MB 的存储容量,提高了外壳强度,包括一个金属手提箱和连接器,还具有防水性。可以连接一个 ISEE 标准或 DIN 标准三向检波器和一个 ISEE 标准线性麦克风。专注功能键和直观的菜单驱动操作,更容易和快速设置采集参数。每个通道 512~4 096 样本/s 的采样率,有独立的记录时间,零时滞连续监控。Instantel Histogram Combo 模式允许同时获取数千次的全波形记录,超过两个小时的全波形事件记录。具有良好的通用性,设备完全智能化,并且易于使用。

4.2.5 爆破测振仪的评价

爆破振动测试仪整体上国产和进口相比功能相当,但进口仪器故障率较低。国产爆破振动测试仪均满足测试精度的要求,且轻便、准确、内存较大,避免了长距离放线的麻烦。实践证明,某些仪器在冬季低温环境下(低于-5 ℃)可能出现故障。当前 TC-4850 超低频测振仪、Minimate 型等频响范围宽,低频段可低至 2 Hz,是现阶段最先进的爆破振动测试仪器,无论是功能、容量、轻便性、准确性、耐久度等都是老式的爆破测振仪器所无法比拟的,而且其更新发展速度很快,两年前的测振仪就已经落后了,操作的方便性、可靠性都已无法与新仪器相比。不管是中国、美国还是加拿大各国的仪器都是大同小异,在功能、准确性、耐久度等方面已经趋于完善,未来爆破振动测试仪器的发展方向是趋于远程网络智能化。

4.3 爆破振动测量仪器的标定

4.3.1 标定的基本规定

测振系统的标定,就是通过试验建立测振系统输入量与输出量之间的定量关系,同时也确定不同使用环境或不同标定条件下的误差关系。

测振仪器除了在出厂前对各个指标进行逐项校准外,在使用过程中还应定期校准,因为测振仪中某些元器件的电气性能和机械性能会因使用程度和存放时间发生变化。特别对重要工程或特殊测试环境应进行有针对性标定。测振仪器的标定可以分部标定和系统标定。

分部标定是分别对传感器和记录仪等进行各种性能参数的标定,系统标定是将上述仪器作为一个整体组成的系统进行联机标定,以得到输入振动量与记录量之间的定量关系。标定内容通常包括频率响应特性、灵敏度和线性度标定三个方面。在爆破振动测试中,测试仪器的标定是在标准振动台上进行的,交由法定部门按规程进行试验标定,并出具证明。

任何一种传感器在装配完后都必须按设计指标进行全面严格的性能鉴定。使用一段时间(中国计量法规定一般为一年)或经过修理后,也必须对主要技术指标进行校准试验,以便确保传感器的各项性能指标达到要求。

传感器标定的基本方法,就是利用精度高一量级的标准器具产生已知的非电量(如标准振动速度、加速度、位移等)作为输入量,输入到待标定的传感器中,测得传感器的输出量。然后将传感器的输出量与标准输入量作比较,得到一系列标定曲线,从而确立传感器输出量和输入量之间的对应关系,同时也确定不同使用条件下的误差关系。

工程测量中传感器的标定,应在与其使用条件相似的环境下进行,否则标定结果不理想,将会给实际测量带来误差。为获得较高的标定精度,应将传感器及其配用的电缆、放大器、记录仪等测试系统一起标定。

凡用于爆破振动的检测仪器应有合格证书和 CMC 认证标志。现场检测前都应经计量部门检定(校准),获得检定(校准)证书。传感器属于敏感器件,野外使用环境条件差,颠簸振动较大,容易受损,因此传感器每年至少标定一次,发现线性度偏差较大的传感器一定要停止使用。计量检定规程也规定检定周期不超过 1 年。特别重要工程的测试宜在用前检定,用后复检。测振仪器在有效校准期内应作期间核查,期间核查可用不同仪器的对比法认可,若发现传感器或记录仪有明显的变形或伤痕,应进行比对校准后才可使用。

爆破振动速度测试仪器标定时宜将传感器和记录仪组成的测试系统一同送计量部门检定,给定系统误差;若单独标定传感器和记录仪,需计算系统误差。常规标定内容包括:灵敏度标定、频响标定和线性度标定。

4.3.2　灵敏度标定

仪器的灵敏度为输出信号值与输入信号值之比,对于磁电式速度传感器,其灵敏度可用下式表达:

$$S_v = U/V \tag{4-12}$$

式中　S_v——爆破振动速度测试仪灵敏度[mV/(cm/s)];
　　　U——振动测试仪输出电压信号值(mV);
　　　V——振动台输入到被测传感器的振动速度(或标准速度传感器输出的振动速度)(cm/s)。

考虑到振动台的标准传感器多为加速度传感器,而振动速度传感器频响曲线在 15 Hz 以上已完全平直了,爆破振动主振频率大多数在 10~80 Hz,因此设 20 Hz 为参考频率。以参考频率标定不同振动幅值的输出灵敏度;灵敏度计算公式如下:

$$S_v = 2\pi \cdot f \cdot K_v \cdot S_s \tag{4-13}$$

式中　S_v——爆破振动速度测试仪灵敏度[mV/(cm/s)];
　　　S_s——振动台标准加速度传感器灵敏度[mV/(cm/s^2)];
　　　f——参考振动频率,20 Hz;
　　　K_v——被检爆破振动速度测试仪输出与标准加速度传感器输出之比值。

在标定值读取处理过程中,一般使用峰值或峰峰值。

4.3.3 频响标定

爆破振动仪频响标定主要标定传感器灵敏度随振动频率的变化情况,即输入振动幅度固定、改变振动频率时,传感器输出幅度变化情况。爆破振动速度传感器的工作频率范围为 2～300 Hz,推荐在 2 Hz、5 Hz、10 Hz、20 Hz、50 Hz、100 Hz、200 Hz、300 Hz 各频点标定 1 cm/s 振动幅值时输出的示值。频率响应按下列公式计算其相对误差:

$$\delta_f = \frac{x_i - x_r}{x_r} \times 100\% \qquad (4\text{-}14)$$

式中 x_i——测振仪示值;

x_r——测振仪在参考频率点 20 Hz 的示值。

频率响应的最大相对误差小于±5%。频率响应曲线一般以标定的灵敏度作纵坐标,标定频率对数作横坐标,将对应的标定值点出连成幅频响应曲线,如图 4-16、图 4-17 所示。常见振动速度传感器的幅频曲线有如下特点:低频段(<10 Hz)和高频段(>400 Hz)灵敏度偏小,中间段曲线较平直,平直段对应的频率域属于合格频响范围,最多可向外延伸幅值±5%的误差范围。

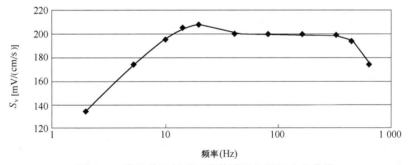

图 4-16 常见普通振动速度传感器的幅频响应曲线

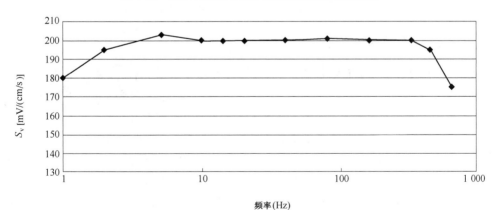

图 4-17 高精度振动速度传感器的幅频响应曲线

4.3.4 非线性度

非线性度是传感器的灵敏度随输入振动量大小而变化,通过非线性度标定可以确定仪器的动态幅值工作范围和不同输入幅值的误差状况。

振动速度传感器的非线性度标定:给出参考频率点 20 Hz 的不同振动幅值对应的示值,0.5 cm/s、1.0 cm/s、1.5 cm/s、2.0 cm/s、3.0 cm/s、4.0 cm/s 或工程中可能需要监测的最大振动幅值的非线性度,非线性度可按下列公式计算其相对误差 δ_L:

$$\delta_L = \frac{x_i - x_s}{x_s} \times 100\% \tag{4-15}$$

式中　x_i——测振仪示值;

　　　x_s——振动标准装置给出的示值。

非线性情况常出现在大幅值或很小幅值条件下。大幅值时的非线性是由于传感器惯性元件的自由行程不够,支承弹簧和其他弹性元件的弹性变形限度低,以及仪器电气部分和机械转换部分输出能力的限制而产生的;在小幅值时的非线性是由于机械部分中的干摩擦或电气部分中存在漏电而引起。

4.3.5　不确定度指标

不确定度:测试结果误差的上界$|\Delta_x| \leq U$ 称为测试结果的不确定度,它是测试结果精确度的表征。它和误差极限表达的是同一个意义。U 的准确值是很难测出的,只能给出一个估计,即给出$|\Delta_x| \leq U$ 的概率 P_U 是多少。测振仪校准的不确定度应小于3%($k = 2$)。

4.3.6　振动台要求

关于爆破振动速度测试仪器的标定,必须要有合格的振动台,对振动台的基本要求如下:标准速度计或伺服速度计参考灵敏度的不确定度为1%,波形失真度≤5%,横向振动比≤10%,幅值均匀度≤5%,台面漏磁≤3×10^{-3} T。振动台标准装置的扩展不确定度为2%($k = 3$)。所有仪器在标定前应预热 15 min。标定单只传感器时,应将传感器尽量对准振动台台面中心;同时标定多只传感器时,应以振动台台面中心对称布放传感器;传感器的输出电缆应固定合适,防止标定过程中产生剧烈抖动、摩擦而影响传感器的振动波形。

4.3.7　爆破振动测试仪标定实例

爆破振动测试仪应送到省级以上计量认证的标准振动台进行标定,由于专用爆破振动仪的检测和标定尚未发布国家标准,检定报告只能按照《校准证书》发放。待《工程爆破振动检测规范》颁发后,可按照规范要求进行标定,检定报告就能按照《标定证书》发放。

比如,TC-4850 爆破振动测试仪在北京计量科学研究院标准振动台的标定,开展了以下几方面的校准。首先将传感器安放在振动台台面中央,传感器与爆破振动测试仪连接好,输入一个标准正弦振动波,由 TC-4850 采集记录,读取记录的波形,分析记录数据与输入数据的误差。比校过程中需要分二步进行:(1)频响标定:固定振动幅值(1 cm/s),变化输入的振动波频率,振动速度传感器的工作频率范围为 2~300 Hz,给出特征频率点的输出幅值,对比不同频率振动波记录输出的幅值误差,由此可给出传感器的频响范围;(2)非线性度:固定振动波频率(20 Hz),输入不同振动波幅值,读取仪器记录的对应示值,由此计算出幅值的非线性度、灵敏度和不确定度。爆破振动仪校准结果如图 4-18 所示。

4 爆破振动测试与分析

```
1. 外观  良好
2. 参考灵敏度：参考频率 f=20 Hz，速度 V=1.000 cm/s
```

序号	振动方向	整机参考灵敏度[V/(m/s)]
1	z(垂直)	35.563
2	x(水平)	36.785
3	y(水平)	37.165

3. 频率响向：速度 V=1.000 cm/s

序号	频率(Hz)	2	5	10	20	40	100
1	示值(cm/s)	1.030	1.016	1.030	1.012	1.028	1.011
2	示值(cm/s)	1.076	1.009	1.002	1.001	0.998	0.943
3	示值(cm/s)	1.004	1.014	1.007	0.997	0.994	0.940

4. 示值线性：频率 f=20 Hz

序号	标准值(cm/s)	0.500	1.000	2.000
1	示值(cm/s)	0.508	1.012	2.043
2	示值(cm/s)	0.508	1.001	1.980
3	示值(cm/s)	0.505	0.997	1.970

5. 本次标准的测量结果扩展不确定度：$U=3\%$，$K=2$

图 4-18　爆破振动仪校准结果

4.4 传感器的固定安装

传感器是反应被测信号的关键设备，为了能正确反映所测信号，除了传感器本身的性能指标满足一定要求外，传感器的安装、定位也是极为重要的。为了可靠地得到爆破地震动或结构动力响应的记录，传感器必须与被测点的表面牢固地结合在一起，确保传感器与被测体同步振动，否则在爆破振动时会导致传感器松动、滑落，使得记录的振动信号失真。传感器的安装有不同意见，有人建议用钢钎嵌入岩体中做传感器支座，也有人认为只需直接将传感器置于地表。美国 Dowding 博士的研究结论为：一般的地表振动测试，因振动幅值不大，频率不是很高，只需将传感器直接置于地表，周围用石膏粘附即可；在地下巷道内墙壁上测试强烈爆破振动时，需用钢钎嵌入岩体中，将传感器固定在钢钎上；而一般岩石表面尽可能直接安装传感器，不要通过钎杆安装传感器，它可能使振动波形失真。为对比不同安装方式对振动波形的影响，我们在爆破振动测试过程中做过对比试验，在相同位置将 1 号测振点安装在固定钎杆上，钎杆用水泥砂浆嵌固在直径 18 mm 深 10 cm 的孔内，每次测试时将传感器拧紧于该钎上。2 号测试点距钢钎固接点 20 cm，用石膏将传感器底座直接固定于地面上，对比分析两种连接方式获取的爆破振动数据，从而确定拾振器的不同固定方式对爆破振动数据采集的影响程度。结果如图 4-19 所示，当质点振动速度小于 1 cm/s 时，钢钎固接、石膏固接方式测得的爆破振动波形基本一致，看不出峰值和主频的差别，峰值误差小于 3%，没超过仪器误差值。

一般情况下爆破振动速度传感器具有轻小、坚固、密封、易安装的特点，因此广泛推荐简便的石膏粘接安装法。在工程测试中安装传感器主要考虑以下几点：

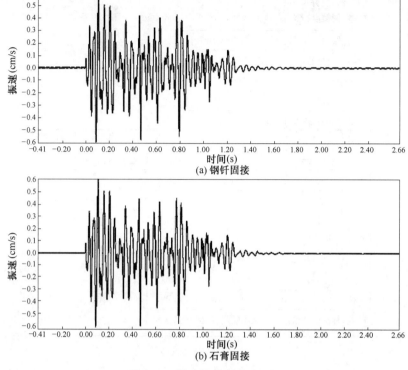

图 4-19　爆破振动波形对比

（1）安装前,应根据测点布置情况对测点及其传感器进行统一编号,注意定位方向,约定传感器的 x 方向为水平径向,y 方向为水平切向;z 方向为垂直向。要使传感器方向与所测量的振动方向一致,否则会带来测量误差。

（2）在岩石介质上安装传感器,应确认安装点的岩石为完整基岩,不是松散的孤石或浮于地表的破碎岩石;此外对安装点岩面需要进行表面平整、清理或清洗;为使速度传感器与被测基岩表面形成刚性连接,可以采用石膏或其他强度适配的粘合剂直接粘合。

（3）若测点表面为土层时,可先将表面覆土压实,将传感器直接埋入实土中,用木锤将传感器与土体敲紧使二者紧密接触,土层介质上的传感器安装应保证传感器与介质紧密连接。如被测地表为原状土层可以采用铲刀铲平,清理浮土后用石膏直接粘合传感器。

（4）在传感器安装过程中,应严格控制每一测点不同方向的传感器安装角度,误差不大于 5°。若测量竖向分量,观测水平气泡使传感器的测振方向垂直于地面;若测径向水平分量,采用罗盘测向使传感器的方向平行于测点至爆心连线方向。

（5）介质内部安装传感器时,应使充填材料与被测介质的声阻抗相一致。在地下巷道内墙壁上测试强烈爆破振动时,需用短钢钎嵌入岩体中,将传感器固定在钢钎上。在混凝土大坝或桥墩等大体积构件上测试爆破振动时,先预埋固定螺栓,然后再将传感器与预埋螺栓紧固相连。

4.5　爆破振动的测量记录

现在爆破振动记录表没有统一格式,记录中容易丢失一些重要信息,不便于后来查找或借用。一个完整的爆破振动测试应包括如下记录内容。

(1)环境情况:时间、地点、环境温度、湿度、风向、风力、测试单位、操作人员;

(2)爆源情况:总装药量、分段数、分段炮孔数、单孔药量、炮孔直径和深度、爆区范围、起爆方式及起爆网路图;

(3)测试场地情况:测点方位、离爆源距离、测点地形和地质条件、周围环境;

(4)传感器安装情况:传感器安装方法、安装方向,传感器型号、厂家,传感器灵敏度、频率范围、量程、线性度、编号;

(5)记录仪情况:记录仪名称、型号、编号、触发方式、量程选择、采样频率、通道数及编号;

(6)记录波形输出:振动波形应有时间标尺,标出最大振动幅值和所处时刻;

(7)振动衰减规律回归分析:根据经验公式 $V_{max} = k\left(\dfrac{Q^m}{R}\right)^\alpha$ 回归,求出 k、α 值;

(8)描述爆破前后仪器和保护物有无损坏迹象;

(9)附上仪器传感器标定证书。

爆破振动测试记录样表见表 4-5。

表 4-5　爆破振动测试记录表

时间		湿度		风力		测试单位	
地点		温度		风向		测试人员	
总装药量	kg	总炮孔数		分段数		炮孔直径/深度	
起爆方式				地形地质条件			
传感器安装方法		传感器型号			生产厂家		
记录仪名称		记录仪型号			生产厂家		
记录仪编号				触发方式			
采样频率				负延时			
通道号							
传感器编号							
测量方向							
量程选择(V)							
灵敏度[V/(cm/s)]							
线性度(%)							
频响范围(Hz)							
距离(m)							
段别	药量(kg)	峰值时刻	峰值速度(cm/s)				
最大峰值速度							
主振频率(Hz)							
最大合速度							
备注:爆破前后仪器和保护物有无损坏迹象的描述,照片							

野外爆破振动观测,一般来说是没有重复性的,所以对每一个测点的数据,都要尽可能多地搜集整理与其有关的资料,以备分析波形和处理数据时查考。尤其是当记录波形出现一些特异性状(特大、特小或形状特殊)时,往往要利用有关资料进行解释。此外,从积累资料以备进一步研究分析的角度考虑,也很有必要把有关资料尽可能全面记录。

4.6 误差分析和经验公式的建立

4.6.1 测试误差

爆破测试很难实现多次等精度测试,因此多以单次测试结果进行误差分析。测试中采用的仪器设备,均给出了一定工作条件下的精度指标及极限误差范围。对测试精度指标的选取也面临不少实际问题,一般而言,应根据测试的目的、要求、仪器状况、数据处理方式等,综合分析后提出一个合理的指标。实验室条件下,指标可以高些,现场测试受各种条件限制,指标定得过高,会使测试费用增加很多,有时还很难实现,对此必须有清醒的认识。现场振动测试中,由于各种因素的影响,诸如测试方法、测试仪器、环境条件和操作人员的技术水平以及偶然的过失等,造成了测试结果中不可避免的误差。

所谓误差就是测试值与真实值之间的差,误差可用绝对值和相对值表示,即绝对误差和相对误差。绝对误差是测定值与真值的差值,相对误差是绝对误差与真值的比值,常用百分比表示。

假定振动测试的数据真值为 τ,测定值为 M,绝对误差为 δ,相对误差为 ε(工程中常用百分数表示),则:相对误差 $\varepsilon = (M-\tau)/\tau \times 100\%$;绝对误差 $\delta = M - \tau$。

实际测试中经常用相对误差来衡量测试结果,只在某些场合才用到绝对误差,因为相对误差表示法比较科学,表示测试结果的质量比较直观。

4.6.2 误差的性质和原因

误差的性质和产生的原因大致可分以下几类。

1. 系统误差

系统误差是指在测试中由于某种未被发觉或未被认识的原因所造成的误差,这些影响因素是恒定的,所以造成的误差也往往是一致的,总是偏向一个方向。系统误差产生的原因主要为:

(1)测试仪器不良,如刻度不准、未定期校正等;

(2)周围环境的改变,如外界温度的变化、观测条件的改变等;

(3)观测方法不合理,仪器使用不当以及观测者的习惯与偏向等。

系统误差可以经过检查,改进仪器性能,标定仪器常数,改善观测条件,统一操作方法,以及对测定值进行合理修正等方法校正。

2. 偶然误差(随机误差)

实践证明,不管仪器精度多高,各种条件多好,对某一个量进行多次反复测量,测量值仍不会完全相同,测量数据仍有差别,这类误差称为偶然误差。偶然误差时大时小,时正时负,方向不一定。随着测量次数的增加,偶然误差的算术平均值将逐渐趋近于零。因而多次测量结果的算术平均值可以比较接近于真值。

偶然误差与仪器电源电压的波动、仪器的轻微振动、外界电磁场的干扰以及人的视差等不定因素有关,所以偶然误差是无法控制的,其发生完全出于偶然,受或然率所支配。因此,偶然误差可以用或然率理论来处理。

3. 过失误差

过失误差是由于测试过程中的工作错误所造成的,例如读数读错、记录记错等。过失误差现象,一般在重复测试中还容易发现,然而在一次性测试时会造成一些麻烦。过失误差无规可循,只有细心操作,加强工作责任心和校核检查工作。

4.6.3 测量值和误差的表示法

1. 真值和平均值

在实际中一个物理量的真值是未知的,由于测量仪器、测试方法以及环境、人的因素等等,测试中总会产生这样那样的误差,所以严格来说,真值也是无法测到的。因此实际中使用的真值是用大量观测次数的平均值近似取得的。常用的平均值有算术平均值、均方根平均值、加权平均值、中位值和几何平均值等。

(1) 算术平均值

算术平均值是最常用的一种平均值,在一组等精度测量中,算术平均值为最佳值,即最接近于真值。

设各次观测值为 $x_1, x_2, \cdots, x_n$,n 代表观测次数,这时,算术平均值为:

$$\overline{x} = \frac{x_1 + x_2 + \cdots + x_n}{n} = \frac{1}{n}\sum_{i=1}^{n} x_i \tag{4-16}$$

(2) 均方根平均值

均方根平均值常用于计算振动质点的动能,其定义为:

$$\overline{x_n} = \sqrt{\frac{x_1^2 + x_2^2 + \cdots + x_n^2}{n}} = \sqrt{\frac{1}{n}\sum_{i=1}^{n} x_i^2} \tag{4-17}$$

(3) 加权平均值

振动测试的一组数据中,用不同测试方法或由不同人测得,或者其他原因使这些数据的可靠程度不同,在计算平均值时,对比较可靠的数据给以加重平均,即乘以一定的倍数后再平均,称为加权平均,其定义为:

$$\overline{x_k} = \frac{k_1 x_1 + k_2 x_2 + \cdots + k_n x_n}{k_1 + k_2 + \cdots + k_n} = \frac{\sum_{i=1}^{n} k_i x_i}{\sum_{i=1}^{n} k_i} \tag{4-18}$$

式中 $x_1, x_2, \cdots, x_n$——各观测值;

$k_1, k_2, \cdots, k_n$——代表各观测值对应的权,也就是依据其可靠程度给出的加重倍数,k 值依测试数据的具体情况,根据经验和分析给出。

(4) 中位值

中位值是将一组测试数据按一定的大小次序排列起来的中间值,若测试次数为偶数时,取中间两个值的平均值作中位值。中位值的最大优点是求法简单,而与两端的变化无关。中位值是以统计观点为基础的,只有在观测值的分布为正态分布时,它才能代表一组观测值的中心趋向,即近似真值。

(5) 几何平均值

几何平均值是将一组 n 个测试值连乘再开 n 次方求得的值,即:

$$\overline{x_g} = \sqrt[n]{x_1 \cdot x_2 \cdots x_n} \tag{4-19}$$

或以对数表示:

$$\lg \overline{x_q} = \frac{1}{n} \sum_{i=1}^{n} \lg x_i \tag{4-20}$$

若一组测试值,用对数坐标作出的图形的分布曲线更为对称时,常采用几何平均值。

以上所述各平均值,都是想从一组观测值中,找出最接近于真值的那个值,也就是说它能代表这一组值的中心趋向。上述讨论,都是在正态分布的前提下,即测试值是在真值左右两侧对称分布,并主要趋向于真值的分布状态。实际当中最常用的是算术平均值。

2. 误差的表示法

误差的表示法通常有下列三种。

(1) 范围误差

范围误差是指一组测试数据中,最高值与最低值之差,范围误差常用相对值表示,即:

$$K_1 = \frac{l}{\overline{x}} \tag{4-21}$$

式中　K_1——最大范围误差系数;

　　　l——最大范围误差;

　　　$\overline{x}$——测试数据的算术平均值。

范围误差的缺点是 K_1 只取决于一组数据的两个极端值,不能表示整个数据的误差分布情况。

(2) 算术平均误差

算术平均误差的定义为:

$$\delta = \frac{\sum_{i=1}^{n} |\delta_i|}{n} \tag{4-22}$$

式中　δ_i——每个测试值与平均值之差,即 $\delta_1 = x_1 - \overline{x}, \delta_2 = x_2 - \overline{x}, \cdots, \delta_n = x_n - \overline{x}$。

算术平均误差是表示误差的一种较好的方法,它的缺点是无法表示出各次测量间彼此符合的情况。因为在一组测试数据中偏差较小而彼此接近时,与另一组测试数据偏差有大、中、小三种情况,其两组算术平均误差有可能是差不多的。

(3) 标准误差

标准误差也称均方根误差,其定义为:

$$\sigma = \sqrt{\frac{\sum_{i=1}^{n} \delta_i^2}{n}} \tag{4-23}$$

在测试数据较少时,标准误差常用下式表示:

$$\sigma = \sqrt{\frac{\sum_{i=1}^{n}\delta_i^2}{n-1}} \qquad (4\text{-}24)$$

标准误差不仅是一组测量中各个观测值的函数,而且对一组测量中的较大误差或较小误差反应比较灵敏,故为表示误差的较好方法。

4.6.4 经验公式的处理

振动测试中,获得一些测试数据,其目的往往是为了了解某些量之间的相互关系。例如某观测点的振动参量与振源力 F 之间的关系;在振源作用下,沿振源不同距离振动参量的分布规律等等。这些关系通常可以用图示法或公式法表示出来。

图示法就是将各测定值的关系用图表示出来,这种方法一般仅适用于两个变量。公式表示法就是将被测定各量之间或测试值与某些变量之间的关系,近似地用函数关系式,即经验公式表示出来。下面简单介绍经验公式的基本处理方法。

经验公式应尽量选择成简单的函数形式,在有些情况下,根据以往的经验,或者是用理论推导,如量纲分析法等确定出经验公式的形式,然后应用实测数据确定的方法,如图解法、平均法、最小二乘法等,定出经验公式的系数。例如,炸药爆时,振动速度峰值与爆炸药量和距离有以下关系:

$$V = k(\sqrt[3]{Q}/R)^{\alpha} \qquad (4\text{-}25)$$

式中　　Q——炸药量(kg);

R——测点距爆源距离(m);

V——最大质点振动速度(cm/s);

k、α——与介质、场地等有关的系数。

在另外一些情况下,有时无法根据经验给出公式的形式,此时即可根据测试值之间的关系情况,选出适当的函数形式作为经验公式,在这种情况下常采用的方法有作图法、变换法、多项式法、微分方程法和差分法等等。下面对常用的最小二乘法作简单介绍。

代表直线和曲线的经验公式,求其系数较好的方法是最小二乘法。用最小二乘法时,其曲线的误差分布应符合正态分布,而不能是单向特别离散的误差分布。

例如,测得一组数据 $x_1, x_2, \cdots, x_n$ 和 $y_1, y_2, \cdots, y_n$,代表一直线变化,这时用一直线来拟合这些点,使测试值和所求的直线之间偏差平方和为最小,这就是最小二乘法的基本原理。

图 4-20 中,直线关系式为:$y = a + bx$,则 $\delta_i = y_i - (a + bx_i)$。式中 a、b 为方程的待定系数,适当地选取 a 和 b 可使测试值与直线之间偏差 δ_i 的平方和为最小,即:$d = \sum_{i=1}^{n}\delta_i^2 = \delta_1^2 + \delta_2^2 + \cdots + \delta_n^2 = \sum_{i=1}^{n}[y_i - (a + bx_i)]^2 = $ 最小。

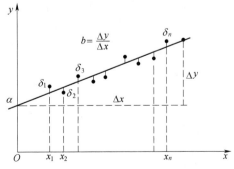

图 4-20　最小二乘法的基本原理图

这样的直线是存在的,且是唯一的,使 d 为最小的必要条件是:

$$\begin{cases} \dfrac{\partial d}{\partial a} = -2\sum_{i=1}^{n}[y_i - a - bx_i] = 0 \\ \dfrac{\partial d}{\partial b} = -2\sum_{i=1}^{n}[y_i - a - bx_i]x_i = 0 \end{cases} \quad (4\text{-}26)$$

上式归结为求解下列联立方程组,即正规方程为:

$$\begin{cases} na + b\sum x_i = \sum y_i \\ a\sum x_i + b\sum x_i^2 = \sum x_i y_i \end{cases} \quad (4\text{-}27)$$

解上式得:

$$\begin{cases} a = \dfrac{\sum x_i y_i \sum x_i - \sum y_i \sum x_i^2}{(\sum x_i)^2 - n\sum x_i^2} \\ b = \dfrac{\sum x_i \sum y_i - n\sum x_i y_i}{(\sum x_i)^2 - n\sum x_i^2} \end{cases} \quad (4\text{-}28)$$

式(4-28)就是用最小二乘法求解直线方程系数的公式。

若方程为二次三项式: $y = a + bx + cx^2$。则根据最小二乘法原理得求系数 a、b、c 的正规方程为:

$$\begin{aligned} na + b\sum x_i + c\sum x_i^2 &= \sum y_i \\ a\sum x_i + b\sum x_i^2 + c\sum x_i^3 &= \sum x_i y_i \\ a\sum x_i^2 + b\sum x_i^3 + c\sum x_i^4 &= \sum x_i^2 y_i \end{aligned} \quad (4\text{-}29)$$

例:利用表 4-6 所列数值,确定经验公式 $y = a + bx$ 中的系数 a 和 b。

表 4-6 最小二乘法计算法

x	y	x^2	xy
1	3.0	1	3.0
3	4.0	9	12.0
8	6.0	64	48.0
10	7.0	100	70.0
13	8.0	169	104.0
15	9.0	225	135.0
17	10.0	289	170.0
20	11.0	400	220.0
$\sum = 87$	$\sum = 58.0$	$\sum = 1\,257$	$\sum = 762.0$

由表 4-6 可知: $\sum x = 87, \sum y = 58.0, \sum x^2 = 1\,257, \sum xy = 762.0, n = 8$。则:

$$\begin{cases} a = \dfrac{762.0 \times 87 - 58.0 \times 1\,257}{87 \times 87 - 8 \times 1\,257} = 2.66 \\ b = \dfrac{87 \times 58.0 - 8 \times 762.0}{87 \times 87 - 8 \times 1\,257} = 0.422 \end{cases}$$

经验公式应为:

$$y = 2.66 + 0.422x$$

爆破振动传播衰减规律统计分析中,应将相同地形地质条件和爆破条件下测得的爆破振动数据,按最小二乘法进行回归计算,求得 k、α 值。地形地质条件和爆破条件相差较大时,实测数据混合进行爆破振动衰减规律统计计算,不能得到合理的 k、α 值。单次爆破振动衰减规律的回归计算不能少于 5 个点。

5 各类爆破工程的振动特征分析

5.1 洞室爆破或大规模深孔爆破

洞室爆破或大规模深孔爆破引起的地表振动主要特征是主振频率低、影响范围广、振动峰值大且衰减较慢。

5.1.1 影响洞室爆破效应的主要因素

1. 药包结构

条形药包洞室爆破，其振动波在近距离范围分布不对称，研究表明：条形药包端部方向爆破振动衰减较快，振动幅值偏低；条形药包的径向爆破振动衰减缓慢，振动幅值偏高。洞室爆破的不耦合装药结构，即设计合理空腔比可以降低爆破振动幅值，大孔径炮孔的不耦合装药结构也可以降低爆破振动幅值，但不耦合装药爆破使爆破振动频率降低，这对减轻保护物的振害不利。

2. 毫秒延时起爆

条形洞室药包采用分集装药毫秒延时爆破，各分集药包逐段接力起爆，但相邻药包的起爆时差应合理选取，时差过大（比如大于等于 75 ms）相邻药包的分隔堵塞段可能被冲毁，导致分集药包装药结构破坏，拒爆发生的概率增加；时差过小（比如小于 25 ms），不能使各段爆破振动峰值错开，相邻段别的爆破振动仍然叠加在一起，达不到分段延时的爆破减振效果。根据实践经验和相关检测数据，若设计相邻分集药包段别时差为 25 ms，由于普通导爆管雷管的延时误差，相邻段别药包爆破振动波大部分会发生叠加。因此考虑到普通导爆管雷管分段时差间隔和延时精度，宜设相邻分集药包起爆时差为 50 ms。条形药包洞室爆破若采用电子雷管起爆各分集药包，为了既能确保起爆网路的安全，又能最大限度地错开各段爆破振动叠加，相邻分集药包的合理起爆时差为 25~50 ms。

3. 地形地质条件

现场地形地质条件对洞室爆破或大规模爆破振动效应的影响与其他爆破相同，前面已作论述。这里需要强调地形地质条件对爆破振动的影响相当重要，爆破设计前首先应考虑现场地形地质条件的特点，如何兴利除弊。

5.1.2 洞室爆破振动效应的特点

洞室爆破或大规模深孔爆破通常用于矿山剥离或其他空旷条件下的石方爆破，其爆破特点如下：(1)一次爆破药量很大（数十至上万吨炸药）；(2)同时段爆炸药量远超常规爆破（单响药量达数吨至数十吨）；(3)单个药室大，常采用不耦合装药结构；(4)利用导爆管雷管接力延时实现无限间隔分段爆破。

以上爆破特点决定了其爆破振动的主要特征：

(1) 单响药量大，代表震源能量高，导致振动峰值大、影响范围广。通常 100 m 范围内的最大爆破的速度达 10~20 cm/s，爆破振动影响范围达 1~3 km。

(2) 大药室对应大抵抗线，结合大药室内不耦合装药结构以及铵油炸药为主的低爆速、高爆生气体的炸药，根据其爆轰波对岩体的作用分析，岩体内产生的爆炸应力波正压时间长、峰值压力小而平缓，由此引发的爆破振动频率低，低频振动波在浅层岩土介质中衰减较慢。

(3) 一次大规模药量爆破必然要采用分段延时起爆网路，使所有药量变成连续不断地间隔延时小爆破，从而增长了爆炸作用时间，也导致爆破振动持续时间相应延长。一般洞室爆破或大规模深孔爆破的爆炸延时达 1~3 s，爆破振动持续时间也达 1~3 s。

5.1.3 洞室爆破振动测试要求

为了能准确地掌握洞室爆破或大规模深孔爆破的振动衰减规律，求得振动速度衰减计算公式中的 k、α 值，以便于更好地分析爆破振动影响范围。振动测试点的距离要达到一个数量级的跨度，从几十米到几百米乃至千米以上，测点间距设置应按照距离对数值等间隔排列，测振点尽量布置在相同地层和地形条件处，特殊要求的测点可以适当调整位置或加补测点。一条测线上不宜少于 5 个测点，5 个以上测点进行数据回归分析才有意义。此外，在波形分析中若能细致分析不同时段的振动峰值，并找到对应时段的爆炸药量，可以增加回归分析的数据点，提高衰减规律分析的可靠性。

为提高振动测试的成功率，仪器安装调试前，应根据单响药量和测点距离预估各测点的振动峰值和主振频率，根据预估值调试仪器的各项参数。一般量程设置为预估峰值的 1.5~2.0 倍，触发电平为量程的 0.05~0.1 倍，采样频率宜大于主振频率的 100 倍以上，宜选 1 000~2 000 Hz。若所有测振仪能同步触发记录可根据各测点的振动波达到时差，计算出地震波传播速度。

5.1.4 洞室爆破减振技术的案例分析

洞室爆破减振的技术措施与其他爆破大同小异，但其最主要的方法是合理的分段延时起爆及预裂缝隔振。

实例 1。宜昌铁路南站场平开挖采用分层条形药包洞室爆破，为避免单药室药量过大，采用分集药包的装药方法，在同一条形药室内分装了多个等效子药包（称分集药包），各分集药包顺序延期起爆。关于相邻分集药包的合理起爆时差应从以下两方面综合考虑：(1) 爆破振动叠加；(2) 相邻药室准爆可靠性。为了避免各段爆破振动波叠加，应延长相邻段别的起爆时差，然而因在同一条形药室内分装多个子药包，各子药包间仅有 2~2.5 m 的间隔堵塞段，若相邻药包起爆时差过大，下一个药包起爆前间隔堵塞和相邻药室可能完全被冲毁，导致相邻药包拒爆，实践经验证明相邻药包起爆时差小于 50 ms、间隔堵塞段长度大于 2.5 m，可以实现分集药包的正常接力爆。因此，为了兼顾逐段错峰减振和安全准爆，爆破接力起爆网路的各段起爆时差设为 50 ms。

利用分集条形药包的设计思路将 125 t 炸药的总爆破分为 4 个爆破区，每个区设 4~6 个条形药室，各条形药室分装 3~5 个子药包，最终分解为 42 个段别、相邻 50 ms 延时时差，组成复式起爆网路，单响最大药量控制在 5 t 以内。从振动波形可以判读出各分集药包分段延时爆破的对应的振动峰值，(图 5-1、图 5-2) 尽管受雷管延时精度的影响，个别时段爆破振动峰值没能错开,仍然发生了局部叠加,但整体上振动峰值能基本错开。爆破前后对附近民房进行了逐户调查,重点对西侧 1 号村庄(距离爆区 150 m)、北侧 2 号村庄(距离爆区 85 m)、东侧 3 号村庄(距离爆区 250 m)的住户作了记录和摄像。北侧 2 号村庄距离爆源最近,爆破振动速度

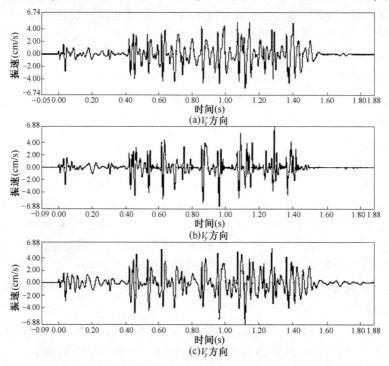

图 5-1　近距离(150 m)处洞室爆破分段起爆振动波形

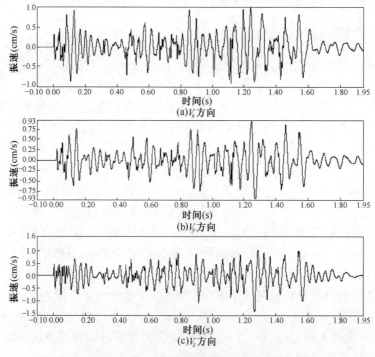

图 5-2　远距离(250 m)处洞室爆破分段起爆振动波形

最大值达到 10 cm/s,振动主频为 32 Hz,房屋的性质属于待拆除临时住房,爆破后没造成结构性损坏,但房顶瓦片发生错位,经过修补后房屋能正常使用。西侧 1 号村庄处于条形药包端部,爆破振动速度最大值达到 6.9 cm/s,振动主频为 27 Hz,房屋的性质属于永久使用二层砖混楼房,爆破后没发现结构性裂缝,但房顶局部瓦片发生错动,下大雨有少许漏水,经过修补后房屋能正常使用。东侧 3 号村庄距离较远,爆破振动速度最大值达到 1.6 cm/s,振动主频为 17 Hz,房屋的性质属于永久使用二层砖混楼房,爆破后没发现房屋有任何损害,能正常使用。爆破振动检测结果证明该分段延时起爆降振方法是有效的。

实例 2。晋焦高速公路某段的洞室加预裂爆破,先进行预裂爆破形成预裂缝隔振,然后进行洞室爆破或大规模深孔爆破。该爆破工程中的振动监测表明其预裂缝使后侧爆破振动速度峰值降低 30%~50%。

晋焦高速公路某段的洞室加预裂爆破,地形坡度较陡,岩层水平产状,为坚硬石灰岩,岩石节理裂隙不太发育,洞室及炮孔内无地下水,预裂爆破在洞室爆破装药前完成,预裂成缝条件较好,从已经挖好的台阶坡面来看,预裂面的开挖是成功的。爆破开挖地带纵剖面图如图 5-3 所示。爆破振动监测点布置在爆源附近 45 m 的引水洞口,以及各边坡的台阶前缘。

本次洞室爆破总药量为 15 t,单段最大药量 3 000 kg,其余药室药量在 960~2 300 kg,药室之间微差间隔时间设计为 25~50 ms,每个药室的起爆体内用 13 段导爆管雷管引爆,由 2~3 段导爆管雷管接力传爆,前排药室先于后排起爆,为后排创造自由面,药室布置和起爆时差设计如图 5-4 所示,爆源附近的引水洞口处测点振动波形如图 5-5 所示。

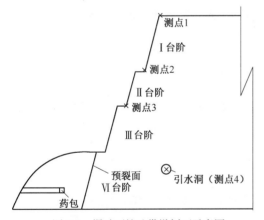

图 5-3 爆破开挖地带纵剖面示意图

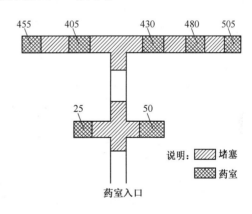

图 5-4 药室布置和起爆时差设计图(单位:ms)

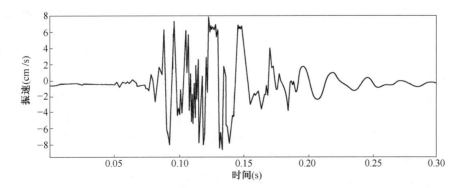

图 5-5 爆源附近的引水洞口处测点振动波形

距爆源 45 m 的引水洞口垂直向的爆破振动为 9.8 cm/s,比预估的爆破振动峰值降低 30%。

5.2 深孔爆破

深孔爆破一般指炮孔直径 75 mm 以上、孔深 5 m 以上的较大规模石方爆破,一次爆破总药量根据现场条件不同可达 1~100 t,引起的地表振动主要特征是:单孔装药量越大,振动峰值越大,主振频率越低。起爆网路和延时时差对爆破振动幅值及频率都有较大影响。

5.2.1 深孔爆破振动效应的特点

深孔爆破通常用于矿山开采或其他大量石方爆破中,其爆破特点如下:(1)一次爆破药量较大;(2)单孔药量大,每孔装药量达数十至数百千克炸药;(3)利用导爆管雷管接力延时可实现无限间隔分段爆破,如图 5-6 所示。

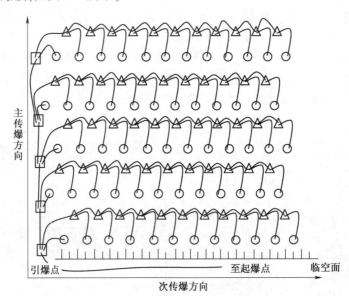

○ 10段毫秒导爆管雷管; △ 2段毫秒导爆管雷管; □ 5段毫秒导爆管雷管
图 5-6 多排多段毫秒延时接力爆破网路图(每孔一响)

深孔爆破的地表振动特点除与洞室爆破有相似之处外,其爆破振动的主要特征如下:

(1)通过短延时接力逐孔起爆将大量炸药分解为无数时间段的持续引爆,达到单位时间内小药量起爆的效果,从而大幅降低爆破振动峰值。但由于某些药包爆破间隔时差很小,产生振动波交错叠加,不象洞室爆破能明显看出分段爆破的特征,振动峰值与单响爆破药量成一定的对应关系,深孔爆破振动波表现为持续振动特征,没有分段间隙,如图 5-7 所示。通常只能根据各炮孔的起爆延时时间分析单位时段内的起爆药量对应振动幅值。有人建议用 9 ms 时段内的起爆药量代表单响药量,以此作为萨道夫斯基经验公式的回归分析参量。具体单响药量的核算,应根据爆破振动波的频率(即周期)确定峰值叠加发生的时段,以 1/4 周期时段内到达的振波作为峰值增长的叠加,视 1/4 周期时段内起爆药量为组合最大单响药量。如果爆破振动波形中能分辨出各段爆破振动的峰值,也可直接依据起爆网路的时差分析核定单响爆破药量。深孔爆破的振动峰值较大,通常 100 m 范围内的最大爆破振动速度可达 5~10 cm/s,爆破振动影响范围可达 1 km。

(2)前排炮孔临空面条件较好、爆破夹制作用小,与后排炮孔相比相同药量爆炸对应的爆破振动偏小 5%~15%。前 1~4 排炮孔有明显的夹制作用递增效应,第 4 排以后夹制作用都一样大,对爆破振动的影响基本无区别。

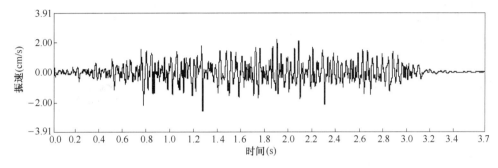

图 5-7　逐孔接力毫秒延时多排爆破中爆区后侧 60 m 处测得垂直向爆破振动波形

(3)深孔爆破装药也以铵油炸药或钝感乳化炸药为主,其特点是爆速低、爆生气体压力大,引发的爆破振动频率偏低,特别随传播距离增大高频成分逐渐被吸收,爆破振动波形中 P 波、S 波和各种表面波的分离,致使中远距离仍然有较大振动峰值,但振动波频率逐渐降低,对远处建构筑物的影响应有足够重视。图 5-8 是单孔爆破振动波形随传播距离渐远的变化形式,有力地证明了上述特性规律。图 5-8 反映了随传播距离增大,爆破振动波形中 P 波、S 波和表面波逐渐分离,高频 P 波成分的能量比例逐渐减小,中远距离低频振动波能量逐渐占主要。

(4)采用压渣爆破时,前排炮孔临空面条件不好,炸药单耗增大,渣堆大块率降低的同时,爆破振动有所加强,特别是第一排炮孔的爆破振动与后排炮孔的爆破振动基本相同。经验证明,压渣爆破的振动强度比普通深孔爆破增大 10%~20%。

5.2.2　深孔爆破振动测试与案例分析

为了能准确地掌握深孔爆破振动衰减规律,求得振动速度衰减计算公式中的 k、α 值,振动测试点的距离范围要达到一个数量级的跨度,一般从十几米到几百米范围,测点间距设置应按照距离对数值等间隔排列,测振点尽量布置在相同地层和地形条件处。特殊要求的测点可以适当调整位置或加补测点。一条测线上不宜少于 5 个测点,在波形分析中应细致分析不同时段的振动峰值和对应爆炸药量,提高衰减规律分析的可靠性。

深孔爆破振动测试时,仪器的安装调试与洞室爆破的测试条件相同。

5.2.2.1　案例 1:黑岱沟煤矿剥离爆破

黑岱沟煤矿深孔剥离爆破要求将煤层以上砂岩尽量抛掷填入采坑内。抛掷爆破的炮孔直径 310 mm,孔深 40~50 m,单孔装药量 2~4 t,单次爆破炮孔数达 500~800 孔,总爆破药量 1 200~1 800 t。爆破区地质条件为水平产状厚层砂岩,砂岩层厚度 40 m,下覆 30 m 厚煤层。为降低主爆破区爆破振动并保护边坡稳定,周边预先设一排 70 m 深的预裂爆破孔。在黑岱沟煤矿抛掷爆破中应用了典型的导爆管雷管接力逐孔起爆网路,其方法为:炮孔内全部装600 ms

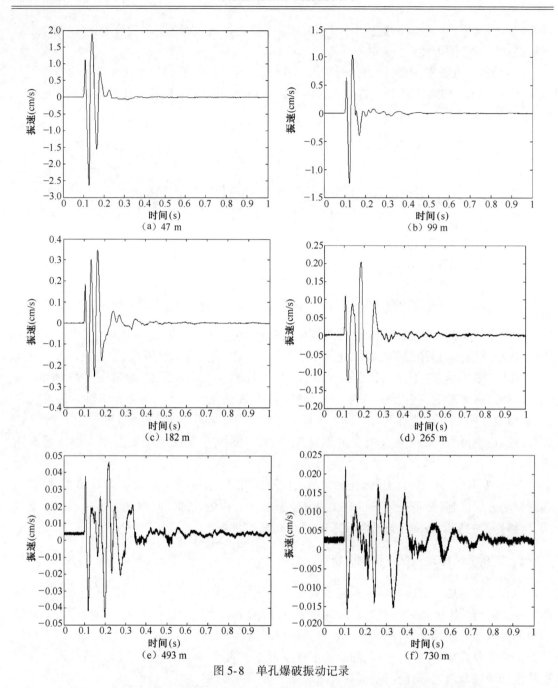

图 5-8 单孔爆破振动记录

的高段位雷管,同排间孔外用 9 ms 时差的导爆管雷管逐孔接力,前后排炮孔用 100~150 ms 时差的导爆管雷管逐排接力,这种起爆网路理论上实现了单孔逐段起爆,但从爆破振动波形看,完全不能区分出各起爆时段对应的单响爆破药量,因为炮孔之间起爆时差很小,从第一起爆孔开始至最后引爆孔结束,几乎每一时刻都有炮孔起爆,各炮孔爆破振动波会相互叠加,所以如何确定爆破振动峰值所对应爆破药量是值得探讨的问题,按照单孔药量计为最大单响药量显然不合适。根据雷管延时误差分析,提出按 9 ms 时段内起爆的炮孔数及相应累计药量作为单响药量,将引爆时刻相差 9 ms 以内的药量计为单位时间段起爆药量,即单响药量,如图 5-9 所

5 各类爆破工程的振动特征分析

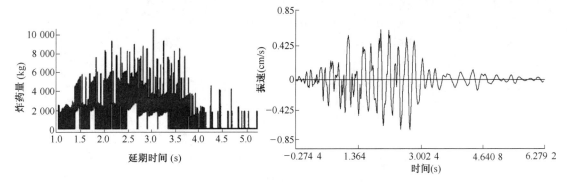

图 5-9 单位时间段起爆药量及对应的爆破振动波形

示。依此分析计算一次爆破药量达 1 200 t 的爆破,单孔装药量达 2.5 t,总计约 600 个炮孔采用逐孔起爆的条件下,爆破振动峰值衰减计算的单段最大药量相当于 10 t 炸药,获得的振动衰减规律为: $V = 91.5\left(\dfrac{R}{\sqrt[3]{Q}}\right)^{-1.33}$,如图 5-10 所示。其爆破振动的安全距离由原设计的 3 km 减为 1.5 km。其经济和环境效益十分显著。

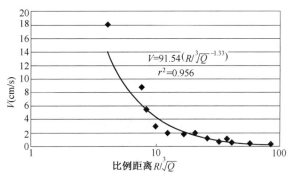

图 5-10 以单位时间段最大起爆药量回归对应的爆破振动衰减规律

5.2.2.2 案例 2:京沪高铁泰安段路堑边坡爆破

京沪高铁泰安段路堑边坡台阶高 10 m,采用预裂爆破开挖边坡,从前至后共布置 5 排炮孔,其中前面 3 排主炮孔为直立孔,边坡预裂孔前设一排缓冲炮孔,预裂孔最先起爆。爆区孔径 90 mm,采用排间毫秒延时起爆网路。第一排主炮孔 30 个,共装药 300 kg;第二排主炮孔 32 个,共装药 800 kg;第三排主炮孔 38 个,共装药 400 kg;第四排缓冲炮孔 109 个分为 2 组,共装药 1 500 kg;第五排预裂孔 13 m 深,109 孔分为 11 组,由 3 段雷管接力传爆,共装药 310 kg。预裂孔最大单响药量 35 kg。布孔剖面如图 5-11 所示。

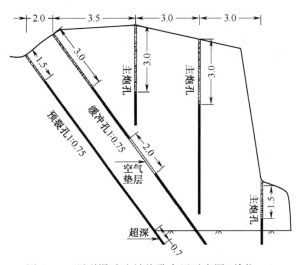

图 5-11 预裂爆破边坡炮孔布置示意图(单位:m)

图 5-12 是在泰安试验段中一个测点的振动速度波形。主炮孔待预裂孔爆破后再引爆,全部用 3 段雷管接力分区起爆,主炮单段最大药量 80 kg。从图 5-12 中可见:最大振速出现在预裂孔爆破时,最大爆破振速为 2.63 cm/s;主炮孔因受预裂缝隔离,其爆破振速降低到 1.28 cm/s,说明预裂爆破时形成的预裂缝对降低振动有明显的作用。

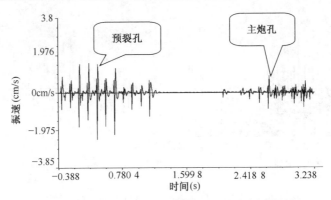

图 5-12　分段延时预裂爆破振动和主爆破减振效果图

而边坡光面爆破的起爆顺序为:主炮孔爆破、缓冲孔爆破,最后光爆孔爆破。与此相对应的爆破振动峰值有明显不同。主炮孔爆破振动峰值大于光爆孔爆破振动峰值。由于光爆孔在两个自由面的条件下爆破,受夹制作用小;又因单孔装药量远比主炮区炮孔小,故振动较小,对保留基岩的破坏较轻微。试验段光面爆破振动速度波形如图 5-13 所示。

5.2.2.3　案例 3:某石灰石矿山 I 采区压渣台阶爆破

石灰石矿爆破参数如下:炮孔直径 200 mm;孔网参数 6 m×4.5 m;孔深 12.5 m;装药结构:采用上下两部份间隔装药;中部间隔距离 1.6~2 m;20 个炮孔,采用电子雷管逐孔起爆,孔间延期 17 ms,排间延期 128 ms。单段最大起爆药量 120 kg,总装药量 3 t;炸药单耗 0.48 kg/m³;爆破总矿量 6 213.5 m³。爆破孔参数及单孔装药见表 5-1,压渣爆破剖面示意如图 5-14 所示。

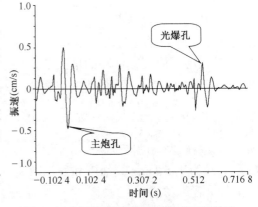

图 5-13　试验段光面爆破的振动速度波形

表 5-1　爆破参数及单孔装药表

孔号	孔距（m）	底盘抵抗线或排距（m）	单孔药量（kg）	下层药量（kg）	上层药量（kg）	堵塞长度（m）	顶部雷管延期时间（ms）	底部雷管延期时间（ms）
1	6.0	4.00	150	110	40	5.5	0	5
2	6.0	4.20	160	120	40	5.5	17	22
3	6.0	4.30	160	120	40	5.5	34	39
4	6.0	4.50	160	120	40	5.5	51	56
5	6.0	4.30	160	120	40	5.5	68	73
6	6.0	4.50	160	120	40	5.5	85	90
7	6.0	4.40	160	120	40	5.5	102	107
8	6.0	4.50	160	120	40	5.5	119	124
9	4.0	4.40	160	120	40	5.5	136	141
10	6.0	4.60	160	120	40	5.5	153	158
11	6.0	4.00	150	110	40	5.5	204	209
12	6.0	4.50	140	100	40	5.5	281	286

续上表

孔号	孔距（m）	底盘抵抗线或排距（m）	单孔药量（kg）	下层药量（kg）	上层药量（kg）	堵塞长度（m）	顶部雷管延期时间（ms）	底部雷管延期时间（ms）
13	6.0	4.50	140	100	40	5.5	247	252
14	6.0	4.50	140	100	40	5.5	230	235
15	6.0	4.50	140	100	40	5.5	213	218
16	6.0	4.50	140	100	40	5.5	196	201
17	6.0	4.50	140	100	40	5.5	179	184
18	6.0	4.50	140	100	40	5.5	162	167
19	6.0	4.50	140	100	40	5.5	145	150
20	6.0	4.50	140	100	40	5.5	128	133
合计			3 000	2 200	800			

从压渣爆破的波形图 5-15 和振动峰值衰减规律来看，爆破振动初始峰值就很大，前后排炮孔爆炸振波的叠加明显，振动强度远大于同比例距离的有临空面台阶爆破。如图 5-16 所示，k 值偏大是压渣爆破的主要特征。

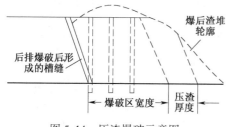

图 5-14 压渣爆破示意图

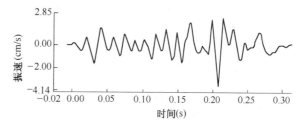

图 5-15 压渣爆破逐孔爆破振动波形

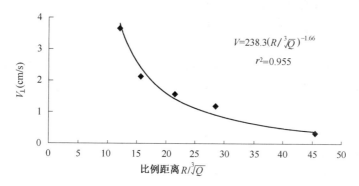

图 5-16 某次压渣爆破单孔爆破振动幅值衰减规律

5.2.3 降低深孔爆破振动效应的技术措施

（1）避免压渣爆破。深孔台阶爆破中压渣爆破可有效改善破碎质量，但从振动安全方面考虑，受爆体爆破前存在大量压渣，将使受爆体约束加强，从而使更多振动波能量传入保留岩体中，进而对保护物的振动安全造成不利影响。所以，为减少振动危害，应先将台阶坡面和底部根坎清理干净,使受爆体顺利沿最小抵抗线方向推出。

(2)干扰降振。由于先后到达保护物的振动波在峰谷相交时可抵消或降低振动强度,理论上在确定爆破主振频率后,以半周期的时间设置延迟间隔即可达到干扰降振的目的。但是,实际工程中,由于每次爆破的保护物不只一个,各自到爆区的距离不同、主振频率变化不定,不易确定合适的间隔时间。另外,即便找到了合适间隔时间,因普通雷管的延时精度至少有 ±10 ms 的误差,无法达到预期的精确延时控制,致使干扰降振基本停留在理论层面上。近年来,随着电子雷管起爆技术的发展,高精度时差控制才得以实现,现已有工程中开展了干扰降振的探索实践。

(3)缓冲爆破降振。在 20 世纪 90 年代末被提出,其具体作法是在深孔爆破时,孔底预留一段空气段,避免了炸药爆轰直接作用孔底,而整个炮孔爆炸后其爆生气体同样会将底部岩体破坏,达到既不留根坎,又减弱应力波作用,进而减少振动能量的传播。甚至也在中间装药段增设不耦合装药结构。

5.3 浅孔爆破

浅孔爆破一般指炮孔直径 50 mm 以下、孔深小于 5 m 的小规模石方爆破,一次爆破总药量一般在几十千克至几百千克,引起的爆破振动容易控制,振动峰值较小、主振频率偏高。

5.3.1 浅孔爆破振动效应的特点

浅孔爆破通常用于基坑或道路开挖工程或其他少量石方爆破中,其爆破特点如下:(1)一次爆破药量较小;(2)单孔药量小,每孔装药量小于 1 kg 或至多 5 kg 炸药;(3)一般利用导爆管雷管原有分段数爆破,若采用孔外接力,因雷管用量增多导致成本明显加大。

浅孔爆破的地表振动特点与深孔爆破有明显不同,其爆破振动的主要特征如下。

(1)爆破振动段位可明显区分。一般浅孔爆破利用雷管原有分段数延时起爆,一次起爆炮孔数量不大,不会产生很多药包小间段持续引爆,而是根据雷管延时段别间隔爆破,产生的爆破振动波也表现出间隔性。又因为浅孔爆破药量小,爆破振动影响范围有限,远距离处的振动已衰减到安全允许值以下,近距离处的爆破振动波形基本没因各类波的分离导致变异和延长振动时间。为获得浅孔爆破振动衰减规律,振动测试点的距离范围达到百米范围即可,测点间距仍按照距离对数值等间隔排列,近距离测振点应做好防护,避免被飞石砸坏,而且在波形分析中还应区分出飞石落地产生的振动。一条测线上最好不少于 5 个测点,否则将多次测试数据进行回归分析,其相关系数必然降低。

(2)爆破振动频率较高。浅孔爆破基本为耦合装药,爆破振动频率较高,一般在 50~100 Hz 频段。振幅应根据单响药量和测点距离预估,振动峰值超过 5 cm/s 的不多。安装测试仪前需根据预估值调试仪器的各项参数。

(3)可根据炮孔间起爆时差调整其拍振频率,从而人为提高爆破振动主频,降低其振动危害。

由于浅孔爆破药量小,爆破振动峰值衰减快,影响范围基本在百米以内,所以各炮孔爆破产生的地震波形不会发生较大变异。当群炮孔以很小时差连续不断引爆,相当于附加以较高基频的爆破作强迫振动源,通过频谱分析发现爆破近区振动波主振频率趋于振动源基频。实践证明,若各个炮孔的爆炸延时均为 d,那么毫秒延时爆破的振动频谱中 $1/d$ 频率对应有明显的突峰。例如,群炮孔以 10 ms 时差持续引爆,振动源基频为 100 Hz,在爆源近区地震波高频成分尚未被岩土介质吸收滤波,导致爆破振动时段的主振频率趋于振动源基频。100 Hz 的振动频率对建(构)筑保护物发生共振的可能性相当小,爆破振动危害大幅降低。说明利用电子雷管按设计理论改变延时间隔,可以在一定范围调整爆破振动的主频,进而避开建(构)筑物的自振频带。但这一方法不适合单响药量较大的爆破,因单响药量较大的爆破在远距离处仍产生较大幅度的地震动,而远距离处的爆破振动主频取决于地形地质条件,高频的振动波在传播途中被吸收滤波,无论如何,远距离处的振动频率偏低,基本接近大地的自振频率,无法通过改变爆源拍振基频来调整主振频率。

5.3.2 浅孔爆破振动测试案例分析

G7 高速公路得胜口隧道进口路基采用浅孔爆破明挖,爆破山体顶部为松散土,采用挖掘机直接挖除,下部 1 m 左右为强风化白云岩,必须采取一次爆破松动。路基底部 1 m 深度范围岩体爆破总方量约 1 500 m³,需要炸药约 675 kg。爆破采用浅孔毫秒短延时起爆,浅孔爆破钻孔直径 40 mm,爆破孔数 672 个,孔深 1.0~1.5 m,按 25 ms 分段逐组(每组 15~18 个炮孔)起爆,最大单响药量 20 kg,要求在爆破实施过程中,保证附近建筑与环境的安全,严格控制爆破飞石和爆破振动。详细环境地形及测点布置如图 5-17 所示。

图 5-17 爆破周边环境示意图及测点布置图

本次爆破振动检测的测振点布置:(1)测振点位置 5 个,距离分别为 21 m(1 号)、41 m(2 号)、80 m(3 号)、160 m(4 号)、301 m(5 号);(2)为确保测振设备的安全性和数据的准确性,测振点尽量布置在保护建筑物后侧,防止飞石砸坏仪器;(3)测点布置在原状土地表层;(4)每个测点布置了 3 个拾振器,其中水平向 2 个(径向和环向),垂直向 1 个;(5)所有传感器用石膏粉牢固粘结在地表,传感器至记录仪的传输信号线长度小于 2 m,避免长距离的信号衰减;(6)测点距离采用手持 GPS 仪测量,定位精度误差小于5%。

1~2 号测点仪器参数设置。量程:10 cm/s 挡;采样频率:10 kHz;负延时长度:-1 k;数据采集长度:64 k;触发电平:0.08 倍量程。

3~4 号测点仪器参数设置。量程:4 cm/s 挡;采样频率:10 kHz;负延时长度:-1 k;数据采集长度:64 k;触发电平:0.08 倍量程。

5 号测点仪器参数设置。量程:1 cm/s 挡;采样频率:5 kHz;负延时长度:-1 k;数据采集长度:32 k;触发电平:0.08 倍量程。

1 号测点与爆破源最近,其典型爆破振动波形能全面反映本次爆破振动的特点,如图 5-18 所示。5 号测点距离太远没能触发仪器采集数据。

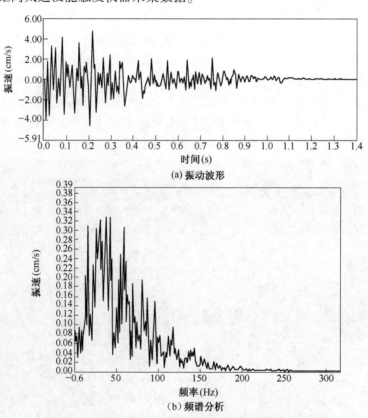

图 5-18 浅孔爆破典型爆破振动波形和频谱分析图

从爆破振动波形分析,爆破振动峰值主要受爆炸药量和距离影响,后起爆的炮孔距离测点渐远,所以峰值明显减小。频谱分析得到主振频率为 43 Hz,基本与振动源起爆基频相近,而且从波形特征上看,具有持续基频拍振的波峰与波谷。因此,浅孔爆破振动主振频率除了与炮孔直径、炸药性质、地质条件等因素有关,还可通过调整振动源基频适当控制近距离范围的爆破振动主频。

5.4 冻土爆破振动效应的特点

冻土爆破作为一种特殊爆破技术,对其钻爆参数及振害效应研究较少。在此结合牙克石市4月初-14 ℃~-19 ℃条件下冻土基坑开挖爆破工程实践,介绍有关冻土爆破的振动特性。季节性冻土层厚薄不均,一般冻层深2.0 m左右,冻土层以下是干砂层(非冻层),爆破场地北面最近处13 m有新落成的六层居民楼,东面20 m有三层商用楼。冻土爆破主要有两大难题:成孔装药困难、地表爆破振动大。

由于冻结土层坚硬,且韧性好,钻孔热融后成塑冻状态或融化状态,若炮孔内冻土再冻冻就不能装药,最好钻孔后立即装药,冻土中钻凿炮孔的直径应比药卷直径大一倍以上或装散粒状铵油炸药,冻土爆破的装药结构可根据冻层深度不同分成以下两种。

(1)当冻土层厚度不足1 m时,在冻层以下放置药包(图5-19),钻孔深穿过冻层,这种浅孔下层装药爆破既能顶起破碎冻土层,也没飞石产生,效果较好,但由于炸药放在不冻层内,所需药量较大。爆破参数如下:炮孔直径 $d=\phi60$ mm,孔深 $H=1.1$ m,冻土厚度 $h=0.95$ m,炮孔间距 $a=1.2$ m,每孔装药量 $q=1.0$ kg,爆后表面凸起破裂,易开挖。

(2)当冻土层厚度超过1 m,在冻层下面装药不易使冻土层鼓胀凸起,宜将药包放在冻层中爆破(图5-20)。当单孔装药量不超过2 kg时,每孔作一个延时段起爆,当单孔装药量超过2 kg时,孔内分上下二层装药,每孔分二个延时段起爆,以上层先爆、下层后爆为原则,上下药包起爆时差25 ms。

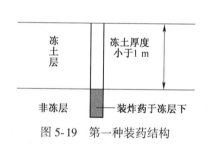

图5-19 第一种装药结构

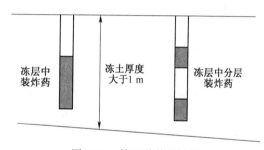

图5-20 第二种装药结构

冻土中爆破由于其地质条件的特殊性,地震波传播较远,衰减较慢。2000年4月在牙克石市大市场基坑冻土爆破中,单响药量3 kg时,在距离爆源30 m远处的居民楼房有较强的地震反应。在此前一次单响药量24 kg的爆破,使80 m远处的公安局办公楼感到强烈振动,出现了局部的裂缝振动扩张,200 m远处的兴安宾馆也有强烈振动感。后采用非电导爆管雷管接力式网路,单排逐孔起爆,炸药单耗取0.3 kg/m³,将单响药量控制在0.5~1.5 kg,爆破振动降低至安全范围。分析其爆破振动较强的原因如下。

表面冻土因其完整性、坚硬性是地震波的良好传播体,由图5-21可知:当药包在冻土中爆炸,应力波主要由表层冻土传播,下部的非冻层波速低,波阻抗系数小,应力波能量较大部分折射到冻层中传播,因此,爆炸应力波在冻层中类似于二维板块中的传播模型。实际上与岩石爆炸波相比,冻土中爆破振动波传播有二个不同特点:(1)岩石爆炸振动波在半无限三维介质中传播,而冻土爆炸振动波主要在

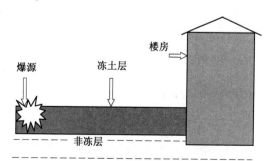

图5-21 冻土爆破地震波传播条件示意图

二维表层冻土中传播,所以冻土中爆破地震波衰减慢,传播较远;(2)岩体中或多或少地发育

一些软弱结构面,特别是地表层岩体风化严重,对地震波的传播有吸收阻隔作用;而表层冻土是一块非常完整的硬壳,几乎不存在破裂面,且在冻胀力作用下内部存在一定挤压预应力,冻土层相当于中硬岩板壳。因此,冻土层中无结构面阻隔地震波传播,振动峰值衰减慢,而且冻土层直接与建筑物基础连为一体,地震波通过冻土层直达建筑物基础上,造成基础结构强烈振动,危害性较大。所以说,冻土爆破时地震反应较强烈是由冻土层的地质条件决定的。我国东北地区冻土层厚度在 1.5~2.8 m 范围,季节性冻胀又使大多数建筑楼房产生大小不同的冻胀裂缝,加重了爆破振动破坏的危险性,因此,冻土地区爆破应特别关心爆破振动安全问题。

5.5 软土中爆破振动效应的特点

在爆炸法加固软土地基或爆炸排淤筑堤工程中,经常遇到爆破振动问题,有时因振动过大无法实施此类爆破施工,实际上爆破振动危害的大小是影响爆炸法处理软弱地基应用的重要因素。下面结合宁启铁路爆破法加固软土地基的实例,分析软土中爆破振动效应的特点。

宁启铁路 DKl71+900~DKl72+300 段软土路基,位于姜堰市冲湖积平原区,地层较均匀,自上向下其软土主要指标为:(1)表层为黏砂土,褐灰色,软塑,厚 1.5~3.0 m;(2)淤泥质砂黏土,流塑,厚 3.0~5.0 m,含水量 38.6%,孔隙比 1.25,容重 18 kN/m³,黏聚力 7.9 kPa,不排水内摩擦角 3.3°,排水内摩擦角 21°,中灵敏度;(3)砂黏土、粉砂,软塑,厚度大于 5.0 m。

为采用爆炸法加固软土地基,爆破区分为四段连续进行四次爆破。爆破试验设计参数为:单孔药量 2.4 kg,装药长度 6.0 m,炮孔间距 3m,炮孔和砂井深度都为 9 m。爆破延时以 2、4、6、8、11、12 段毫秒雷管逐孔起爆,每次试验布置 2 个测振点,主要监测 70 m 以外民房的振动安全,所有测点均布放垂直向拾振器。

实际第一炮爆破单孔药量 2.4 kg,振动感觉非常轻微;第二炮爆破单孔药量 3.0 kg,振动感觉较强;第三炮爆破单孔药量 2.4 kg,振动感觉仍然偏强;第四炮爆破单孔药量 1.5 kg,振动感觉仍然较第一炮强。除第 2 炮爆破振动没测到波形外,各次爆破振动波形如图 5-22 所示。

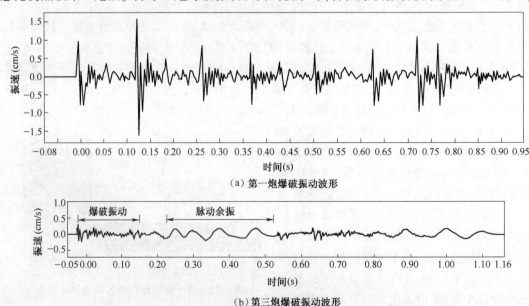

(a) 第一炮爆破振动波形

(b) 第三炮爆破振动波形

图 5-22

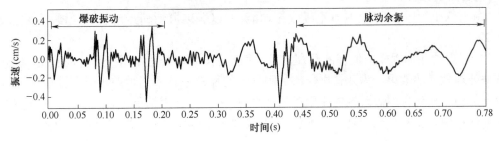

(c) 第四炮爆破振动波形

图 5-22 软土中爆破振动典型波形图

根据对测试波形、相应药量和距离进行分析,得到数据见表 5-2。

表 5-2 爆破振动测试数据表

炮次	测点编号	药量 Q(kg)	距爆源距离 R(m)	振动速度 V(cm/s)	主振频率 f(Hz)
第一炮	1-1	2.4	68	1.57	52
	1-2	2.4	75	0.92	66
	1-3	2.4	80	0.64	45
	1-4	2.4	76	0.90	36
第三炮	3-1	2.4	68	1.65	8.3
第四炮	4-1	1.5	42	0.77	13.7
	4-2	1.5	55	0.17	11.2
	4-3	1.5	70	0.36	8.3

从爆破振动测试数据来看,虽然后几次爆破振动感觉较强,但实际上民房所受的爆破振动峰值不大。从实际爆破振动波形和爆破效果来看,第一次爆破民房的振感很轻微,各段振波无明显叠加,主振频率较高,说明软土介质具有较好的结构强度,软土尚未发生扰动触变。随后几次爆破民房振感较强,从测试的振动波形来看,最大振动速度峰值并不比第一次更强,但爆破振动波的余振逐渐加强,且余振峰值衰减慢,振动频率为 8~15 Hz,非常接近建筑物的自振频率,单炮余振持续 0.4~0.7 s,建筑物共振现象造成了强烈振感。

分析认为连续在软土中引爆使软土介质发生了触变,爆源附近软土变成流塑状,余振与炮孔的爆炸空腔脉动回缩有关。软土受爆炸振动后触变液化程度越高,爆炸空腔回缩越快,余振表现就更明显,因此软土中爆破应对介质振动后触变液化产生的低频余振引起足够的重视。其次,因软土为饱水介质,基本不吸收振动能,所以爆破振动随距离衰减较慢。2001 年在西安至合肥铁路线 DK299+500 处(西峡县重阳乡)的一段软土路基进行爆破加固试验,试验场地处在丘陵山区的一个冲洪积谷地,谷中积有 5~9 m 深的含淤泥质土,根据软土地基上的振动检测,回归分析得到振动衰减方程为 $V = 56.6(R/\sqrt[3]{Q})^{-1.17}$,说明软土中爆破振动峰值速度低、衰减慢。综合上述分析,软土中的爆破振动有以下几个特点。

(1) 在软土中爆炸初始阶段土体结构完整,爆破振动频率较高,振动衰减较快。后续的爆破中因土体振动后触变而液化,爆源附近软土变成流塑~流体状,炮孔中爆炸空腔产生脉动余振,其余振频率较低,主频约为 8~15 Hz,该频率接近普通民房的自振频率,容易引发建筑物共振,对地表建筑振害影响较大。

(2) 因软土为饱水介质,基本不吸收振动能,所以爆破振动随距离衰减较慢,衰减指数约为 1.2。

(3) 从爆炸法加固软土地基的原理出发,适当延长爆破振动作用持续时间将有利于提高爆炸法处理软基的效果。为此在爆炸法加固软土的爆破中宜采用秒差延时逐孔引爆,采用大空腔比装药结构延长爆破余振的作用时间,使爆炸引发排水固结更加持续有效。但这对场地附近有保护建筑物的情况却是非常不利,因此在软土中爆炸应加强爆破地震效应监测和研究。

5.6 隧道爆破

隧道爆破开挖时,获取的各段别爆破振动波形是相对独立的,基本上没有发生叠加现象。因此可找出不同作用炮孔的最大段药量所对应最大振动速度,能够更加精细地分析爆破振动的特点。这是因为隧道爆破的振动监测点都距离爆破振源较近,类似浅孔爆破,振动波形尚未因地层的滤波产生过多的变异,根据波形分析能够详细解读爆破作用规律。

5.6.1 隧道爆破振动波形特征分析

影响隧道爆破振动的主要因素包括炸药量、装药结构、炸药性能和爆破介质临空面的夹制条件等。而在这些因素中,除单段最大爆破药量在比例距离中已作考虑外,爆破的夹制条件是影响爆破振动强度的另一重要因素。从典型的爆破振动记录波形图(图 5-23)可知:爆破振动的最大峰值振速普遍出现在掏槽爆破或底板眼爆破段。

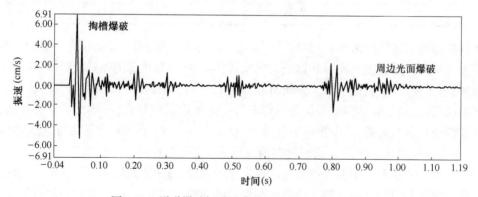

图 5-23 隧道爆破掘进的典型爆破振动记录波形图

根据隧道爆破全段振动波形分析,隧道爆破最大振速主要发生在掏槽眼爆破中,掏槽眼爆破时,由于掏槽爆破的临空面条件最差,只有一个临空面(掌子面),因此掏槽爆破是在较大夹制作用下的强抛掷爆破。夹制爆破导致更多的爆炸冲击波能向岩体内部传播,造成较强振动。测试数据证明最大振速不一定是在各段位中最大药量段产生的,因此装药量虽然是影响振动的重要因素,但临空面条件也是影响振动的重要因素。

周边眼爆破引起的隧道内壁振动幅值最小,在波形图上只有个别波形反映出周边眼爆破振动较大。周边眼爆破振动幅值小与以下几方面因素有关:(1)周边眼实施光面爆破装药量较少,装药结构为不耦合装药;(2)前段炮孔爆破已给周边眼创造了较好临空面条件,爆破夹制作用最小;(3)周边眼由高段位雷管引爆,虽然同段炮孔数较多,但高段位雷管延时误差大,各炮孔引爆时差较分散,所以同段药量对应的最大振动相对较小,回归分析的相关性也较差。

其他作用炮孔(如:扩槽眼、辅助眼)引起的振动速度,介于掏槽爆破和周边眼爆破之间,基本上还是与药量大小有关。因此,在分析隧道掘进爆破引起的振动时,必须要考虑最大段药量、自由面条件和爆破方式。

图 5-24 是武广高铁天鹅岭隧道爆破的全时段振动速度波形。

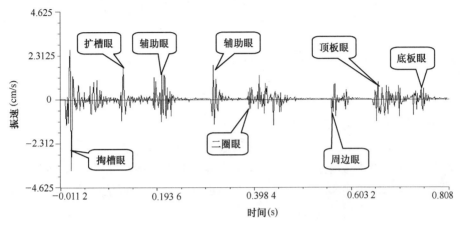

图 5-24 天鹅岭隧道爆破全时段振动速度波形

为了进一步了解隧道的掏槽眼、扩槽眼、底板眼和周边眼爆破振动特征,将武广高铁天鹅岭隧道、新南岭隧道获得的掏槽眼、辅助眼和周边眼爆破测得振速进行了回归比较分析,回归结果如图 5-25 所示。

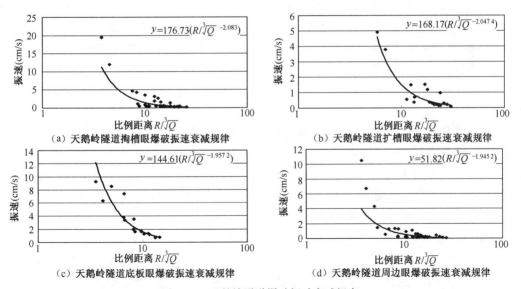

图 5-25 天鹅岭隧道爆破振动衰减规率

对爆破振动测试数据采用萨氏公式进行回归分析,天鹅岭隧道回归相关系数较高,其回归结果较好,在一定的程度上反映了爆破振动质点速度在相应隧道的岩层、地质条件下随着比例距离变化的衰减规律,但是通过对上述振动测试衰减分析,可以看出隧道掌子面不同作用炮眼的振动波衰减有一定的规律性,爆破振动衰减参数见表 5-3。

表 5-3 隧道爆破振动衰减参数表

隧道名称	炮眼名称	k	α
天鹅岭隧道	掏槽眼	176	2.08
	扩槽眼	168	2.05
	底板眼	145	1.96
	周边眼	52	1.95
新南岭隧道	掏槽眼	139	1.48
	扩槽眼	106	1.50
	二圈眼	94	1.57
	周边眼	67	1.56

大量测试结果证明隧道爆破振动有以下特征。

(1)不同围岩类别以及不同作用炮孔的的振动速度衰减规律有明显的差异,但对不同地质段和不同作用炮孔的振动幅值分别用萨道夫斯基经验公式回归分析,可以得到较好的相关性。根据不同作用炮孔的振动衰减规律优化爆破设计方案,可较好地指导施工作业。

(2)通过分析不同作用炮孔的振动衰减规律证明:夹制作用大,则 k 值较大;同一隧道地质条件变化不大时,α 值变化较小。若爆破所处的地质条件基本相同时,α 值变化不大,随着爆破炮孔夹制作用的逐渐减小,隧道围岩产生的爆破振动减小。具体表现在振动速度衰减公式中从掏槽→扩槽→辅助圈→底板周边,k 值逐渐减小;相同地质条件下 α 值变化很小。

(3)掏槽爆破振动最强,因此降低掏槽爆破的振动对控制爆破振动最有意义,也是降振的技术重点。为此爆破设计时,首先可以减少掏槽爆破单响药量,或分段错开掏槽爆破振动峰值,而不是简单地限制循环进尺,扩槽眼、辅助眼和周边眼的单段装药量完全可以大于掏槽眼,究竟大多少则由掏槽眼的单段装药量、雷管微差段别、岩体性质和这些炮孔的自由面条件、装药集中度确定。在改进掏槽方式、调整爆破网路分段后仍然不能保证爆破振动安全时,才考虑缩短钻爆循环进尺,或者利用切槽、预裂等辅助方法降低爆破振动,保证安全的前提下尽量加快进度。

(4)由于隧道开挖掘进有方向性,向地表传播振动也有一定的方向性。实际工程中振动检测证明:从爆破点出发,向隧道掘进前方振动最强,隧道掘进后方振动最弱,隧道掘进侧向振动介于中间。青岛地铁某试验工程段埋深 20 m,不同方向实测的爆破振动数据回归如图 5-26 所示,实测结果证明衰减指数 α 值变化不大(介于 1.53~1.59 之间),而 k 值变化较大,掘进前方 $k=120$、掘进后方 $k=80$、掘进侧向 $k=90$,测试结果验证隧道爆破地震波传播具有方向性。这在隧道爆破振动安全性评价中应予注重。

重庆火风山隧道爆破时,从地表垂直钻孔至隧道顶 6 m 处,孔深 22 m,分别在隧道顶 6 m(1 号点)、15 m(2 号点)、28 m(3 号点)位置安装三向振动传感器。当爆破掌子面离测试孔前 5 m 至后 5 m,在每次爆破时都检测到不同深度的振动速度峰值,其振动速度变化情况如图 5-27 所示。得出,隧道埋深越浅,掘进前后方振动强弱差距越大。因此浅埋隧道的爆破振动更需要考虑振动衰减的方向性。

(5)隧道爆破振动应关注拍振频率对主振频率的影响。爆破振动主频除了与炮孔直径、

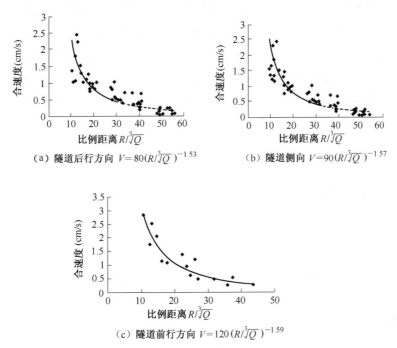

图 5-26 青岛地铁试验段隧道爆破不同传爆方向的振动数据回归

炸药性质、地质条件等因素有关,还与群炮孔的起爆时差有关。当群炮孔以很小时差连续不断引爆,相当于附加以较高基频的爆炸作强迫振动源,从而导致爆破近区振动主振频率趋于振动源基频,大幅提高了主振频率,使建(构)筑保护物发生共振的可能性减少,爆破振动危害降低。图 5-28 是隧道爆破时在顶部 30 m 处测得的爆破振动波,其主振频率为 251 Hz,因采用电子雷管逐孔起爆时差为 4 ms,表现为主振频率趋于振动源拍振基频。而导爆管雷管 25 ms 时差分段爆破测得的振波主振频率为 90 Hz,此时拍振基频仅 40 Hz,则该拍振频率对提高振动主频无意义。由此可见,通过缩短逐孔起爆的孔间时差、提高振动源拍振基频,一定程度可实现提升振动频率、降低爆破振

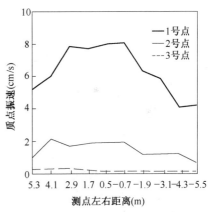

图 5-27 隧道爆破面前后不同深度的振动速度峰值变化

动有害效应。上述方法主要适用于爆破近区,对于较大规模爆破远距离的目标点,其振动主频主要由地质条件决定,因地震波通过远距离传输受岩土介质的滤波作用,地震波振动频率基本接近岩土介质的固有频率,采用调整爆破振动源拍振基频也难以改变其主振频率。当然随距离增大振动速度峰值也迅速衰减,因此对于小规模爆破的振动危害,重点是降低近距离的爆破振动峰值和提高其主振频率。对于爆源附近的保护目标,通过提高拍振基频调整振动主频,防止共振危害,这是有效的降振措施。

(6) 隧道下台阶爆破对地表的振动影响明显降低,其主要原因有二:一是下台阶爆破临空面条件很好,爆破夹制力减弱,振动效应较小;二是由于上台阶已挖空,阻隔了振动波的向上传

播,且下台阶距离地表更远,所以下台阶爆破产生的振动效应明显减弱。根据青岛地铁九标段隧道爆破振动监测数据的统计分析,上台阶爆破振动衰减方程为 $V_{上}=209(R/\sqrt[3]{Q})^{-1.61}$;下台阶爆破振动衰减方程为 $V_{下}=102(R/\sqrt[3]{Q})^{-1.63}$。对比其 k、α 值,衰减指数变化不大,但衰减系数 k 值减小了一半。也就是相同药量和距离条件时,下台阶爆破的振动幅值仅是上台阶的一半。从所测的振动数据对比,下台阶爆破的振动可降低 30%~50%,因此相同振动控制标准下,下台阶的爆破进尺可比上台阶增大一倍。

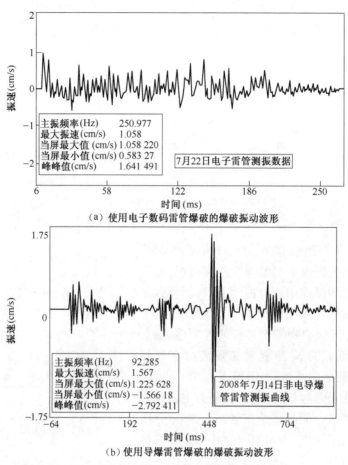

图 5-28 顶部 30 m 处隧道爆破振动波形

5.6.2 爆破对邻近隧道的振动影响

爆破振动对相邻隧道的稳定性影响是爆破工程中常见的问题,当两条隧道平行穿山,且间距较小时,会造成邻近既有隧道的爆破振动安全问题,轻则引起防水层开裂,导致漏水加重;重则引起支护结构开裂,甚至塌方,影响隧道安全性,给钻爆施工带来困难。爆破过程中有必要弄清邻近隧道的爆破振动场特征,下面结合工程现场测试结果进行了一系列分析论证。

5.6.2.1 相同高程的平行隧道爆破振动场测试

为了获得爆破振动在邻近隧道周边的分布规律,在相邻隧道内进行了大量爆破振动现场测试,测试内容为爆破振动质点速度。

例如铁路秦岭隧道某开挖断面,两条隧道平行,间隔22 m,如图5-29所示。围岩条件为坚硬完整的花岗岩,Ⅰ线隧道爆破掘进时在已建Ⅱ线隧道周边布置了大量的振动测试点,验证相邻隧道爆破开挖时对既有隧道的安全性影响,并以此采取必要的减振和安全防护措施。检测试验得到Ⅱ线隧道周边最大法向振速分布图如图5-30所示。

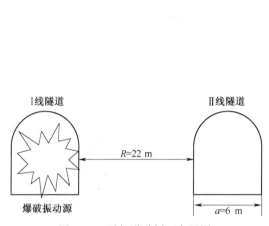

图5-29 平行隧道剖面布置图

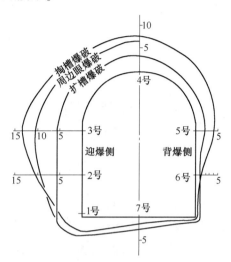

图5-30 平行Ⅱ线隧道爆破振动速度分布图(单位:cm/s)

根据秦岭隧道5倍洞径外左侧爆破的计算和测试结果分析,对隧道周边的爆破扰动场得到以下几点认识:(1)临近爆源的隧道直墙上部周边振动速度最大,出现多个振动峰值,因此上部直墙面为最危险的破坏发生区,此区也正是爆炸波正入射作用点;(2)起拱线以上为次峰值振动区;底角虽然应力水平很高,但由于该部位夹制作用较大,与直墙的其他部位相比振动相对较小,故底角不是最危险的振动破坏区;(3)迎爆侧拱顶的最大振速为底板的1.4倍左右,它的振动破坏危险性很大,背爆源直墙的峰值振动速度比迎爆源一侧小25倍,所以背爆源一侧的安全性大大提高,可不设防护措施。

5.6.2.2 隧道上方爆破时振动速度场测试

当隧道上方进行爆破开挖时,隧道的振动安全性验证也非常重要。某隧道围岩条件也为坚硬完整的花岗岩,邻近隧道的上方右侧正在爆破开挖,爆破位置如图5-31所示,测得隧道周边最大法向振速分布图如图5-32所示,振动测试数据见表5-4。上部爆破区离洞顶4 m,每次爆破共4排抬炮,由上向下逐排起爆。

表5-4 某隧道爆破振动测试数据表

测点号	第一段峰值(cm/s)	第二段峰值(cm/s)	第三段峰值(cm/s)	第四段峰值(cm/s)
1	5.33	3.00	2.34	2.71
2	12.5	4.69	7.45	11.50
3	10.5	5.80	8.12	7.34
4	4.06	3.96	4.66	6.98
5	5.86	4.43	4.57	6.47

续上表

测点号	第一段峰值(cm/s)	第二段峰值(cm/s)	第三段峰值(cm/s)	第四段峰值(cm/s)
6	3.69	3.41	3.07	2.43
7	3.3	2.15	1.33	1.51
8	1.77	1.28	0.78	0.63
9	0.97	0.43	0.33	0.55

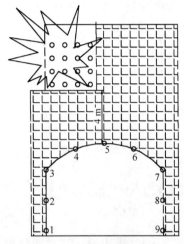

图 5-31 爆破位置示意图

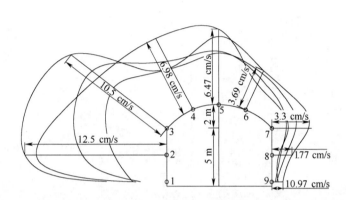

图 5-32 爆破振动速度分布图

根据以上测试结果分析,对隧道周边的爆破扰动场得到以下几点认识:临近爆源的隧道周边迎爆侧拱脚附近振动速度最大;拱顶为次峰值振动区;隧道底角虽然应力水平很高,与直墙的其他部位相比振动相对较小。迎爆侧直墙的起拱点振动破坏危险性很大,背爆侧振动很小,可不采取振动安全防护措施。

5.6.3 隧道爆破振动测试技术要求

隧道爆破的特点是一次爆破药量小、分段多,振动影响范围有限,但近距离点爆破振动强度大。为了能准确地掌握隧道爆破振动衰减规律,获得与场地条件相适应的振动速度衰减参数 k、α 值,地表振动测试点的距离范围要达到一个数量级的跨度,从几米到几十米乃至百米以上。若有特殊要求的长期固定监测点,可以在隧道开挖掌子面未到之前开始监测,直到掌子面远离测点,且所测振动峰值远小于安全允许值之后结束此监测点。隧道爆破临近掌子面的测点布置如图 5-33 所示。

为提高振动测试的成功率,仪器安装调试前,应根据单响药量和测点距离预估各测点的振动峰值和主振频率,根据预估值调试仪器的各项参数,仪器参数设置原则与其他爆破相同,测试前需要注意以下几个问题:

(1)隧道爆破振动的主频较高,一般在 40 Hz 以上,采样频率通常设 2 000~5 000 Hz 左右。

(2)大多数隧道爆破使用雷管段位在 15 段以内,则记录时长 1 s 为宜。实际记录时长应根据雷管段位的延时相适应。

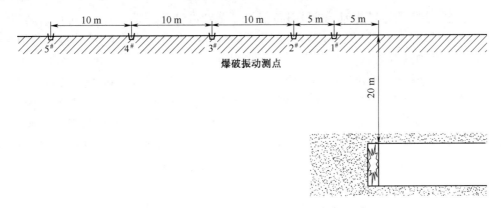

图 5-33 隧道爆破临近掌子面的测点布置图

(3) 应准确记录掌子面各炮孔的实际装药量和雷管段位,经常在振动波的内业分析时发现异常,大多数原因是实际装药量有所调整,但没有准确记录的情况下该异常点无法解释。

(4) 计算测点至爆源的距离时应实测空间距离。尽管如此,当测点距掌子面较近时,底板眼与顶板眼的实际距离有很大差异,准确获得各段爆破至测点的实际距离是提高振动分析水平的基础。

(5) 在波形分析中须细致分析不同时段的振动峰值,并找到对应时段的爆炸药量和传播距离,这既可以增加回归分析的数据点,又提高了振动衰减规律分析的可靠性。

5.6.4 隧道爆破减振技术措施

1. 复式掏槽降振技术

通过调整掏槽方案、改善起爆顺序、减轻爆破夹制作用,可以大幅度降低爆破振动。掏槽爆破的振动是隧道爆破的最重要控制区,为减小掏槽爆破的单段爆破药量、降低爆破振动,可根据现场减振要求分成三级掏槽。

(1) 将大楔形掏槽改为多级小楔形掏槽(图 5-34)。一方面使各级楔形掏槽的爆破药量减少,另一方面前一级掏槽为后一级掏槽创造了更好的临空面,爆破夹制作用减弱,爆破振动效应得到有效控制,同时因掏槽爆破效果改善,爆破进尺率还有所提高。

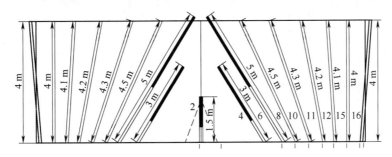

图 5-34 多极楔形掏槽减振炮孔布置图

(2) 若多级楔形掏槽的爆破振动仍然偏大,还可在多级楔形掏槽中心再增加两个浅直眼炮孔作为第一段爆破,因其药量小不会引起较大振动,也使下一级斜眼掏槽爆破的临空面条件改善,爆破振动也随之降低。

(3) 为进一步降低爆破振动,再利用高精度导爆管雷管孔外延时,使同排掏槽斜眼实现 9 ms 延时错峰,如图 5-35 所示,使成对斜孔基本同时起爆掏槽的基础上,确保振动峰值错开,达到减振和高效掏槽双效益。济南开元寺公路隧道埋深 26 m,采用全断面爆破,每炮进尺 4 m,由原来的一级楔形掏槽改为三级楔形掏槽,地表爆破振动峰值由原来的 7.0 cm/s 下降到 2.9 cm/s,如图 5-36 所示。如使用电子雷管,设同对掏槽斜眼 4 ms 时差,各对斜眼掏槽之间 8 ms 时差,实现逐孔延时起爆,图 5-37 所示为掏槽区用电子雷管扩槽和周边改用导爆管雷管的混合起爆网路。实践证明,电子雷管可使掏槽爆破达到干扰降振的效果,同时爆破进尺有效增加,在重庆地铁隧道复杂环境下发挥很好的效益,爆破振动比原先降低了 30%。

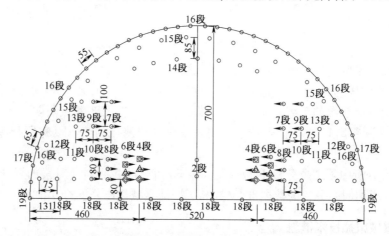

图 5-35 高精度雷管延时及炮孔排列图(单位:cm)

注:1. 2 段~10 段雷管逐段延时 100 ms,11 段~19 段雷管逐段延时 200 ms 的高精度雷管;
2. "□"为孔外接力+9 ms 延时雷管,"△"孔外接力+17 ms 延时雷管,"◇"孔外接力+25 ms 延时雷管。

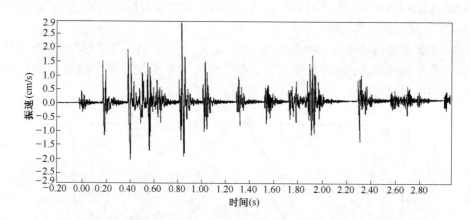

图 5-36 济南开元寺隧道三级掏槽全断面爆破振动波形

2. 中心大空孔直眼掏槽爆破

根据多次反复的隧道爆破试验,认为中心大空孔对减弱掏槽爆破夹制力有重要作用,也是降低掏槽爆破振动的有效方法,大空孔掏槽爆破的设计主要考虑以下几个方面。

(1) 空孔的尺寸和数量。理想的空孔尺寸和数量应能容纳第一段炮孔起爆后,被爆岩体破碎扩容产生的体积增量。只有足够的空腔体积才能满足岩石充分破碎扩胀,进而被抛出槽外。大空孔数量越多,爆破夹制力越小,爆破振动效应越小。通常大空孔直径在89~120 mm之间,大空孔数量1~4个。图5-38为某隧道1个120 mm直径空孔的直眼掏槽方案,图5-39为2~3个120 mm直径空孔的直眼掏槽布孔及电子雷管延时设计方案,可供参考。

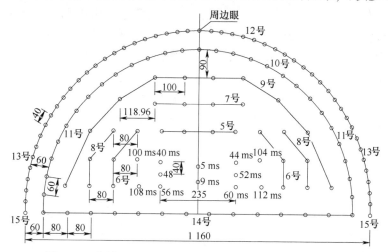

图5-37 掏槽区用电子雷管,其他用导爆管雷管(单位:cm)

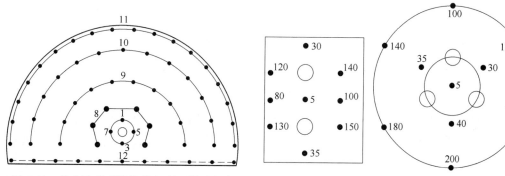

图5-38 单空孔的直眼掏槽上断面爆破方案　　图5-39 2~3空孔掏槽布孔及电子雷管延时设计(单位:ms)

(2)第一段炮孔的合理药量。第一段炮孔的理想药量应该能将装药孔至空孔范围内的岩石破碎并迅速抛出至槽外。过小的药量不能产生较好的抛掷效果;过多的药量容易将被爆岩体"压死"形成再生岩,不能产生掏槽效果。

(3)微差起爆的时间间隔。在掏槽爆破区内,前一排爆破与后一排爆破间应有足够的微差时间,因前一排爆破需在岩体内产生破碎并将岩块抛掷后才能为后一排爆破创造良好的临空面。根据以往的高速摄影观测露天炮孔爆破抛掷的试验结果和理论推算,在掏槽爆破区虽然最小抵抗线很小,岩石破裂时间短,但要完全破碎并达到较好的抛掷运动状态需要20 ms以上,加之一定的抛掷时间,因此掏槽爆破的内外圈微差间隔时间至少大于25 ms,通常设计为50 ms。

3. 孔内分段和孔外分组延时爆破技术

在毫秒延时爆破中,由于受到雷管段别的限制,使得降低单段药量的爆破难以满足设计要求。采用孔外分组延期网路可以减小单段爆破药量,而不降低一次爆破规模。孔外分组延时是指将掌子面上所有起爆炮孔对称分为若干组,各对称位置组的炮孔内雷管段别相同布置,对称组之间采用短延时雷管错时起爆。采用孔外延时爆破网路时,应防止先响的炮孔产生飞石将孔外延期连接雷管的脚线砸断,因此孔外延时雷管应在首个起爆孔爆炸前全部起爆完毕。通常将掌子面左右部分别利用1段和2段非电导爆管雷管进行孔外延时,或者采用Orica高精度孔外接力雷管(9 ms、17 ms、25 ms延时段)分组连接,这样将原设计中的10个段别分解为20甚至30个段别,有效降低了最大单响药量,最大限度的减小爆破振动速度。

如青岛地铁隧道爆破施工,为保证华北路安全,初步设计进尺1.0 m,当距离给水管线DN1 800在右线正上方的前10 m处和左线与DN300的给水管线相交的前后10 m处,根据实时监测及时调整起爆网路。孔外延期网路如图5-40所示,13个段别的雷管变为26个段别,有效降低了最大单响药量。

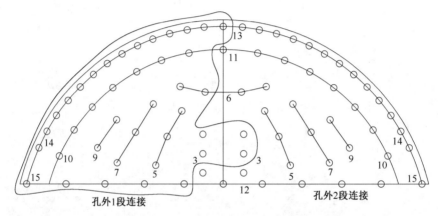

图5-40　孔外分组延期网路示意图

孔内分级爆破技术是指在单个炮孔内使用两个或两个以上段别雷管分段爆破。从孔口到孔底雷管段数依次增大,起爆后炮孔由外向内分级爆破。孔内分级爆破技术将单孔装药由整化散,将单段起爆药量由大化小,既控制了振动又保证了开挖进尺。

大多数隧道采用上下台阶分步开挖法。把上台阶分成左右两部,左部非电导爆管雷管用1段非电导爆管雷管连接,右部非电导爆管雷管用2段非电导爆管雷管连接,利用孔外延时进行起爆,最大程度的降低单响药量。

下台阶采用多段微差弱爆破(松动)一次完成,严格控制最大段的药量。根据对毫秒延时爆破延时间隔的效果研究,选择25 ms的时段差,在近距离可测得每段爆破振动波形明显分开,降振效果较好,中远距离虽然会振形显示叠加,但远距离的振动已明显减弱。某些地质条件区段(如顶部为强风化软岩向下逐渐变硬)也采用周边先预裂爆破的减振措施,如图5-41所示。

4. 机械预切槽与控爆组合减振法

先用机械周边切槽,再作爆破法施工可大幅降低爆破振动。其施工方法为,首先利用特制开槽钻机在上台阶沿隧道轮廓线"切槽",每套开槽钻具由5个钻头合并组成,钻头的位置可以变换,每个钻头钻进部分重叠的钻孔,在导向棒定位作用下可以获得连续的槽口,单次开槽单元长度42 cm,深度0.6 m,日本的开槽机可进尺1.5~2.2 m。若用铣挖机开挖周边槽,其槽腔空间更大,既为后续爆破创造了良好的临空面,也阻断了爆破振动波向地上传播,可大幅度

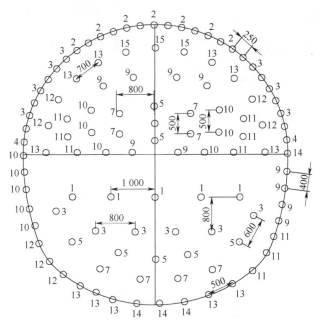

注：圆孔旁边的数字为雷管段别数

图 5-41　炮孔布置示意图(单位:cm)

减弱向上传播的爆破振动强度，以达到降低爆破振动的效果。周边机械切槽施工及效果如图 5-42 所示，周边机械切槽单元尺寸如图 5-42(c) 所示。

(a) 周边机械切槽施工

(b) 周边机械切槽效果

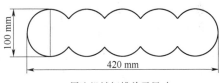
(c) 周边机械切槽单元尺寸

图 5-42　周边机械切槽施工及效果

实践证明，隧道周边机械切槽对后续爆破掘进有两个有益作用。第一，隧道周边开槽槽口形成了自由面，可以减小夹制作用，起爆顺序是自周边孔向内孔，省去了掏槽爆破，从而既降低了炸药单耗，又阻隔了爆炸裂隙向围岩扩散，形成完整平直的隧道轮廓；第二，周边开槽隔离了爆炸应力波和爆破振动波向上部围岩扩散，致使地表爆破振动强度可降低到常规爆破的五分之一，是十分有效的减振措施。这种方法可以灵活应用，通常只在上台阶周边或掏槽区周边采用，后续的中台阶、下台阶只需应用分段延时控制单段起爆药量，其爆破振动幅值一般不会超过上台阶爆破。

机械预切槽控制爆破法主要应用在环境极为复杂、对爆破振动控制极其严格的区段，其主要问题是成本消耗高、施工速度慢。与普通爆破施工法相比，其成本要高出 2~3 倍，工序循环时间增加 50%~150%。这是机械预切槽控制爆破法有待突破的主要难题，其关键点仍是切槽机具的改进。

5. 机械预掏槽与控爆组合减振法

在不减小隧道钻爆循环进尺的前提下,要求大幅降低爆破振动危害。机械法预设空槽可彻底解决掏槽爆破因夹制作用过大造成强烈振动的难题,同时引用高精度数码电子雷管又能解决单段爆破药量过大问题,甚至利用精确毫秒延时能达到振动波峰与波谷叠加的干扰减振效果。

当隧道开挖遇到环境复杂区段,为限制爆破振动峰值,首先要改进掏槽炮孔的临空面条件,其次是确定炮孔的最佳起爆时序,其他钻爆参数可以沿用以往常规隧道爆破设计要求,其效果使爆破掘进开挖速度基本不受影响,爆破振动有害效应大幅下降。该方法的步骤程序如下:

(1)先在隧道掌子面上开设空槽。空槽开设方法包括机械铣挖开槽、大直径钻孔或小药量爆破开槽,一般空槽为深度1.5~2.5 m、直径0.5~1.0 m的桶形槽或锥形槽,空槽圆面直径宜大于或等于空槽深度的30%。

(2)在空槽外围布设扩槽孔,根据断面大小可逐圈设置扩槽孔,多数隧道需3~5圈扩槽。第1圈扩槽孔至空槽的最小抵抗线等于10~12倍炮孔直径,第2圈以外的扩槽孔(或辅助孔)最小抵抗线等于15~20倍炮孔直径;最外侧沿开挖轮廓线上布置周边孔、隧道底边布置的底板孔钻孔装药参数与常规爆破相当,周边孔和底板孔向外斜3°~5°。

(3)从空槽向外逐圈延时起爆的原则,分别逐圈安排扩槽孔、辅助孔、周边孔、底板孔的起爆时间;其中相邻内外圈延时间隔为50~200 ms(优选70~100 ms的延期间隔时间),同一圈相邻炮孔按照4~8 ms的孔间起爆时差设置。周边孔以2~5孔为一组,由两侧向中上方逐组延期5~10 ms起爆;底板孔以2~5孔为一组,由中间向两侧逐组延期10~20 ms起爆,底板两侧边孔最后起爆。

(4)将电子雷管相同颜色的脚线并联联网,连接点应尽量少,且需在连接点绑扎一发雷管和20 g炸药,待网路充电起爆后第一时间将连接点炸断,避免先爆炮孔将后爆炮孔的雷管脚线拉出,造成雷管不在炮孔中引爆。

实例一。如图5-43所示为成渝高铁某隧道上断面开挖爆破实施案例,根据隧道地质勘察资料,爆破开挖段属弱风化砂岩,地表以下5 m为风化土层,地表至隧道顶深12 m,地面有3~6层住宅小区,要求爆破振动峰值不许超过1.5 cm/s。按照施工进度要求每次爆破循环进尺为2.0 m,设计进尺率达95%,

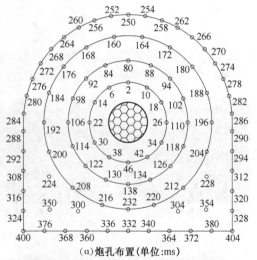

(a)炮孔布置(单位:ms)

(b)爆破断面

图5-43 成渝高铁某隧道上断面爆破开挖炮孔布置

设计钻孔深度 2.2 m。

根据预先设计实施方法如下。

(1) 在隧道断面中下部用铣挖机开设空槽,空槽为圆台形,底部直径0.8 m,口部直径约 1.5 m,深 2.2 m。

(2) 在隧道断面的空槽周围钻凿炮孔,参看图 5-43。

(3) 根据预先设计的炮孔装药量将炸药装入炮孔,并将雷管按设定的雷管编号装入对应的炮孔;数码电子雷管的起爆时差顺序为扩槽孔、辅助孔、周边孔、底板孔,采用从空槽向外逐层间隔时差依次起爆;其数码电子雷管延期时间如图 5-43 所示,孔间微差间隔爆破能够精确到 1 ms。所有数码电子雷管分为左、右、上三个区,各区内雷管相同颜色的脚线并联联网,共 6 个连接点各绑扎一发雷管和 20 g 炸药,连接点绑扎的雷管与扩槽孔首先起爆的雷管设为相同延时时间,这样网路充电起爆后第一时间将连接点炸断,防止先起爆的炮孔爆炸后气体冲出时,将尚未起爆的雷管脚线一同拉出。

(4) 地表爆破振动监测数据表明,最大振动速度仅 0.88 cm/s,且没有出现掏槽爆破的振动波峰突出现象,总体上有效降低爆破振动危害,从而降低对围岩的破坏。

(5) 爆破通风后,先清除顶部松动岩石,出渣后,组织一次支护,避免了两次支护和导洞支护。

实例二。对在隧道断面中下部采用钻孔加爆破开设空槽,钻孔直径 40 mm,一次钻深4 m,分两段爆破循环完成,钻孔间距排列如图 5-44 所示。形成的空槽为圆锥形,底部直径 0.3 m,口部直径约 1.5 m,深 3.5 m。掏槽孔采用导爆管雷管爆破,单孔装填最大药量 2 kg 左右,并按照图中间隔的段位时差逐孔起爆。楔形掏槽孔中的药包先起爆,外部形成喇叭口后,内部直线掏槽孔中的药包再起爆,其中外部楔形掏槽孔中的药包与内部直线掏槽孔中的药包的起爆时间间隔为 100 ms。预掏槽的形成避免了掏槽爆破的强力振动,为扩槽爆破创造了良好的临空面,后续爆破可大幅度降低振动有害效应。

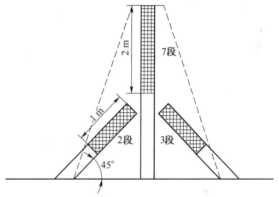

图 5-44 圆锥形空槽预先爆破的示意图

5.7 拆除爆破

拆除爆破指通过建(构)筑物内部分散炮孔的爆破使建(构)筑物垮塌,一般爆破总药量较小,根据建(构)筑物不同,可达几十至几百千克炸药量。拆除爆破的工程实践证明,建筑物拆除爆破引起的地表振动实际上以塌落振动为主。

5.7.1 拆除爆破振动效应的特点

根据大量实测振动波形分析,拆除爆破的振动可分为三部分,即爆破振动、建构筑物下坐产生的振动(下坐振动)、倾倒触地产生的塌落振动。

(1) 爆破振动。由于拆除爆破的爆源能量分散在建构筑物结构内部,爆炸产生的振动需要从结构体(柱、梁、墙等)传入基础再扩散到四周场地,因此拆除爆破产生的振动与直接在岩土介质内爆破相比,其强度大大降低。根据结构物和基础形式不同,拆除爆破的振动只有岩体爆破振动的 1/3~1/2,通常用萨道夫斯基公式乘一修正系数 k' 来估算爆破振动量。$V = k'k(\sqrt[3]{Q}/R)^\alpha$,其中 $k' = 1/3 \sim 1/2$。

(2) 下坐振动。爆破将结构体的支撑摧毁后,建构筑物必然产生局部解体破坏,导致底部下坐冲击地面,由于下坐高度有限,产生的振动能量远小于倾倒塌落振动。因此下坐振动通常发生在爆破后不久,峰值强度一般接近于爆破振动,但持续时间通常会大于爆破振动。下坐振动容易被忽视,因为它不是最大的振动,而且与爆破振动很接近,只有烟囱定向爆破时下坐振动比较突出,才会被关注到。其实极大多数拆除爆破中都有下坐振动的成分。

(3) 塌落振动。建构筑物爆破后解体破坏下落,将重力势能转变为触地动能,一部分动能消耗于地面和构件的破坏,剩余能量在地表传播造成地面振动,即塌落振动。显然塌落振动的大小与下落构件的质量和高度有关,与地面土体性质有关,随距离的增加而衰减。塌落振动速度衰减的经验公式为:

$$V = K_t \left(\frac{R}{\sqrt[3]{MgH/\sigma}} \right)^\beta \tag{5-1}$$

式中　V——塌落振动引起的地面质点运动速度(cm/s);

　　　M——下落构件的质量(t);

　　　g——重力加速度,取为 9.8 m/s²;

　　　H——构件重心的高度(m);

　　　σ——地面介质的破坏强度,一般在 10 MPa 左右;

　　　R——观测点至冲击地面中心的距离(m);

　　　K_t、β——塌落振动衰减系数和衰减指数,β 是负值;在地面没有开挖减振沟槽、没有铺垫减振垫层的条件下 $K_t = 3.37 \sim 4.09$、$\beta = -1.66 \sim -1.80$;当地面铺设减振垫层后,塌落振动衰减系数 K_t 仅为原状地面的 1/4~1/3。

建筑物拆除爆破过程是部分结构失去支撑后,上部结构在重力作用下失稳倾倒的过程。建筑物倒塌触地因着地点面积大、着地破坏时间长,因此产生的触地振动幅值稍小、频率低、作用时间长;高大烟囱倾倒触地因着地点面积小、着地速度快且时间短,因此产生的触地振动幅值很大、频率稍高。塌落地震波成分以瑞利波为主,可传播很远。

5.7.2 拆除爆破振动测试案例分析

1. 高层建筑爆破拆除

1 栋 9 层框架楼,周围环境条件十分复杂,建筑高度 27 m,长 26 m,宽 11.5 m,长度方向有 8~9 列承重柱,宽度方向为 3 排承重柱,共计 25 根承重柱。承重柱横截面为长方形,梁横和楼板为现浇结构。待拆除楼房周围环境十分狭窄,前面虽有倾倒场地,但要求保护倒塌场地内已建至±0 民房基础层,侧边 0.5~0.7 m 有居民自建楼房需要保护,后侧 8.4 m 有汽车修理车间。建筑环境平面如图 5-45 所示,爆破拆除建筑的剖面如图 5-46 所示。

根据此楼拆除的环境条件和结构特点,其爆破振动安全监控点主要布置在距离待爆破拆除楼房最近的墙角处,如图 5-45 所示。传感器距待爆破拆除楼房侧边最近距离为 1 m,离最近的爆破立柱 2.5 m,尽管检测如此近距离的楼房拆除爆破振动和塌落振动风险很大,经努力还是获得了完整的振动波形,如图 5-47 所示。

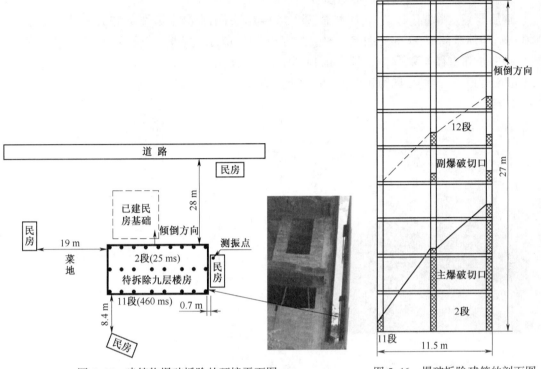

图 5-45　建筑物爆破拆除的环境平面图　　　　图 5-46　爆破拆除建筑的剖面图

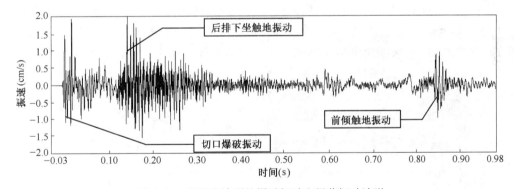

图 5-47　近距离检测的爆破振动和塌落振动波形

监测结果证明爆破振动和触地振动轻微。紧邻右侧居民楼距离爆破楼房仅 1 m 远处最大爆破振动垂直质点速度峰值仅为 1.9 cm/s;最后排柱下坐触地产生的垂直振动质点速度峰值最大达 2 cm/s;而楼房向前倾倒触地的中心点距离民房较远,且有缓冲垫层减振,所以触地振动质点速度峰值仅为 1 cm/s。从检测的振动波形可分析得到如下信息:初始爆破振动与后排下坐触地振动形成的振动相位时差为 0.15 s,楼房向前倾斜触地时间为 0.85 s,触地后框架继续受冲击作用发生解体破坏,全部持续振动时间长达 2.4 s。由此可以推测,这次爆破设计中最后排支撑柱的爆破延时设在 0.43 s,等于该爆破发生在最后排柱下坐垮塌后,最后排爆破点没起到转轴支点的作用。虽然每栋楼房的结构和强度不一样,最后排发生下坐破坏的时间有差异,但这次近距离振动检测证明了最后排下坐破坏发生的时间比预想的短很多,前后逐排顺序起爆的合理延时时差 150 ms 以内较适宜。

2. 一座烟囱和水塔构筑物拆除爆破

钢筋混凝土薄壁筒体结构,底部筒壁厚 160~180 mm,混凝土标号为 C30,内衬耐火砖层厚 240 mm,与筒壁间隙 90 mm,烟囱高 40 m,在 32~37 m 高度搭挂一倒锥形水塔,如图 5-48 所示。烟囱底部直径 4 m,顶口直径 2 m,顶部水塔最大直径 10 m。底部正东侧有一宽 2.2 m、高 1.6 m 的烟道口,倒塌方向为正西。倒塌场地环境条件较好,环境平面如图 5-49 所示。

图 5-48 锥形水塔　　图 5-49 倒塌场地环境平面图

监测结果证明爆破振动和触地振动轻微。从 30 m 远处的振动检测波形可以分析出很多信息:(1)爆破振动最小,垂直质点速度峰值为 0.2 cm/s;(2)缺口爆破后有烟囱发生下坐破坏,并产生了一定的振动,下坐振动发生在爆破后 3 s,持续时间长达 1.5 s,其垂直质点速度峰值为 0.22 cm/s;(3)烟囱倾倒触地的振动最大,发生在爆破后 9 s,受地面缓冲垫层的减振作用,触地振动的质点速度峰值仅为 0.5 cm/s。烟囱爆破倾倒过程振动全程波形如图 5-50 所示。

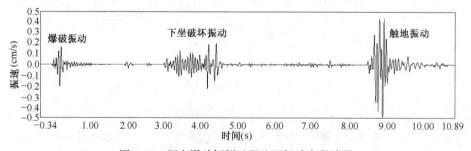

图 5-50 烟囱爆破倾倒过程地面振动全程波形

为获得拆除爆破的振动安全评价,振动测试点一般布置在重要保护物附近,测点距离一般从几米到几十米范围。有时为获得振动衰减式中的 k、α 值,在重要保护物测线方向上多设几个测点。为提高振动测试的成功率,近距离的仪器安装后应做好飞石防护,或放置在有防护屏障的后侧。调试前根据塌落振动的预估值调试仪器的各项参数,一般量程设置为预估峰值的 1.2~1.5 倍,触发电平为量程的 0.05~0.2 倍,采样频率宜取 2 000 Hz,采样时长一般都大于

10 s,烟囱爆破以 13~15 s 为宜。

3. 塌落振动的预报

2004 年 5 月浙江温州中银大厦爆破拆除,预先采用塌落振动衰减公式进行预估。该大厦主楼高 93 m,23 层,爆破方案中在 1~4 层、9~10 层、15~16 层分别设计了三个爆破缺口,由下向上依次分段延时起爆,将楼房分成多段塌落,同时为减小塌落振动对周围的影响,在楼房倒塌一侧开挖了减振沟,沟宽 1.5 m,深 2.5 m;用沙包和松散土堆成 4 条缓冲土堤,土堤底宽 2.5 m、顶宽 1 m、高 1.5 m。应用塌落振动计算公式预估不同距离的振动速度时,需要选择经验系数和其他参数。首先是塌落振动衰减系数 K_t,考虑地表设有减振垫层和减振沟,所以取 K_t 为原状地面的 1/3,即 $K_t = 3.39/3 = 1.13$,$\beta = -1.66$;第一时间落地的构件质量计算为 6 000 t,下落高度 $H = 30$ m,地面介质破坏强度 $\sigma = 10$ MPa。表 5-5 为中银大厦爆破拆除监测的塌落振动速度和计算预估值的比较。

表 5-5 中银大厦拆除爆破塌落振动速度监测结果

测点位置	至振源距离(m)	测量方向	最大振动速度(cm/s)	主振频率(Hz)	计算预估振速(cm/s)
A 检验局	99	水平切向	0.486	1.9	0.44
		垂直向	0.244	3.2	
		水平径向	0.265	3.4	
B 国土资源局办公楼	56.5	水平切向	0.44	3.4	1.12
		垂直向	1.02	3.6	
		水平径向	0.94	1.4	
C 中建五局工地	116.5	水平切向	0.586	1.9	0.34
		垂直向	0.276	5	
		水平径向	0.40	2.3	
D 过渡房	68.5	水平切向	0.85	3.5	0.81
		垂直向	0.94	3.4	
		水平径向	0.62	2.8	
E 华尔顿酒店西北角	160	水平切向	0.13	2.2	0.19
		垂直向	0.19	5.3	
		水平径向	0.26	1.5	

表 5-5 说明计算预估值基本可信,重点是经验系数和计算参数要选择合理。

5.7.3 拆除爆破振动测试技术要求

拆除爆破的特点是爆破药量分散,爆破振动较小;塌落振动大、频率低。为了能准确地评价拆除爆破的振动危害,通常对可能影响的重要保护物进行振动监测,测点主要布置在需保护目标的地基上靠近爆源的一侧。

为提高振动测试的成功率,仪器安装调试前,应根据爆破药量、塌落冲量和测点距离分别预估各测点的爆破振动峰值和塌落振动峰值,根据预估值调试仪器的各项参数,仪器参数设置原则与其他爆破相同,测试前需要注意以下几个问题:

(1) 拆除爆破中塌落振动的主频较低,一般在 15 Hz 以下,采样频率通常设 1 000~2 000 Hz,触发电平以爆破振动峰值的 0.1 倍考虑。

(2) 拆除爆破通常在爆炸发生后会有结构断裂和坠地冲击的振动产生。结构断裂一般在爆破后 1~3 s 内发生,高大建筑物的结构断裂造成下坐冲击,其振动幅值可能会大于爆破振动;建(构)筑物倒塌引起触地振动一般在爆破后 9~15 s 内发生,且触地振动最强。所以仪器记录时长宜设为 15 s。实际记录时长应根据结构强弱和开口宽度而定,保险起见设记录时长 20 s,还可记录到飞溅石块落地的振动。

(3) 注意测点位置,若测点至爆源的距离很近,至坠落中心距离较远时,也可能测得爆破振动大于触地振动的结果。不管怎样,当测点距落地点较近时,应确保仪器处于安全位置。

(4) 在波形分析中须要细致分析不同时段的振动峰值,并找到对应时段的振动成因,这既可以增加波形分析的信息量,又提高了振动安全评价的可靠性。

5.7.4 拆除爆破降低振动的技术措施

塌落振动是拆除爆破的主要危害,其振动控制主要有"解体、吸能和隔离"三要点。

(1) 爆破设计采用多爆点组合使结构物倒塌前充分解体,可弱化和分解建筑物瞬时塌落冲击力,控制解体构件先后顺序下落。爆炸使结构物空中解体的设计方法主要有:采用多切口折叠、内部梁柱炸点组合爆破等,使结构体在倾倒过程中有序解体,化整体瞬时冲击为多体顺序塌落,从爆破设计上有效降低了冲击振动的能量集中度。

例如:中山市山顶花园(共 34 层高 104.1 m,如图 5-51 所示),采用三个爆破切口和 20 多段毫秒差延时起爆,使高大楼体在空中解体、延缓倒塌时程,并使爆堆落在预设的缓冲带,实测的塌落振动比计算值削弱了 80%,50 m 处振动幅值<0.65 cm/s,距楼房 6~65 m 的民房安然无恙。又如:规模宏大的沈阳五里河体育场拆除爆破工程中成功应用内部上万个节点逐排逐段爆破解体,像"多米诺骨牌倒塌"一样逐渐坍塌,减小了爆破振动和触地振动峰值,周边保护物爆破振动峰值仅 0.5 cm/s,如图 5-52 所示。

图 5-51　中山市山顶花园爆破切口及爆后情景

(2) 在塌落场地设置可压缩性或松散介质缓冲体作缓冲垫层,最大限度吸收塌落冲击能。降低塌落振动最有效措施是铺缓冲垫层,使得塌落构件软着陆,这对烟囱爆破拆除尤为重要。

缓冲垫层的最好材料是中粗砂或煤灰等散体材料，散体材料对冲击能有良好的吸收作用，而且散体材料不具有飞溅破坏力。

缓冲垫层的铺垫范围。以 120 m 高烟囱为例，在径向距烟囱 80 m 起至烟囱长度加 10 m 止，在轴向一般以设计倾倒方向线的±8°夹角为界，如图 5-53 所示。缓冲垫层的铺设方法：首先在轴向间隔堆放砂包埂，每隔 3~8 m 堆一道缓冲埂，在烟囱顶部落点处砂包缓冲埂垒高 1.5~2 m、间距 3 m，向烟囱根部方向砂包埂高度可适当减小，间距逐渐加大。除此外，在特别坚硬的混凝土地表或含碎石较多的表土着落区，还应在砂包埂之间再铺一定厚度的砂土、煤灰或稻草等缓冲材料。这样使囱体塌落着地时不直接与地面接触，而是通过沙包埂缓冲层吸收冲击能，大大降低塌落振动并减少泥土和碎块侧向飞溅。

图 5-52 五里河体育场多米诺骨牌倒塌场景

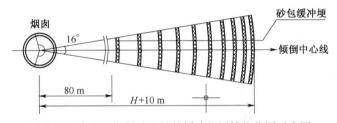

图 5-53 防止烟囱触地飞溅的缓冲垫层铺垫范围示意图

（3）开挖减振沟阻隔地震波传播。因触地振动主要以表面瑞利波形式传播，在振源与保护物之间开挖一定深度的沟槽阻隔地震波传播，尽管沟槽深度有限，不能完全阻止振动波的绕射影响，但仍对地表的瑞利波会有很大衰减，从而大大减少了触地振动对后侧保护物的影响。

6 爆破振动控制技术

6.1 爆破振动常规控制技术

6.1.1 爆破设计中采取的振动控制措施

1. 控制单位时段最大起爆药量

基于爆源能量,将一个大爆源变成若干小爆源,在总爆破药量不变的情况下,将爆破振动强度大大降低,从而减轻了爆破振动的有害效应。为了实现这一目标,最初只是基于雷管的自身分段延时来进行控制,而后逐步发展了接力式起爆网路,分区分片接力式起爆网路等,图6-1列举了几种常见的孔外接力起爆网路。理论上通过导爆管雷管孔外接力式起爆网路可实现无穷分段,实际工程中也实施过一次逐孔接力起爆上千个炮孔,由此产生的爆破振动强度只相当于几个炮孔爆破的振动峰值。这主要取决于某一单位时间内总计起爆的炮孔数及其炸药量,尽管导爆管雷管逐孔接力起爆网路按单孔分段设计,但受雷管延时精度和前后排炮孔延时

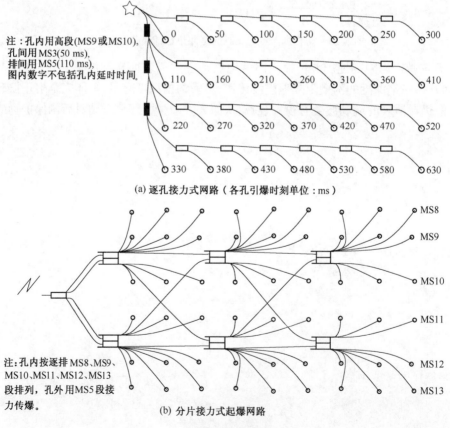

图6-1 几种常见的孔外接力起爆网路

设置重叠的限制,会出现几个炮孔的爆破振动波叠加。若在 1/4 个振动波周期时间内多个炮孔爆破振动波叠加,可能产生振动累加效应,因此,将 1/4 振动周期时段内起爆的药量定义为单位时段起爆药量,该单位时段一般在 5~10 ms,根据地质条件和距离不同有所变化。

2. 增加布药的分散性

将大孔径炮孔改为小孔径炮孔,减小炮孔深度、炮孔间距和最小抵抗线,使炸药更均匀地分布于被爆介质中,通过毫秒延时爆破可以使爆破振动幅值大幅度降低,但其爆破成本会随炮孔直径减小而升高。

3. 充分利用临空面条件

在爆破中最小抵抗线方向指向临空面,由于临空面方向没有夹制作用,爆炸能量更多地用于破碎和移动岩体介质,该方向的爆破振动能量相对较弱;而背向临空面方向爆炸能量主要以波动形式向外扩散,所以背向临空面方向振动较强。然而最小抵抗线方向又是爆炸抛掷和飞散方向,在爆破设计中除考虑振动控制外还要考虑飞石控制。若保护对象距离爆破点较近,一般应该使保护对象位于最小抵抗线侧面,放弃压渣爆破的设计方案。无临空面的爆破比良好临空面爆破振动峰值可加大一倍,特别是水平径向振动幅值较大。

6.1.2 采用预裂爆破或开挖减振沟槽

挖减振沟或预裂爆破是可行的减振措施。因爆破振动波穿过空气间隔界面会发生反射,为此在爆源与保护物之间开挖一定深度的沟槽或形成一定深度的预裂面,尽管沟槽或预裂面不能阻止爆破振动波的绕射,但地表的瑞利波得到很大削弱,从而大大减小了爆破振动对后侧保护物的影响。

当保护对象距爆源较近时,可在爆源周边设置预裂隔振带。预裂炮孔可设单排或多排,预裂孔深度宜超过主炮孔深,预裂面对降低主爆破地震效应非常有效,但应注意预裂爆破本身的地震较大。有时为避免预裂爆破的地震,将预裂炮孔改为密集的空孔,单排或多排隔振空孔也能起到很好的降振效果。预裂隔振带的降振率可达 30%~50%。

当地震波的传播介质为土层时,可在保护对象前开挖减振沟槽,减振沟槽的宽度和深度以机械施工方便为前提。作为隔振沟或隔振缝,应注意防止充水,否则将影响降振效果。

6.1.3 采用不耦合装药或用低威力、低爆速炸药

在深孔爆破时,孔底预留空气间隔段,避免了炸药爆轰直接作用孔底,而整个炮孔爆炸后其爆生气体同样会将底部岩体破坏,即不留根坎,又减弱应力波作用,进而减少振动能量的传播。不耦合装药或用低爆速炸药的减振作用体现在以下三个方面:

(1)降低了爆炸冲击波对孔壁的峰值作用力,减小了振动峰值强度;

(2)延长了爆炸压应力作用时间,相应地降低了爆破振动的频率;

(3)改善了岩石破碎块度、增加了破碎岩石的能量比率,同时降低了爆破振动的能量比率。

6.1.4 爆破振动实时监测

在复杂环境的石方爆破中,需对爆破过程进行振动监测。通过测试爆区附近的地面质点振动速度,一方面分析爆破振动强度对保护目标及周边环境的影响,另一方面将测试数据及时

反馈给爆破作业单位,为后续爆破提供网路设计优化,达到信息化施工的目的。

在爆破施工过程中做好爆破振动实时监测,比对不同时刻的爆破药量和振动幅值,有针对性调整爆破参数、优化爆破网路设计。下一次爆破振动监测过程中再将振动检测数据作为信息反馈,进一步削减最大峰值时刻的起爆孔数,调整爆破参数和爆破网路,直至获得最佳起爆时差和最好的振动控制方法。爆破施工过程中应特别注意爆破振动幅值与振动允许指标的差值,一旦振动幅值接近允许值的80%,就要发出提醒警示,达到90%应该采取更严格的控制措施,超过允许值就要停工整改,它是保证爆破安全的基础,没有监测数据等于盲目施工,一旦发现危险苗头不能及时进行处理,必将酿成事故。建立信息化爆破施工,是爆破施工安全的基本保证,也可为解决爆破振动引起的诉讼或索赔提供科学依据。

6.2 应用数码电子雷管实现干扰降振技术

6.2.1 地震波干扰叠加减振原理

采用电子雷管起爆,不但能起到降低单响药量的作用,还能起到波峰和波谷叠加干扰降振的效果。根据波的叠加理论知道,合理选择两次爆破的微差间隔时差,使后爆炸孔产生的地震波的波峰能够和先爆炸孔产生的地震波的波谷于同一时间到达目标点,叠加之后地震波的振幅应明显减小,爆炸产生的破坏效应会得到最大限度的降低。事实证明,通过优化延期时间,能将爆破振动调整为均匀分布的高频低峰值波形,振动频率远大于建筑物自振频率,避开了"类共振",避免对建筑物造成损害。

微差爆破是在相邻炮孔或同一炮孔内以毫秒级的时间间隔顺序起爆各药包的一种爆破方法。单孔爆破地震波波形如图 6-2 所示。通过合理选择两个药包爆破的微差间隔时间,使后爆炸孔产生的地震波和先爆炸孔产生的地震波达到目标点时产生干扰降振。如图 6-3 所示。

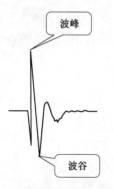

图 6-2 单孔爆破地震波波形图

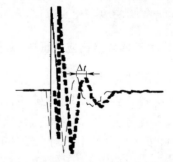

图 6-3 微差爆破地震波波形叠加示意图

干扰降振的关键技术是确定合理的间隔时间,使先后起爆的炮孔产生的地震波出现波峰与波谷叠加的相互干扰,以便最大限度地降低地震效应。要使前、后段别的爆破地震波按设计的间隔时间到达,获得理想的干扰是很难实现的,即使在某点可以实现某一谐振波频率的反相干扰,在其他地点也可能没能获得所期望的反相叠加的干扰效果。因此完全理想的波峰与波谷叠加干扰降振是难以实现的,但通过干扰降振使整体爆破振动峰值低于单孔爆破振动峰值可以实现。

普通雷管在毫秒延时爆破中的延时精度差,其精度很难满足延时间隔时间的要求。由于普通雷管的延时精度随雷管段数的升高而误差不断增大,与一次爆破振动波形的主振周期相比,就很难实现段间振动波形的峰谷相消;对于高精度电子雷管,其延时时间可以调整,且延时精度可以达到毫秒级,电子雷管的出现,使得通过波形的叠加来降低爆破振动效应成为一种可能。在特定的地质条件下进行数码电子雷管爆破试验,并对振动波形参数进行分析,可得到最佳延时间隔时差。

6.2.2 确定最佳延时时差的原则

虽然爆破地震波的波形并不完全符合正弦波,但当两个地震波错峰叠加时,还是可以借鉴和参照正弦波在介质中传播的情况进行分析。两列正弦波在同一介质中传播,周期相同,同为 $2\pi/\omega$,相位分别为 φ_1、φ_2,为简化分析,取 $0 \leq \varphi_1 < \varphi_2 \leq 2\pi/\omega$。于是两列波可分别表示为:

$$A_1 = \sin(\omega t - \varphi_1) \qquad A_2 = \sin(\omega t - \varphi_2) \tag{6-1}$$

叠加后有:

$$A = A_1 + A_2 = \sin(\omega t - \varphi_1) + \sin(\omega t - \varphi_2) \tag{6-2}$$

利用三角函数的和差化积公式,可改写为:

$$A = 2\sin\left(\omega t - \frac{\varphi_1 + \varphi_2}{2}\right)\cos\left(\frac{\varphi_2 - \varphi_1}{2}\right) \tag{6-3}$$

对上式进行分析,$-1 \leq A_1 \leq 1$,$-1 \leq A_2 \leq 1$,t 为任意值,即 $t \in (0, \infty)$,所以有 $-1 < \sin\left(wt + \frac{\varphi_1 + \varphi_2}{2}\right) < 1$,要使上式满足叠加相消的条件,两列波叠加后振幅不增大,即小于等于两者中幅值较大的一个。也就是若要 $-1 \leq A \leq 1$,则需 $-\frac{1}{2} < \cos\left(\frac{\varphi_2 - \varphi_1}{2}\right) < \frac{1}{2}$。根据以上条件,如果 $\varphi_2 - \varphi_1$ 满足:$2\pi/3 < \varphi_2 - \varphi_1 < 4\pi/3$,则两列波振动波峰值叠加后小于单列波的振动峰值,特别当 $\varphi_2 - \varphi_1 = \pi$ 波峰与波谷相消,理想振动峰值为零。以此相位差作为两列波传播到目标点的间隔时差,对于主振周期为 T 的两列爆破地震波,当间隔时间 Δt_1 满足:$T/3 < \Delta t_1 < 2T/3$,在目标点产生叠加的情况下,两列地震波就能达到不同程度的叠加相消。理想状态是各列相同地震波相继 $T/2$ 时差到达某目标点,产生波峰与波谷完全相消的叠加,使得振动峰值趋近于零。

6.2.3 干扰降振合理时差确定

根据场地的地质条件和爆破孔装药结构,找到相关条件下的单孔爆破振动波形特征,基于单孔爆破振动波形分析,计算其地震波的半周期,若前后两炮孔的爆炸振动波相差半周期时差到达,必然产生波峰与波谷的干扰叠加。因此要想达到理想的干扰降振,确定合理时差的方法是:

(1)预先获得降振点距离的单孔爆破振动波形、降振点和各炮孔的坐标(或距离)、地震波传播速度等参数。

(2)设计各炮孔的起爆顺序,初步按半周期时差设置相邻炮孔起爆时间。

(3)考虑相邻炮孔至降振点的距离差及地震波的传播速度,计算各相邻炮孔地震波的传播路程时差,如图6-4所示,根据传播路程时差再修正各炮孔的实际起爆时间,相邻炮孔的合理时差计算公式如下：

$$\Delta t = T/2 \pm \Delta S/V_p \qquad (6-4)$$

式中　Δt——合理时差(ms)；

　　　T——爆破振动波主峰周期(ms)；

　　　ΔS——相邻炮孔至降振点的距离差(m)；

　　　V_p——地震波的传播速度(km/s)。

(4)利用电子雷管任意设置起爆时间和高精度延时的优点，可实现各炮孔爆炸振动波的波峰与波谷相叠加。

实际工程中由于爆破地震波的随机性，其波峰与波谷不可能对等，振动周期也

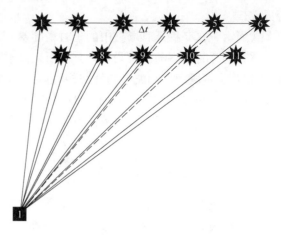

图 6-4　设计降振点至各炮孔的时程差

不可能固定不变，所以达到理想的波峰与波谷完全抵消是不现实的。但是通过调整起爆时差，使得某些区域因群炮孔爆破振动波的干扰叠加，出现群孔爆破振动幅值小于单炮孔爆破振动幅值完全有可能，这种干扰叠加受不同目标点的振动波频率变化及时程差影响，产生的降振效果有明显差异。也许在爆破区左侧某测点波峰与波谷抵消较显著，但在右侧相同距离点波峰与波谷抵消不明显。

相关资料证明：$\phi 100$ 的深孔爆破，孔间延时 10~20 ms，排间延时 100~150 ms 时，可以达到很好的爆破减振效果。为确定最佳间隔时差，首先根据某单孔爆破试验来确定单列振波的主振频率和周期，然后以逐孔半周期延时间隔设计群孔台阶爆破试验。图 6-5 为典型的单孔爆破波形图。从图 6-5 中可以看到，单孔的主振波持续时间约为 60 ms，最大波峰的主振半周期为 17 ms，之后是波谷区。因此，根据前面的叠加理论，后续炮孔爆破振动延时 17 ms 到达，会出现波峰波谷叠加的现象。

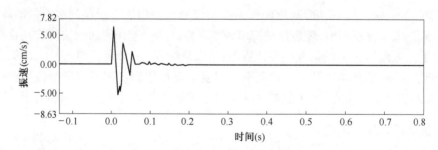

图 6-5　直径 90 mm 的单孔爆破典型波形图

考虑地震波的复杂性，试验中设计以 15 ms、16 ms、17 ms、18 ms、19 ms、20 ms 为延时间隔的多次群孔爆破试验，以寻求最佳的起爆时差和装药参数。试验时每次爆破 10 个孔，孔径 90 mm，孔间距 3 m，每孔药量为 10 kg，在距爆区 30 m、50 m、80 m 的距离处布设了 3 台振动测试仪，检测爆破振动速度，每组试验进行 2~3 次，试验以 3 个振动方向的矢量合速度为参考标准，测试结果见表 6-1。

从表 6-1 可以看出：在距离爆区 30 m 时，延时间隔在 15~16 ms 时，矢量合速度为 1.24~2.12 cm/s；当间隔时差在 17 ms 时，矢量合速度为 1.07~1.48 cm/s，全部小于 1.5 cm/s；延时间隔在 18~20 ms 时，矢量合速度振速为 1.15~2.27 cm/s，多数超出了 1.5 cm/s。在距爆区

50 m 处,延时间隔在 15~16 ms 时,矢量合速度为 0.60~1.25 cm/s;当间隔时差在 17 ms 时,矢量合速度为 0.63~0.79 cm/s,都小于 0.8 cm/s;延时间隔在 18~20 ms 时,矢量合速度振速为 0.65~0.94 cm/s,大多在 0.8 cm/s 以上。在距爆区 80 m 处,同样有上述现象,除 17 ms 外,矢量合速度都在 0.5 cm/s 以上。因此间隔时差在 17 ms 时,减振效果最好。同时又增设了 3 组 17 ms 延时的试验,结果都比较稳定。

表 6-1 试验爆破振速统计分析表

序号	延时间隔(ms)	试爆次数	矢量合速度(cm/s)		
			测点距离 30 m	测点距离 50 m	测点距离 80 m
1	15	2	1.34~2.12	0.69~1.29	0.49~1.07
2	16	3	1.24~1.91	0.60~1.25	0.45~0.68
3	17	5	1.07~1.48	0.63~0.79	0.37~0.41
4	18	3	1.15~1.67	0.67~0.85	0.36~0.97
5	19	3	1.44~2.27	0.76~0.94	0.32~0.64
6	20	2	1.45~2.18	0.65~0.91	0.37~0.59

排间延时主要考虑破碎效果,要保证前排炮孔爆破后,为后排炮孔提供充足自由面,通过相关经验知道,在药包起爆到岩石运动脱离主体,需要 100~130 ms,因此确定排间延时为 120 ms 以上。最终确定的孔间延时间隔为 17 ms,排间延时为 120~140 ms。

图 6-6 为其中一炮的炮孔布置与延期设计图。通过采用电子雷管逐孔起爆,很好地控制了爆破振动,图 6-7 为比较典型的电子雷管爆破振动波形图。

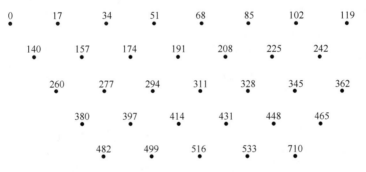

图 6-6 炮孔布置及电子雷管延期设计图(单位:ms)

从图 6-7 可以看出,采用电子雷管合理设置延期时间后,振动能量被均匀分散在整个时间段,没有显著突起的波峰,与导爆管雷管逐孔接力间隔延时爆破相比,爆破振动峰值显著趋平。电子雷管间隔延时设计合理时,全程爆破振动峰值甚至小于单孔爆破振动峰值,真正达到平峰降振的效果。同时实践效果证明,合理设置电子雷管的延时间隔,不仅能产生一定程度的干扰降振作用,还能够提高炸药能效、改善爆破效果。

此外,为避免相邻炮孔的不同距离达到目标点时差变化,影响地震波叠加的波相位差,根据上述原理创新提出一种简单有效的干扰减振方法,即将同一炮孔分为上下两段装药,上下段装药量相等、起爆时差按爆破地震波半周期设置,则同一炮孔爆炸发出的 2 次地震波将更容易发生波峰与波谷的干扰叠加,如图 6-8 所示;与此同时,相邻炮孔的起爆时差应大于 2.5 倍地震波周期,就可使不同炮孔的主体振动波错开。这种装药结构避开了地震波传播时程差的影

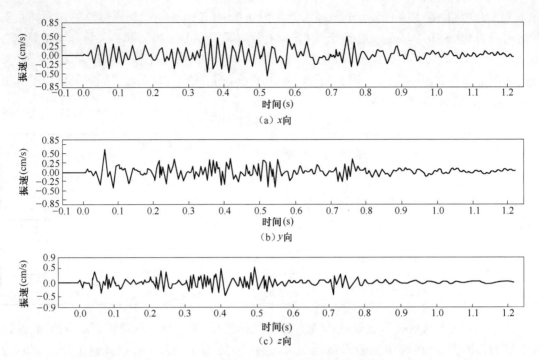

图 6-7 典型电子雷管爆破振动速度波形图

响,可以达到很好的干扰降振效果。该方法的缺点是电子雷管用量适当增多,但对于深孔爆破而言雷管成本增大可以忽略不计。据统计孔径大于 150 mm 的深孔爆破,将导爆管雷管改为电子雷管,其成本增加不到 1%,但爆破块度和后冲拉裂效果改善,产生的附加效益足以抵消其成本的增加。

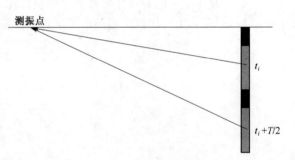

图 6-8 单孔干扰降振装药结构和起爆时差

6.2.4 干扰降振应用实例

1. 台阶深孔爆破干扰降振

2009 年 12 月在德兴铜矿采用电子雷管爆破,考虑单药包爆破半周期约 17 ms,加之相邻炮孔的距离时程差和药包爆轰的反应时间,并简化现场操作,设计同排炮孔孔间时差 20 ms 有可能产生波峰与波谷的干扰叠加。试验爆破的孔网参数 6 m×8 m,孔深 15 m,孔径 250 mm,平均单孔药量 650~750 kg,总炮孔数 21 个,总药量 15 t。最后一个炮孔位于第 3 排 7 号孔,通过电子雷管延时比 3-6 号孔迟爆 250 ms,以便捕获 3-7 号孔的单孔爆破振动波形,且 3-7 号孔的单孔药量最小(670 kg)。爆破振动源的起爆时差及炮孔编号示意图如图 6-9 所示。各检测点的爆破振动测试结果见表 6-2。

根据波形分析和表 6-2 的测振数据对比,在炮孔延时间隔 20 ms 逐孔起爆条件下,距离 170 m 以内测得的爆破振动波形,显然群孔爆破振动波峰受后续波谷局部抵消,产生一定的干扰减振效应,导致整体振动波平缓,群孔爆破振动峰值小于最后的单孔爆破振动波峰,按照理论计算若孔间延时 17 ms 干扰减振效应最理想。尽管在半振动周期间隔延时条件下能产生干扰减振效应,但是事实证明并非全部振动影响区都可产生同样的减振效果。从测试结果可知,200 m 以外的测点整体振动波干扰减振效果稍差,群孔爆破振动峰值已大于最后的单孔爆破振动波峰,好在 200 m 以远的振动波整体已有较大衰减,最大振动值也小于 1 cm/s。因此,利用电子雷管精确延时,优先完成群炮孔爆破振动波在近距离产生波峰与波谷的干扰叠加,这对降低爆破振动有十分重要意义。

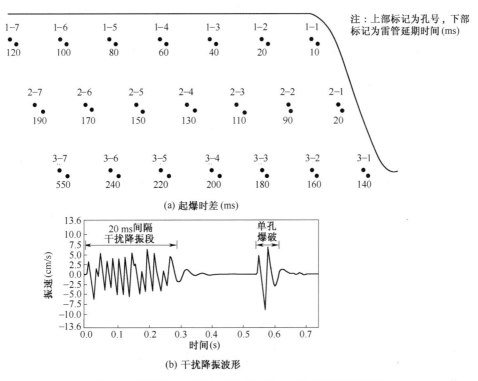

图 6-9　德兴铜矿采场电子雷管起爆时差及干扰降振波形

表 6-2　爆炸时各检测点的群孔与单孔的爆破振动质点速度测试结果

测点号	距离(m)	群孔/单孔(径向)(cm/s)	群孔/单孔(横向)(cm/s)	群孔/单孔(垂向)(cm/s)	群孔/单孔(合速度)(cm/s)	单孔药量
1	72.5	4.85/5.17	5.25/4.82	6.30/9.03	6.83/9.59	群孔爆破中单孔最大药量 750 kg;3-7 号孔装药量为 670 kg
2	88.8	3.35/3.73	2.97/1.26	4.16/5.26	4.90/5.40	
3	170.8	1.50/2.08	0.75/0.22	1.22/1.39	1.94/2.24	
4	299.6	0.56/0.47	0.34/0.17	0.50/0.44	0.59/0.50	
5	460.4	0.24/0.13	0.25/0.14	0.24/0.20	0.32/0.20	
6	591.1	0.09/0.07	0.13/0.09	0.14/0.11	0.16/0.13	

2011 年 11 月在北京某石灰石矿山采用电子雷管进行台阶爆破试验,炮孔内分上下两段装药,受地质条件影响上下药包的延时间隔不敢太大,按单药包爆破半周期 12 ms 考虑上下延时,担心拉裂炮孔导致意外事故,所以设上下药包延时 5 ms 间隔,而同排相邻炮孔的延时间隔时间设为半周期 12 ms,炮孔排间时差 128 ms。试验爆破的孔网参数 6 m×4.5 m,孔深 12.5 m,孔径 200 mm,平均单孔药量 150 kg,总炮孔数 20 个,总药量 3 t。受前后排部分炮孔起爆时间

的交错,从 130~220 ms 期间各药包起爆时差为 4~5 ms,0~130 ms 时段基本按单药包半振动周期 12 ms 时差间隔设计爆破。该石灰石矿采场电子雷管起爆时差及干扰降振波形如图6-10 所示。根据左后侧 30 m 测点的振动波形分析,在前 140 ms 时段的振动波产生波峰与波谷的干扰叠加,其振动峰值小于单孔爆破振动峰值;140~230 ms 时段的振动波产生峰峰值叠加,振动最大值远超过单孔爆破振动峰值。

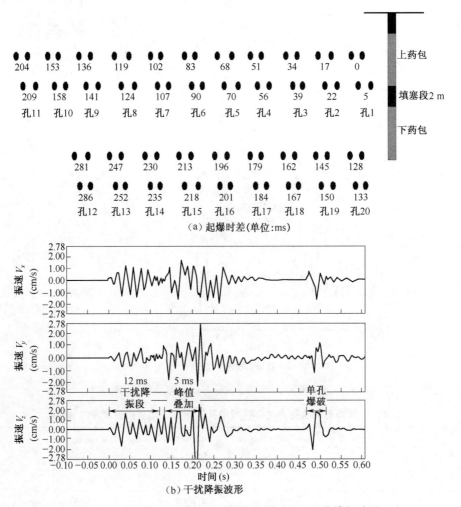

图 6-10 某石灰石矿采场电子雷管起爆时差及干扰降振波形

以上两例证明,通过应用电子雷管进行干扰降振,可以实现群孔台阶爆破的振动小于单孔爆破振动幅值,并且振动主频也比单孔爆破的频率高。根据理论分析和爆破实践,认为大孔径深孔爆破的药包间隔起爆时间理论上为 P 波的半周期,由于岩石特性的差异,P 波半周期会有一定变化区间,坚硬岩体中大致在 12~18 ms 区间。建议各类钻孔爆破中预先进行单孔爆破振动试验,获得单药包爆破振动波的各种参数(峰值衰减、频率、传播速度等),它是进行干扰降振的设计依据。应用电子雷管安排逐孔起爆的时差要尽量接近振波的半周期,12~18 ms 是孔间时差的参考值。更为有效的干扰减振方法是:将单孔装药均分为上下两段装药,而且同一炮孔的两个药包设为半周期(12~18 ms)时差,相邻炮孔的起爆时差宜大于 2.5 倍地震波周期,这不仅实现了各炮孔的干扰降振,而且使主体振动波峰错开,降振效果更加理想。

根据不同露天台阶孔间微差控制爆破的实践和振动波形分析,要想既能获得较好的破碎度,减轻爆破振动危害,又能够有效实施大规模爆破。露天台阶爆破孔间微差时间控制按照孔距大小和岩性调整,经验公式为:

$$\Delta t_a = k_a a \tag{6-5}$$

式中　Δt_a——孔间微差时间(ms);
　　　k_a——岩性系数(3~8,岩性坚硬取大值);
　　　a——炮孔间距(m)。

对排间的各炮孔,按照排距大小和岩性调整,经验公式为:

$$\Delta t_b = k_b b \tag{6-6}$$

式中　Δt_b——排间微差时间(ms);
　　　k_b——岩性系数(30~80,岩性坚硬取大值);
　　　b——炮孔排距(m)。

对于单个炮孔内部采用多个起爆弹或间隔装药的方式设置,并实施孔内微差间隔起爆,其孔内微差间隔时间参考孔间微差时间设置。

2. 隧道爆破干扰降振

在杭州市钱塘江引水入城工程浅埋隧洞部分地段爆破开挖中,采用数码电子雷管爆破,爆破振动通过波峰与波谷干扰叠加,取得振动处于高频微弱状态的良好效果。

杭州市钱塘江引水工程,是浙江省重点工程,该工程的输水隧洞全长约8 km,成门形开挖断面,宽6.56 m,高6.49 m,断面积38.0 m²。为在保证振动安全的前提下加快开挖进度,隧洞出口端浅埋段使用电子雷管爆破。该段为Ⅳ类围岩,正上方居民房屋密集,隧洞顶距地表最小距离18 m,建设单位要求尽可能降低爆破振动,保证居民房屋的安全。

2008年7月17日开始,历时16天,实施17次电子雷管爆破作业,总掘进进尺39.4 m。具体爆破施工参数如下:(1)炮孔布置如图6-11所示,共67孔,钻孔孔径42 mm。单孔装药量:掏槽孔900 g,辅助孔600~750 g,侧壁部位周边孔375~450 g,顶拱部位周边孔225 g,底孔1 050~1 200 g。总装药量38.775 kg;(2)周边孔,不耦合间隔装药;其他孔连续装药;(3)楔形掏槽,4对共8孔;(4)爆破循环进尺由1.2 m逐渐增大至2 m。掏槽孔孔深2.3 m,辅助孔1.8~1.95 m,周边孔2 m,底孔2.15 m;(5)起爆时差设计:A_i与B_i相差4 ms,A_{i+1}比A_i晚8 ms,实际是逐孔起爆,微差时间4 ms,测得爆破振动波形如图6-12所示,振动频谱分析得到的主振频率为250 Hz。

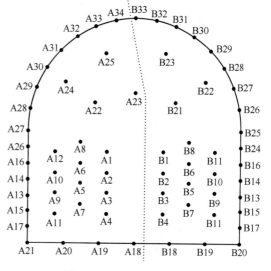

图6-11　隧道炮孔对称布置

爆破效果:爆破振动监测结果验证了爆破振动速度大幅降低。之前同等条件(爆破循环进尺相同、围岩类别相同、均为全断面爆破)时,采用非电导爆管雷管起爆的18次爆破振速峰值的平均值、最大值分别为1.15 cm/s、

2.63 cm/s,而采用电子雷管起爆的爆破振动波形如图 6-12 所示,爆破振速峰值的平均值、最大值分别为 0.71 cm/s、1.25 cm/s,振速峰值的平均值降幅达 43.2%。

因此若隧道掌子面上炮孔按干扰降振要求设置微差时间,对于 40 mm 直径的炮孔孔间微差 4~8 ms,不同起爆圈的时差为 50~120 ms。

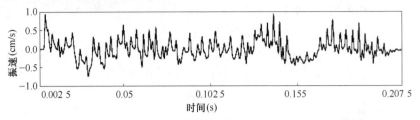

图 6-12 杭州市引水入城工程浅埋隧洞电子雷管爆破实测波形图

6.2.5 采用电子雷管实现干扰降振的具体方法

数码电子雷管的延时误差可以精确到 1 ms,它为实现干扰降振提供了有效的技术手段。干扰降振的关键要达到波峰与波谷叠加,其最重要的技术控制有两点:(1)预知爆破振动主峰频率;(2)准确控制各炮孔爆破振动波出发和达到的时间。只有这两个条件具备才可能实现干扰降振。

爆破振动频率的影响因素有很多,很难通过计算准确获得主振频率,最好的办法是预先由单孔爆破试验,现场检测不同距离点的爆破振动波形,以此作为基础判断不同距离点的爆破振动主峰频率,这是最可靠和最现实的手段。另外要想达到波峰与波谷叠加,各炮孔起爆时差应能任意调整,且起爆时刻必须有足够精度,以往的导爆管雷管无法实现这两个要求,正是电子雷管的推广应用为爆破振动控制技术提供了革命性发展平台。

根据上述一些干扰降振实例分析和实施体会,总结出实现干扰降振的具体方法如下:首先在现场相同地形地质条件段试验,检测单炮孔爆破在不同距离点产生的爆破振动波形,分析其最大波峰处的半周期及地震波传播速度,同时获得单孔爆破振动场地衰减系数 k 和指数 α 值;按实测振波的半周期时间加地震波传播时间,调整各炮孔内数码电子雷管的起爆时差;通过"基于单孔爆破振动波的叠加预报分析软件",计算得到该起爆网路时差设置条件下各控制点的振动波形;基于各炮孔的爆破地震波传播时程差异,会出现个别振动峰值异常时点;再根据预测波形微调某些炮孔的起爆时差,反复计算和修正,直至各炮孔的爆炸振动波到达某控制点形成波峰与波谷叠加,产生干扰降振效应,其群孔爆破振动幅值会小于单孔爆炸的振动;依此模拟的设计网路爆破,继续监测预测点的爆破振动,发现预报值与实测值有差别,据此进一步修正计算参数,使预报结果不断接近实际值,产生的干扰降振效应也更加稳定。其程序框图如图 6-13 所示。

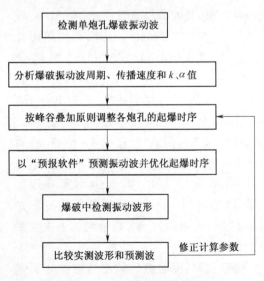

图 6-13 干扰降振程序框图

7 爆破振动安全标准探讨

7.1 爆破振动对人体的影响

对于爆炸引起的地面振动,除了结构物的反应之外,还应考虑人的反应。近来随着市区附近爆破工程增多,爆破振动公害将使附近居民感到不适或有不安全感。众所周知,人的神经系统对于爆炸引起的振动和声响都是非常敏感的,这一反应称为人的灵敏度。对于每个人来说,它包括心理与生理两个方面。一般来说,人对于那些大大低于造成结构破坏的振动也是敏感的。我们需要知道这一灵敏度的频率和烈度范围,以便估计人对爆炸振动的感受程度如何,避免造成公害。

人对于机械振动的反应已经研究了多年,这一领域的开拓性工作是欧洲的赖赫和迈斯特进行的。他们研究了人对 3~10 Hz,振幅为 0.001 mm 的垂直与水平稳态振动的反应。其结果如下:

(1)站立着的人对垂直振动最为敏感。
(2)躺卧时对水平振动的灵敏度最高。

以后的研究得到了如下结论:

(1)整个人体(个别组织和器官也是如此)有其自身的自振频率。
(2)振动频率接近人体的自振频率会降低可感阈和厌烦阈。
(3)整个人体的共振频率大多发生在 1~10 Hz,特别是 4~5 Hz 的亚音频带。人体的固有频率如下:站立,5~12 Hz;俯卧,3~4 Hz;坐,4~6 Hz。
(4)性别不同,反应的差别不大,但人与人之间很不相同。因而只能考虑平均值和仪器反应的标准偏差。
(5)人的灵敏度范围在 0.001g 以上,频率范围最高可达 1 000 Hz。

在一般情况下,人所感到的是房屋振动,并不是直接感到地面振动,所以人在户外振动敏感性小。此外,爆炸振动是瞬态现象,没有足够的时间发展成稳态振动,而进行人体振动测试研究时所用的却是稳态振动。

1. 有关爆破振动速度峰值与人的舒适度反应关系

威斯发表了有关人对爆炸振动反应的观察结果,并表示成质点速度峰值与人的反应关系。人的反应与地面振动速度之间的关系见表 7-1。

表 7-1 人的反应与地面振动速度之间的关系

人的反应	地面振动速度(cm/s)
可感	0.20~0.50
感觉显著	0.50~0.97
不适	0.97~2.03

续上表

人的反应	地面振动速度(cm/s)
感到骚扰	2.03~3.30
反感	3.30~5.08

前苏联专家麦德维捷夫研究了爆破振动与建筑物破坏和人感觉的关系,见表7-2。

表7-2 麦德维捷夫提出爆破振动速度与振动引起的特征

地面最大振速(cm/s)	振 动 特 征
小于0.2	只有仪器才能记录到
0.2~0.4	人在静止状态下有时有感觉
0.4~0.8	一些人或知道有爆破的人感觉有振动
0.8~1.5	许多人感觉到振动,窗户玻璃发出声响
1.5~3.0	粉刷的灰粉散落,欲倒塌的房屋破坏
3.0~6.0	抹灰层有细小裂缝,歪的房屋破坏
6.0~12.0	处于良好状态的房屋破坏,如抹灰层开裂,抹灰层成片掉落,墙上有细小裂缝,炉壁和烟囱开裂
12.0~24.0	房屋严重破坏,如承重结构的墙开裂,隔板大裂

英国标准提出的爆破振动时人的反应与最大地面振速指标见表7-3。

表7-3 每天3次以上振动事件人的舒适度振动限值(BS6472-2:2008)

地 点	时 间	舒适性限值 PPV(mm/s)
居住区	白天	6~10
	夜晚	2
	其他时段	4.5
办公区	任何时段	14
作业区	任何时段	14

按劳动卫生条件,爆破振动对人作用的 A、V、a 的极限值见表7-4。

斯蒂芬曾对欧洲人对振动的反应方面作过研究工作。我国尚未公布过爆破振动公害对人体影响的情况,现只有根据日本和欧美的研究资料作参照,日本 Shunsuke Sakurai 指出人体对振动的反应根据振速和频率不同感觉各不相同。具体反应程度如图7-1所示。日本习惯采用气象厅公布的地震震级表评价人对振动的反应,但天然地震与爆破地震有很大不同,根据日本工业标准的公害振动

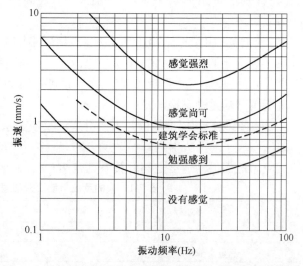

图7-1 人体对于振动的反映关系(振动速度和频率的曲线)

计(也称振动电平仪)测定值及日本中央公害对策议会的咨询,虽然没有特别提到爆破振动,但参考施工作业的振动标准,可把小于 75 分贝作为爆破振动的判定标准。

表 7-4 按劳动卫生条件,爆破振动对人作用的 A、V、a 的极限值

频率 f(Hz)	振幅 A(mm)	速度 V(mm/s)	加速度 a(mm/s^2)
3	1.8~1.2	34~23	645~420
5	0.45	14.1	450
8	0.15	7.5	390
10	0.13	8.4	520
20	0.07	8.7	1 080
40	0.024	6.0	1 500
60	0.019	6.9	2 640
80	0.014	6.9	3 480
100	0.009	5.7	3 550

2. 人体对振动感到讨厌的判据

(1) 波斯特尔韦思特(postlethwaite)(1994)。

$$\text{讨厌的振幅(英寸)} = 0.003(1 + 194/f^2) \tag{7-1}$$

(2) 奥赫勒(oehler)(1957)。

$$\text{讨厌的振幅(英寸)} = \begin{cases} 2/f^2 & \text{频率为 1~6 Hz} \\ 1/3f^2 & \text{频率为 6~20 Hz} \end{cases} \tag{7-2}$$

(3) 迪克曼(dieckmann)(1958)。

$$\text{讨厌的振幅(英寸)} = 0.003(1 + 125/f^2) \tag{7-3}$$

由这些判据折算出的振动速度限值示意图如图 7-2 所示。为了进行比较,在图 7-2 中还画出了拉思伯恩(rathbone)(1963)的感到骚扰的曲线。应当说明,人体反应的观察数据,多数是从持续正弦振动试验取得的。爆破振动的持续时间短、频率高,此类判据仅作参考。

关于爆破振动对人的影响暂时不具备制定限值标准的条件,若按照人几乎没有感觉的爆破振动限值控制爆破规模,将严重阻碍工程建设和工业开采。当前比较有效的办法是在爆破前对居民做好解释工作,通告具体的爆破计划和爆破时间,公告爆破振动的监测数据和安全控制标准,尽可能依靠政府机关按合理合法程序协调相关关系。

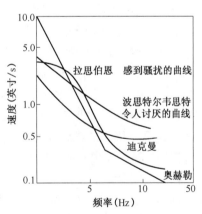

图 7-2 人体对振动感到讨厌的判据

综合上述有关技术资料,爆破振动对人的敏感指标定为:安静环境条件下地面爆破振动速度大于 0.6 cm/s,人会有显著或不适的感觉;地面爆破振动速度小于 0.6 cm/s 且大于 0.3 cm/s,人会有感觉;地面爆破振动速度小于 0.3 cm/s,人对爆破振动的感觉非常轻微。

如某国内大型工程经过 4 年多的监测统计发现:安静环境下心理可接受的振动阈值为 0.6 cm/s。当爆破振动处于 0.1~0.5 cm/s 范围时,在没有预告的情况下突然爆破振动,人、动物都会有感觉,但还可以接受;当超过心理接受的振动阈值时,人们就开始有抱怨和投诉了。

若在露天嘈杂环境下,人的心里可接受的振动阈值可高达 1 cm/s。

7.2 爆破振动对建(构)筑物结构的影响

  根据结构动力学理论,在爆破地震作用下,结构的振动效应与地震波的强度、频率特性以及结构的固有频率和阻尼比等因素密切相关。当结构本身的固有频率与爆破地震波的主频一致或接近时,结构将产生剧烈的振动。因此,用爆破地震波物理量衡量地震波对建(构)筑物的振动效应只能是一个粗略的估计。

  越来越多的振害和爆破地震的观测资料分析表明,建(构)筑物的地震破坏不但取决于地震的幅值,而且还与地震频谱和持续时间等因素有关。观测发现,很多情况虽然质点峰值振速超过了现行安全标准,但爆破地震并未对建(构)筑物造成损害。RI8507 中指出美国矿业局通过实际观察发现,718 次爆破中只有 136 次产生了有据可查的损伤,振速超过 5.08 cm/s(2 英寸/s)的大多数爆破振动没有造成任何损害。RI8507 的理论预测直线表明振速在 1.27 cm/s(0.5 英寸/s)有 5%的建筑可能产生裂缝,然而实际破坏与未破坏之比却偏离了预测直线,并在振速为 1.27 cm/s(0.5 英寸/s)时渐近于零点(并非 5%)。后来人们认识到,振速在 1.27 cm/s(0.5 英寸/s)以下对一般民房几乎不会造成裂缝。美国矿业局的研究者和其他研究人员也测试了上百个无损伤的爆破,有的振速甚至超过 5.08 cm/s(2 英寸/s),认为爆破振动不易使建筑物产生宽的或较大的裂缝,除非爆炸应力足够强,可以破坏(扰动)地基土或基础。许多例子证明,爆破振动波频率成分分散或主频较高时,振动幅值超标也未出现工程问题和事故,恰巧由于某种原因造成爆破地震频率成分集中在某些频段,且接近或包含结构体(或子结构体)的固有频率时,容易造成工程安全问题或事故。

  此外,从振动时间上还应考虑多次爆破振动产生的疲劳破坏。在 RI8507 中,美国矿业局进行了许多振动疲劳研究。当在一个煤矿的高边坡上建立了一座 1 100 平方英尺的房子,除了进行两年时间的环境疲劳(风吹日晒)又进行了 587 次爆破振动和一个星期的机械振动,从 587 次爆破得出的响应振动速度均超过 0.254 cm/s(0.1 英寸/s),其中 108 次超过了 1.27 cm/s(0.5 英寸/s),之后的机械振动速度超过 2.54 cm/s(350 000 个周期),结果只有装饰材料产生了裂缝。研究结果表明,在地面振速为 2.54 cm/s(1 英寸/s)的时候破裂率开始随爆破次数而上升。如果振动速度大大低于其疲劳损伤的临界振速,无论振动时间多长均不会出现损坏。这一现象在矿区或采石场长期进行爆破作业的环境条件下应得到重视。

  在振动安全评价方面,不仅要考虑建筑物结构形式,更要考虑地基基础。应该说很多振动破坏都不是建筑结构直接振裂的破坏,而是地基基础的振动变形和位移导致结构破坏的案例占很多,因此除考虑不同结构类型的振速标准外,还应考虑不同地基类型的振动标准。如瑞典的"标准"规定:

  散松的冰碛、砂、卵、黏土层: $[V] \leq 1.8$ cm/s
  紧密的冰碛、砂岩、软弱灰岩: $[V] \leq 3.5$ cm/s
  花岗岩、片麻岩、石灰岩、石英砂岩: $[V] \leq 7$ cm/s

  Langefors(兰格福斯)、Edwards(爱德华兹)、Bumines(布麦因)三人提出爆破产生的地基振动对结构物(特别是房屋)的允许极限值如图 7-3 所示。

  从图 7-3 清楚看出,三人都认为振动速度是破坏建筑物的主要因素,并且三人提出的振动安全极限大体一致,其值为 5 cm/s。一般情况下 5 cm/s 爆破振动不至于使建筑物结构达到破坏程度。该处建筑物为普通房屋,其基础为纵波速度大约为 3 000 m/s 的岩石。

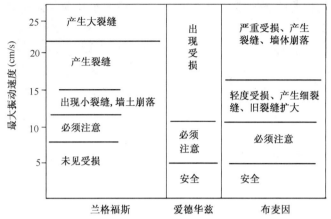

图 7-3 爆破时产生的地基振动速度与建筑物受损之间的关系

国外许多学者对爆破振动与建筑物间的损伤进行了大量观测研究,其结果见表 7-5。

表 7-5 国外一些研究者提出的爆破振动与建筑物受损情况

系列	研究者	振动速度(cm/s)	建筑物破坏程度
1	兰格福斯	7.1	安全
	基尔斯特朗	10.9	细的裂缝,抹灰脱落
	韦伯斯伯格	16	开裂
		23.1	严重开裂
2	爱德华兹	5.08	安全
	诺思伍德	5.08~10.2	可能发生破坏
		大于 10.2	破坏
3	德沃夏克	1.0~3.0	开始出现细小裂缝
		3.0~6.1	抹灰脱落,出现细小裂缝
		大于 6.1	抹灰脱落,出现大裂缝

原苏联专家 A. B. CaфOHOB 和 C. B. MeΠBeΠ eB(麦德维捷夫)观测研究砖式建筑物的破坏与地面最大振速的关系,见表 7-6。

表 7-6 砖式建筑物的破坏与地面最大振速的关系

砖式建筑物的破坏状况	地面最大振速 PPV(cm/s)	
	A. B. CaфOHOB	C. B. MeΠBeΠ eB
抹灰中有细缝,掉白灰;原有裂缝有发展,掉小块抹灰	0.75~1.5	1.5~3
抹灰中有裂缝,抹灰成块掉落,墙和墙中间有裂缝	1.5~6	3~6
抹灰中有裂缝并破坏,墙上有裂缝,墙间联系破坏	6~25	6~12
墙壁中形成大裂缝,抹灰有大量破坏,砌体分离	25~37	12~24
建筑物严重破坏,构件联系破坏,柱和支撑墙间有裂缝,屋檐、墙可能倒塌,不太好的新建筑物破坏	37~60	24~28

事实上爆破振动产生的破坏效应不仅取决于振动荷载的特征(如振速、频率等),还取决于建(构)筑物固有特性(如固有频率和阻尼比)。地面振动的峰值、频率和持续时间三因素的影响大小也随工程结构特性而异,随工程结构的破坏程度而异。尽管现有爆破振动安全判据都有针对性地将被保护的建(构)筑物进行了简单的分类,然而这种分类并不能完全体现建(构)筑物的固有特性。例如,高大烟囱、高塔结构的破坏主要受低频部分振动波的影响,而低矮房屋的破坏主要受较高频部分振动波的影响。建议多层建筑对爆破地震波主频率的响应,可以采用日本、美国以及我国《建筑抗震设计规范》(GB 50011)中的经验公式计算建筑物自身的基本周期。根据实测统计,忽略填充墙布置、质量分布差异等,建筑物自振周期可按下列经验公式计算。

①高度低于25 m且有较多的填充墙框架办公楼、旅馆的基本周期。

$$T_1 = 0.22 + 0.35H/\sqrt[3]{B} \tag{7-4}$$

式中　T_1——基本周期(Hz);

　　　H——房屋总高度(m);

　　　B——所考虑方向房屋总宽度(m)。

②高度低于50 m的钢筋混凝土框架—抗震墙结构的基本周期。

$$T_1 = 0.33 + 0.000\ 69H^2/\sqrt[3]{B} \tag{7-5}$$

符号意义同上。

常见建(构)筑物的自振周期可参考表7-7。

表7-7　常见建(构)筑物的自振周期

建(构)筑类别	结构类型	建筑用途	层数	自振周期 T_0(s)	观测方向
民用	砖木、砖混	普通民房	1~2	0.1~0.2	横向
		宿舍楼	3	0.25	横向
		宿舍楼	4~7	0.36~0.60	横向
	框架剪力墙	现浇办公楼	11	0.51	横向
		装配式宾馆	13	0.53	横向
		住宅楼	12~13	0.65~0.75	横向
工业	框架	选洗煤车间	8	0.43	纵向
	单列排架	炼钢车间	1	0.67	纵向
	多列排架	轧钢车间	1	0.92	纵向
	砖砌	烟囱	30~45 m	1.0~1.2	
公用	大跨度框架	礼堂	高40 m	0.56	沿中轴
冶金	钢结构	高炉	容量255 m³	0.32	垂直斜桥
	耐火内衬		容量1 442 m³	0.45	垂直斜桥
铁路	三跨桁架	铁路桥	跨度120 m	0.50	横向
	排架	出线架		0.46	纵向

理论分析和实际经验都表明:建筑物抗振动强度依赖于 T_0 与 T 的比值(T_0 为建筑物自振周期,T 为爆破振动主振周期)。随着 T 与 T_0 值的接近,建筑物振动加强,当 $T=T_0$ 时振动达到

最大。用动力系数 β 值表明建筑物对爆破振动的响应程度，β 值与 T_0 与 T 的比值有关，其数学表达式如下：

$$\beta = \frac{1}{\sqrt{\left(1 - \frac{T_0}{T}\right)^2 + \gamma^2 \frac{T_0^2}{T^2}}} \tag{7-6}$$

式中　γ——衰减系数。γ 很少小于 0.2，因此即使建筑物发生共振，其幅值不会超过爆破振动幅值的 5 倍。

我们曾对新建的 6 层砖混剪力墙住宅楼进行了多次爆破振动检测，发现当远距离振源产生的爆破振动频率较低，主频仅 6~12 Hz，与楼房自振频率（6 Hz）接近，随楼层升高爆破振动有一定放大作用，特别是水平向振动放大效应明显，它又是振动破坏的最危险因素；但近距离振源产生的爆破振动频率较高，主频 20 Hz 以上，远高于楼房自振频率，随楼层升高爆破振动减小，没有放大作用。实测结果见表 7-8。振动监测表明爆破振动主频接近建筑物自振频率时，楼顶的振动幅值具有放大效应，振动主频远高于自振频率时，楼顶的振动幅值衰减较大。

表 7-8　6 层住宅楼房不同层高位置实测爆破振动结果

测点位置	测点高度 (m)	(2013-12-24)房屋最大振动速度 V(cm/s)和主频 f(Hz)							
		第一次爆破（42 m，q=10 kg）				第二次爆破（79 m，q=250 kg）			
		$V_\perp/f$	$V_{//}/f$	$V_\approx/f$	V	$V_\perp/f$	$V_{//}/f$	$V_\approx/f$	V
一层	0	1.49/43	0.54/14	0.48/29	1.51	0.69/45	0.21/15	0.27/32	0.72
二层	2.8	1.25/24	0.60/12	0.42/35	1.27	0.45/45	0.39/16	0.22/28	0.45
四层	8.4	1.16/24	0.49/14	0.29/14	1.18	0.41/38	0.34/17	0.17/28	0.42
六层	14	1.10/19	0.41/14	0.32/40	1.11	0.59/35	0.29/16	0.16/21	0.62
测点位置	测点高度 (m)	(2013-12-26)房屋最大振动速度 V(cm/s)和主频 f(Hz)							
		第三次爆破（24 m，q=10 kg）				第四次爆破（122 m，q=250 kg）			
		$V_\perp/f$	$V_{//}/f$	$V_\approx/f$	V	$V_\perp/f$	$V_{//}/f$	$V_\approx/f$	V
一层	0	3.05/42	0.54/10	0.52/12	3.06	1.46/12	0.91/8	0.67/7	1.47
二层	2.8	1.60/43	0.69/14	0.50/17	1.62	1.06/12	0.93/15	0.68/11	1.44
四层	8.4	1.48/27	1.07/19	0.68/17	1.50	1.38/10	1.03/11	0.71/9	1.45
六层	14	1.59/28	0.51/32	0.39/30	1.60	1.67/10	1.01/7	0.66/6	1.68

关于建筑物爆破振动幅值控制指标，在建筑物密集的城区甚至要做更细致的工作，需要考虑建筑物结构损伤的振动控制指标、普通装修的振动控制指标、对室内人员的干扰影响可接受的振动控制指标。根据国内外大量研究结合国内建筑物施工质量和人员法律意识，可以初步提出爆破振动 PPV 的控制指标见表 7-9。

表 7-9　常见建（构）筑物的爆破振动 PPV 的控制指标

振动控制要求	地面振动速度 PPV(cm/s)		
	<10 Hz	10~50 Hz	>50 Hz
普通建筑物结构的振动控制指标	3	4	5
考虑普通装饰工程的振动控制指标	1.0~1.5	1.5~2.0	2.0~2.5
白天室内有人时可接受的振动控制指标	0.5	0.5~0.7	0.7~1.0

7.3 爆破振动对地下隧道的稳定性影响

地下隧道洞壁稳定性安全包含两个层次,第一层次为洞壁岩体是否会开裂或局部掉块,第二层次为洞壁防水层是否会加剧损伤或洞内安装的设施是否能稳定和正常运营。研究证明,爆破振动质点峰值速度与岩石的应变成正比,可表示振波运动的破坏潜能,而且不同岩石发生破坏的临界质点振动速度变化差异范围不大,但是岩体结构(如节理、裂隙)发生破损的临界振动速度相对统一,因此对隧道的爆破振动稳定性评价都以爆破振动速度峰值为评判指标。实际工程中,考虑到地下工程岩体以及爆破振动荷载作用过程的复杂性,仍主要依据现场实验和工程类比来确定允许爆破振动速度。许多学者通过现场试验来确定围岩开裂或局部掉块条件下的爆破振动速度临界值。实际应用时,将临界值按照一定安全度进行折减来作为工程允许控制标准。

比较著名的隧道施工阶段爆破振动安全判据有以下几种:

(1) Langefors 和 Kihlstrom 提出以 25 cm/s 的峰值振动速度作为保守的壁墙破坏标准,以 30 cm/s 的峰值振动速度作为不衬砌隧道中岩石产生坠落的临界值,以 60 cm/s 峰值振动速度作为岩石形成新裂缝的临界值。

(2) Persson 和 Holmberg 建议完整、坚硬的岩石初始破裂的临界峰值振动速度为 70 cm/s,比较塑性的节理岩体分别以 40 cm/s 和 120 cm/s 作为初始破坏和严重破坏标准。

(3) 日本在间距 2.5~3.2 m 交叉隧道(荻津隧道)的爆破开挖过程中,爆破振动速度控制标准为:

V_r < 60 cm/s,正常施工;

60 cm/s ≤ V_r < 90 cm/s,一级警戒,加强振动监测;

90 cm/s ≤ V_r < 120 cm/s,二级警戒,更改爆破设计,加固岩柱部分;

V_r ≥ 120 cm/s,三级警戒,停工并作其他量测,改变施工方法,加固衬砌。

(4) 水电部门在考虑地下洞室的爆破振动安全时,一般按下列标准考虑:与岩体结合为一体的钢筋混凝土衬砌隧洞,要求振速 V < 50 cm/s;基岩或地下岩壁(中等岩石),要求振速 V < 25 cm/s;对不衬砌的地下洞室和离壁式衬套结构要求振速 V < 10 cm/s。

(5) Bauer 和 Calder 建议岩体爆破产生裂缝的质点峰值振动速度判据见表 7-10。

表 7-10 岩石爆破产生裂缝的质点峰值振动速度临界值(Bauer 和 Calder)

质点峰值振动速度(cm/s)	岩体产生裂缝效果
<25	完整岩石不会致裂
25~63.5	发生轻微的拉伸层裂
63.5~254	严重的拉伸裂缝及一些径向裂缝产生
>254	岩体完全破碎

(6) Mojitabai 和 Beattie 建议岩体爆破产生裂缝的质点峰值振动速度判据见表 7-11。

(7) 对于岩体爆破破坏的质点峰值振动速度判据,理论计算给出一个很宽的 PPV(质点最大振动速度)范围。Forsyth(1993)计算低质量岩石为 1 275 mm/s,而高质量的岩石为 2 400 mm/s,对距离轮廓线 3.8 m 以内的振速测量表明,采用光面爆破时掘进爆破产生的破坏范围为 0.2~0.5 m，Yang(1993)对直径为 100 mm 的大装药量炮孔周围 2~4 m 内的 PPV 进行测量，2 m 处发现了破坏，PPV 值为 6 m/s，4 m 处的 PPV 为 0.9 m/s；Rustan(1985)对周边眼的线装药密度为 0.18 kg/m 的管状装药、0.14 kg/m 的导爆索和 0.26 kg/m 的含塑料空心颗粒的铵油炸药的爆破振动进行了测量，在距装药 2 m 处的 PPV 为 0.3~0.9 m/s，最小的 PPV 值为采用导爆索时，推断在 0.5 m 范围内的 PPV 值为 1~3 m/s，这比通常提出的该范围内的 PPV 为 0.7~1 m/s 要高些。因此，爆破使岩石产生新的破裂缝需要很大的振动应力波。

表 7-11 岩石爆破破坏的质点峰值振动速度临界值 (Mojitabai 和 Beatti)

岩石类型	RQD(%)	质点峰值振动速度 (cm/s)		
		轻微破坏区	中等破坏区	严重破坏
软片麻岩	20	13~15.5	15.5~35.5	>35.5
硬片麻岩	50	23~35	35~60	>60
Shultze 花岗岩	40	31~47	47~170	>170
斑晶花岗岩	40	44~77.5	775~1240	>1240

但对于正在运营的隧道应考虑其更高的安全性和长期稳定性，所设置的爆破振动允许值需严格限制，不能使岩石强度下降，更不能使岩石破裂。表 7-12 为日本某些运营铁路隧道在考虑爆破振动影响时设置的限制标准。

表 7-12 混凝土衬砌隧道的爆破振动限制值

工程名称	管理对象	爆破振动限制值 (cm/s)
新深泽隧道	既有铁路隧道	3.0
都夫良野隧道	既有铁路隧道	5.0
驹返隧道	既有铁路隧道	3.0

综上分析，对于交通隧道的爆破振动安全标准应根据该段隧道的地质条件、衬砌结构和使用年限等区别而定。当围岩坚硬完整或已完成喷锚支护及钢筋混凝土衬砌的隧道，可以参考 Langefors 和 Kihlstrom 提出的 $[V]$ = 25 cm/s 作为壁墙破坏标准；当围岩为比较破碎的节理岩体或只做了离壁式衬套结构支护，甚至尚未衬砌支护的隧道，应取最保守的安全振动速度标准 $[V]$ = 10 cm/s。一般情况下交通隧道的爆破振动安全标准可定在 $[V]$ = 10~15 cm/s 范围，但须在爆破时无交通流量。然而某些隧道年久失修或衬砌施工质量存在缺陷，表现洞壁有空洞或洞壁出现严重漏水等病害，这些隧道应以衬砌结构的损伤情况和工程的重要性综合确定爆破振动安全标准，建议石拱结构确定 $[V]$ = 3 cm/s、钢筋混凝土衬砌结构确定 $[V]$ = 5 cm/s。在无法停止交通流量的隧道附近爆破，其隧道拱顶的爆破振动安全标准确定为 $[V]$ = 3~5 cm/s。

7.4 爆破振动对基岩和边坡的影响

根据爆破作用原理，压缩区和爆破漏斗区是爆破后需挖运的范围，而破裂区和振动区将是爆破对保留岩体的影响区域。破裂区的裂缝大部分是由反射拉伸波和应力波作用沿岩体中原有节理裂隙扩展而成，底部基岩中的裂隙有一部分是岩体破裂出现的新裂隙。通常爆区后缘边坡地表破坏范围比深层垂直破坏范围大，地表破坏与深厚垂直破坏有不同的特点。

1. 后缘地表破坏

后缘地表的破坏是由后冲和反射拉伸波作用所形成的,裂缝常常沿着平行临空面方向延展,地表裂隙的分布规律为距爆破区越近就越宽越密,地表裂缝宽度和延展长度,与爆破规模、爆破夹制作用和地形地质条件有关。爆破规模大、爆破夹制作用强,则地表裂缝破坏程度强。由于地表一般为风化破碎岩体,抗拉强度小,易形成裂缝。根据经验总结,地表破坏区作用半径可用下式计算:

$$R_p = K_p \sqrt[3]{Q} \tag{7-7}$$

式中　R_p——药包中心至地表裂缝区的最远边缘的距离;

K_p——破坏系数,取值范围一般为 $K_p = 1.7 \sim 2.6$,最大也未超过 3.0。

尽管地表裂缝破坏范围较大,但也不是没有办法减小其危害。不管是深孔爆破还是洞室大爆破,已有很多成功的实例,在最后排或破裂线后缘预先钻一排预裂孔,首先进行预裂爆破后再作主爆破,其后缘地表裂缝可大大减轻甚至不出现后缘拉裂缝,而且爆后边坡平直整齐,预裂爆破是提高边坡开挖质量的重要手段。

2. 爆破对深层基岩的破坏

爆破对深层基岩的破坏情况,根据工程性质不同,要求有所不同。一般开山采石不需要考虑基岩破坏,路堑开挖爆破仅考虑药包周围压缩圈产生的严重破坏范围,一般情况下路堑开挖需给路基和边坡预留保护层,保护层厚度为压缩圈半径。而在水工坝基开挖中,即使爆破作用下产生的微小裂缝也被视为对基岩的破坏。经验表明,药包以下出现裂缝的破坏半径并没超过它的最小抵抗线,因此在坝基开挖中一般上层采用深孔爆破,下层采用浅眼爆破,最底层采用人工凿除办法。为减小爆破对深层基岩破坏,也有人采用水平炮孔作预裂爆破,形成预裂水平面,以阻碍上层爆破裂缝向下扩展。

根据实测,爆破振动速度与土岩破坏特征的关系见表 7-13。

表 7-13　爆破振动速度与土岩破坏特征表

编号	振动速度(cm/s)	土　岩　破　坏　特　征
1	0.8~2.2	一切如故,不受影响
2	10	隧洞顶部有个别落石,低强度矿石破坏
3	11	产生松石及小块振落
4	13	原有裂缝张开或产生新的细裂缝
5	19	大石滚落
6	26	边坡有较小的张开裂隙
7	52	大块浮石翻倒
8	56	地表有小裂缝
9	76	花岗岩露头上裂缝宽约 3 cm
10	110	花岗岩露头上裂缝宽约 3 cm 以上,地表有裂缝 10 多厘米,表土断裂成块
11	160	岩石崩裂,地形有明显变化

3. 爆破对边坡稳定性影响

爆破产生的边坡失稳灾害分为两类:一类为爆破振动引起的自然高边坡失稳;另一类为爆

破开挖后残留边坡遭受破坏，日后风化作用引发不断的塌方失稳。一般情况下边坡失稳由药室大爆破引起。药室大爆破产生的地震强烈，对岩体破坏程度和范围较大，所以在药室法大爆破设计中应对边坡稳定性影响有足够重视。

(1)爆破对自然边坡的稳定性影响

爆破对自然边坡稳定性影响一方面取决于爆破振动强度，另一方面取决于坡体自身地质条件。从统计资料来看，边坡坡角在35°以上的容易发生失稳破坏。此外根据工程地质分析和实践经验证实，如下四种地质结构易发生爆破振动边坡失稳。

①爆区附近的坡体内已有贯通的滑动面，或曾经发生古滑坡，爆前坡体靠滑动面的抗剪强度维持稳定，爆破时强烈的振动作用，使滑动面抗剪强度下降或伤失，引起大方量的滑塌或古滑坡复活，见表7-14中的示意图第一类。这类坡体失稳因滑方量大，一般造成危害也大。如石砭峪爆破筑坝时，导流洞进口处顶部岸边岩体滑塌就属这一类，滑塌方量达10.4万 m^3，将导流洞进口堵死，给坝体安全带来了严重威协。

表7-14　边坡振动失稳成因分类表

类别	第一类	第二类	第三类	第四类
示意图				
说明	沿已有滑动面滑动	结构面贯通而滑动	柱状节理切割的岩柱散裂而坍塌	危石振动滚落

②坡体内虽然没有贯通的滑动面，但坡体内至少发育一组倾向坡外的节理裂隙，岩石强度较低，在爆破振动作用下，该组裂隙面进一步扩展，致使节理裂隙部分，甚至全部贯通，产生滑移变形，日后在降雨的影响下经常滑动，最后完全失稳(参见表7-14中示意图第二类)。这类坡体失稳由于需要一定的变形时间，所以如有必要可以在爆后作适当处理，不致造成较大危害。如南水爆破筑坝后，爆破漏斗壁和上、下游边坡经常发生掉块和小变形，其变形量与降雨量有关，终于在1962年3月29日，一次滑动和坍塌几百方。

③尽管坡体内没有贯通的滑动面，也没有倾向坡外的节理组发育，也就是说似乎不可能形成危险的滑动面，然而岩体内垂直柱状节理十分发育，而且边坡高陡，这在火成岩类的安山岩、玄武岩地区多见。这类边坡受到强烈的爆破振动时，尤其在坡缘处振动波叠加反射使振动加强，当振动变形超过一定限度后，岩柱拉裂折断，整个岩体散裂导致边坡坍塌(见表7-14中示意图第三类)。这类边坡失稳产生塌方量一般也较大。如山西里册峪水库定向爆破筑坝工程，主爆区漏斗外围下游发生5 200 m^2面积的大滑塌就是这种类型的典型例子。该工程滑塌区岩性为安山岩，柱状节理发育，滑塌后的地面形状由参差不齐的节理面组成，并没有一个由"最危险的软弱结构面"形成的大溜光面。再如福溪水库，垂直柱状节理也发育，爆后岸边的

散裂坍塌现象也严重。

④坡体内节理、裂隙不很发育，岩体较完整，只是坡缘局部发育冲沟或陡倾张性裂隙，将岩体完全分割成摇摇欲坠的危石，在爆破振动作用下，被分割的危石脱离母体翻滚而下，形成崩塌；或爆破时还没崩落，但稳定性进一步降低，日后在暴雨冲刷作用下仍可发生崩塌（见表 7-14 中示意图第四类）。这类破坏视崩塌岩块的大小和数量不等，造成危害程度不同，一般来说因塌落方量比前三类少，造成危害性也相对减轻。通常这种崩塌岩块易将交通道路阻断，或将电源线路砸断，给工程带来困难，云南柴石滩库区承德地区多见这类危岩。另外太钢峨口铁矿定向爆破筑坝时，也发生了这类边坡失稳现象，主要是 4-1 号药室顶部有一岩石峭壁，岩石节理比较发育，爆时该峭壁沿节理面崩落，在崩落过程中，将漏斗边缘的松动岩石也随之带落下来，形成下游坝脚左岸约 0.8 万 m^3 的堆石。

（2）爆破残留边坡的坍塌失稳

一般的爆破都会对保留边坡的内部岩体产生破坏，受破坏的程度主要与如下因素有关：

①爆破药量。一次起爆药量愈大，坡内的应力波愈强，边坡破坏愈严重。

②最小抵抗线。最小抵抗线愈大，向坡后的反冲力愈强，边坡破坏愈重。

③岩体地质条件。地质条件不良，岩性较软，岩体破碎，施工时清方刷坡不能彻底，边坡塌方失稳的可能性越强。此外新成边坡改变了坡内原有应力场，暴露的新鲜岩石，在风化作用下强度逐渐降低，使得新边坡不断变形，稳定性渐渐伤失。

根据铁路部门对路堑边坡稳定性统计分析，早期在宝成线采用药室大爆破开挖的路堑边坡，发生塌方失稳事故较多，后期考虑了边坡预留保护层，将光面预裂爆破技术引入到边坡开挖中，使得爆破对残留边坡的稳定性影响大大降低。中小型爆破岩石边坡合适坡度参考值见表 7-15。

表 7-15 中小型爆破岩石边坡参考表

岩石类别	坚固系数	调查的边坡高度(m)	地面坡度(°)	节理裂隙发育风化程度	边坡坡度
软岩	1.5~2	20	30~50	严重风化，节理发育	1:0.75~1:0.85
	2~3	20~30	50~70	中等风化，节理发育	1:0.5~1:0.75
次坚石	3~5	20~30	30~50	严重风化，节理发育	1:0.4~1:0.6
		30~40	50~70	中等风化，节理发育	1:0.3~1:0.4
		30~50	>70	轻微风化，节理发育	1:0.2~1:0.3
坚石	5~8	30	30~50	严重风化，节理发育	1:0.3~1:0.5
		30~40	50~70	中等风化，节理发育	1:0.2~1:0.3
		40~60	>70	轻微风化，节理发育	1:0.1~1:0.2
特坚石	8~20	30	30~50	严重风化，节理发育	1:0.1~1:0.3
		30~50	50~70	中等风化	1:0.1~1:0.2
		50~70	>70	节理少	1:0.1

美国 Savely 根据多个矿山边坡的现场调查，针对不同损伤程度，提出了相应的允许质点峰值振动速度，见表 7-16。

表 7-16 Savely 提出的矿山边坡质点峰值振动速度安全临界值

岩体破坏表现	破坏程度	质点峰值振动速度(cm/s)		
		斑岩	页岩	石英质闪长岩
台阶面松动岩块偶而掉落	没有破坏	12.7	5.1	63.5
台阶面松动岩块部分掉落(若未爆破该松动岩块可保持原有状态)	可能有破坏但可接受	38.1	25.4	127.0
部分台阶面松动、崩落,台阶面上产生一些裂缝	较轻的爆破破坏	63.5	38.1	190.5
台阶底部后冲向破坏,顶部岩体破裂,台阶面严重破碎,存在大范围延伸的可见裂缝,台阶坡脚爆破漏斗的产生等	岩体破坏	>63.5	>38.1	>190.5

日本根据试验提出的爆破振动对边坡的影响程度见表 7-17。

表 7-17 爆破振动对岩质坡面的影响

爆破振动速度(cm/s)	对岩层边坡的影响
5.08~10.16	边坡浮石下落
12.70~38.10	松动岩块崩塌
63.50 以上	软弱边坡引起破坏垮塌

矿山边坡发生局部松石掉落现象,不影响其边坡的安全。国内矿山部门采用的允许爆破振动速度见表 7-18。

表 7-18 长沙矿冶研究院建议的矿山边坡允许爆破振动速度

分类号	边坡稳定状况	坡脚允许振速(cm/s)
Ⅰ	稳定	35~45
Ⅱ	较稳定	28~35
Ⅲ	不稳定	22~28

国内部分水电工程边坡开挖中采用的允许爆破振动速度见表 7-19。

表 7-19 国内部分水电工程边坡允许爆破振动速度

工程名称	部 位	岩 性	允许峰值质点振动速度(cm/s)
隔河岩水电站工程	厂房进出口边坡	石灰岩	22
	坝肩及升船机边坡	石灰岩	28
	引航道边坡	石灰岩	35
长江三峡工程	永久船闸边坡	微风化花岗岩	15~20
		弱风化花岗岩	10~20
		强风化花岗岩	10
小湾溪洛渡	拱坝槽边坡	花岗岩	10~15
		柱状节理玄武岩	10

以上的经验数据可供边坡爆破振动作用下稳定性分析作参考。在路堑边坡开挖的爆破设计中,除了考虑边坡爆破振动速度的控制指标,还应注意如下主要问题:

①爆破与地质条件密切结合问题。爆破设计中不仅要根据岩性确定炸药单耗量,还要考虑到地质构造对路堑边坡的稳定起着控制性作用,特别是考虑药室爆破的设计方案时,应根据地质构造的特点来布置药包,确定各项参数。

②爆破方案的选择与边坡稳定性关系。通常爆破方案是根据机械设备条件、工程要求和爆破方量及工期限制综合考虑所确定的。洞室爆破或深孔爆破对边坡破坏作用强,可预留光爆层,使边坡得到最大限度地保护。最近将预裂钻孔爆破和大规模石方爆破相结合的爆破技术得到发展,其目标是既能很好地保护预留边坡,又能大规模地、快速地、经济地爆破石方。

③爆破施工质量对边坡稳定性影响。如对宝成、兰新、鹰厦线的边坡稳定情况统计中,发生边坡变形的工点有198处。其中爆破不当(装药量过大或盲炮爆破不彻底等)引起的30处;施工清方不彻底引起的38处,两者共68处,占变形工点的34.3%。因此必须重视爆破清方刷坡的施工质量,及时做好护坡防护工程。

④不同性质的边坡对振动安全的要求不同。铁路工程安全指标最高,不允许爆破振动发生任何石块掉落,一旦石块掉落到轨道,将引起重大交通事故。公路边坡次之,只要掉石没将道路封死,仍能有半幅道路保持通行。其他边坡只要不发生大方量坍塌就能认可边坡的安全稳定。所以各部门对边坡稳定的振动速度控制指标有差异。

7.5 爆破对水生物的影响

炸药爆炸时,会在瞬间变成高温高压的气体,随后产生强大的冲击波。这种冲击波会使周围产生瞬时的高压,并以波动的形式向外传播,对波及到的生物产生影响。在水中和在空气中爆炸时,所产生的冲击波对动物的影响是不同的。当在空气中发生爆炸时,冲击波在空气中传播到动物身体时,由于动物身体和空气密度不同,因而大部分会在动物体表面产生反射,对动物的伤害都是通过动物的耳朵、鼻子和嘴对身体内部造成伤害。而在水中爆炸时,由于鱼体的密度和水的密度类似,冲击波在到达鱼体与水交界面时一般会直接通过鱼体向前传播。但是,当鱼体内有空气腔时,由于空气的可压缩性,冲击波通过时会导致空腔壁的撕裂或破碎。鱼体内最容易受到损伤的是有鳔鱼类的鳔,除此之外,还有鱼类的肝、脾、肾等内部器官。当鱼离爆炸源比较近时,除了对鱼类的内部器官造成损害以外,对鱼的身体外部也会造成损伤。一般认为,爆炸时所产生的过高压和超低压交替变换所产生的振动,是爆炸中导致鱼类死亡的主要原因,而鱼体中最容易受到伤害的器官就是充满空气的鱼鳔,因此,无鳔鱼类和有较小鱼鳔的鱼类,有较强的抵抗爆炸冲击的能力。研究人员通过对不同鱼种的大量研究发现,体重较轻的鱼类比体重较重的鱼类更容易在爆炸中受到伤害。关于鱼卵在爆炸中所可能受到的伤害应更加关注,因鱼类可以在爆破前设法驱赶远离,但鱼卵没法驱赶且一旦受伤是灾难性的。研究表明爆破点必须距离鱼产卵区20 m以远,爆破产生的冲击波才不会对鱼卵有明显的伤害。

因此,水中爆炸冲击波的大小与生物致死率有对应关系,爆破对生物的致死率随距爆破中心的距离的增大而逐渐减少,鱼类生物的致死具有延时性,不同种类的生物其致死率因个体大小和种间的差异而有所不同,鱼类对爆破产生的效应最为敏感,其次为虾类、蟹类,贝类的敏感性最弱。要计算爆炸造成鱼类的损失,就需要观测水中压力和响应点鱼类的生存状态,一般鱼类有可能发生死亡的爆炸冲击波压力应为0.05 MPa,当压力小于0.03 MPa可以认为鱼类是安全的。

7.6 爆破振动对新浇混凝土影响的安全判据标准

为解决基坑爆破开挖和混凝土浇筑间的并行施工影响问题,于20世纪70年代开始研究爆破振动对新浇混凝土的影响。Hulshizer等人开展了系列试验,表明新浇筑混凝土可以承受质点峰值振动速度5 cm/s的爆破振动作用而不致产生损伤,并且认为可以提高现有的爆破振动控制标准;而Davidsavor等利用现场养护试件的动力试验表明,未终凝的混凝土可承受11.2~27.6 cm/s的爆破振动作用而不会发生明显的强度降低。

我国水电部门针对大坝基础混凝土的爆破振动影响控制,结合葛洲坝、隔河岩等工程的现场观测及试验资料分析,提出了以爆破振动质点峰值速度为判据的新浇大体积混凝土的爆破振动控制标准,见表7-20。

表7-20 新浇大体积混凝土的爆破振动安全允许标准

混凝土龄期(d)	0~3	3~7	7~28
安全允许振动速度(cm/s)	1.5~2	2~5	5~7

黄琦等利用混凝土试块模拟井壁振动试验,研究了爆破振动对混凝土衬砌的影响,获得了允许爆破振动速度与不同龄期混凝土强度的关系。卢文波和陈明则推导了瑞丽波作用下新浇筑大坝基础混凝土安全振动速度计算的理论公式,并定量分析了影响爆破振动控制标准的主要因素。

《水电水利工程爆破施工技术规范》(DL/T 5135—2001)对基础灌浆和砂浆粘结型预应力锚索(锚杆)采用的允许爆破振动速度进行了专门的描述,见表7-21。《爆破安全规程》(GB 6722—2003)和《水工建筑物岩石基础开挖工程施工技术规范》(DL/T 5389—2007)均有一定的放宽。由于爆破振动对新浇筑混凝土影响问题本身的复杂性及现场破坏性试验方面的限制,新浇筑混凝土安全振动速度标准主要是通过相关工程经验的总结来确定。国外的一些室内外试验结果表明:现行的新浇筑混凝土爆破安全振动速度具有相当大的安全储备。表7-22给出了国外实际工程中的新浇混凝土的允许爆破振动速度,相比之下我国标准偏于保守。

表7-21 新浇混凝土的爆破振动安全允许标准(cm/s)

项目	混凝土龄期(d)			备注
	0~3	3~7	7~28	
混凝土	1~2	2~5	6~10	
坝基灌浆	1	1.5	2~2.5	含坝体、接缝灌浆
预应力锚索	1	1.5	5~7	含锚杆
电站机电设备		0.9		含仪表、主变压器

国外针对核电建设中新浇筑混凝土基础的爆破振动影响控制问题,开展了系列室内和现场试验,以确定爆破振动对核电工程中新浇混凝土的安全判据。国内,如娄建武等针对核电站建设中短龄期混凝土强度容易受到附近爆破振动的影响,进行了一系列有针对性的模型实验,以确定在建核岛新浇灌混凝土强度所能承受的最高爆破振动速度值。许多专家根据国内外核电工程建设的实践经验,采用了不同的爆破振动安全判据,见表7-23。

表 7-22　国外部分水电工程新浇混凝土允许爆破振速

工程	龄期(d)	安全振速(cm/s)
美国田纳西州流域管理局(TVA)	<1	15.0
	1~3	22.5
	3~7	30.0
	7~10	37.5
	>10	50.0
美国 Upper Stillwates 坝	0~12	5.0~25
	>12	25.0

表 7-23　国内部分核电工程新浇混凝土允许爆破振动速度

工程名称	保护部位	龄期(d)	安全振动速度(cm/s)
秦山核电站三期	1号反应堆新浇混凝土	<4	$V \leqslant 0.5$
		4~7	$V \leqslant 1.0$
		>7	$V \leqslant 5.0$
岭澳核电工程一期	BOP 及廊道新浇混凝土	<1	$V \leqslant 2.0$
		1~5	$V \leqslant 5.0$
田湾核电工程一期	3号核岛浇灌混凝土		$V \leqslant 1.0$

7.7　核电工程中的爆破振动安全判据

我国的核电基地建设通常是分期投资建设,因此存在着后期核电建设过程中的爆破振动对先期核电设施的影响问题。由于核电设施对安全性的要求非常高,绝不允许爆破振动导致核电站运营产生报警或其他问题,也不允许爆破振动使任何元器件连接松动等。为了避免产生事故隐患,必须将核电设施的爆破振动强度限定在一定的阈值内。目前核电设施的地面振动控制大多沿用天然地震的控制阈值,为此许多学者在核电站爆破振动监测和地震波衰减参数分析方面做了大量工作,以制定更适合核电行业的爆破振动安全判据。我国部分核电站采用的爆破振动安全判据,见表 7-24。

表 7-24　我国部分核电站采用的爆破振动安全判据

工程名称	保护部位	安全判据
大亚湾核电站	核反应堆(核岛)	$a \leqslant 0.01g$
秦山核电站一期	核反应堆(核岛)	$a \leqslant 0.03g$
秦山核电站二期	1号核岛、2号核岛、主控室	滤波前 $a \leqslant 0.025g$
		滤波后 $a \leqslant 0.02g$
	1号、2号常规岛、网控楼	滤波后 $a \leqslant 0.027g$
田湾核电工程一期	2号核岛、常规岛建(构)筑物、控制室设备	$a \leqslant 0.03g$
	厂区最终边坡	$V \leqslant 24 \text{ cm/s}$
岭澳核电工程二期	TB 厂房	$V \leqslant 0.2 \text{ cm/s}$
阳江核电项目	边坡	$V \leqslant 10 \text{ cm/s}$

7.8 铁路工程中的爆破振动安全标准

随着高速铁路的发展,爆破振动对铁路运营安全影响已在铁路安全法中有明确规定。邻近既有铁路的爆破施工,在爆破前必须进行爆破专项设计,并对爆破产生的振动等有害效应进行专门论证和安全评估。爆破振动对主要的铁路工程内容安全影响指标,已通过行业标准发布。其中包括隧道、桥梁、涵洞、边坡、接触网、轨道(路基)。下面对各类工程的爆破振动安全控制标准作简单介绍。

7.8.1 隧 道

无病害的铁路隧道,不管属何类地质条件,通过初步支护和二次衬砌后都有合格的安全系数,因此隧道的跨度和断面大小对振动安全影响更加重要。铁路隧道根据断面大小分为单线隧道和双线(或多线)隧道。单线隧道跨度小于双线隧道,单线隧道抗振性优于双线隧道。但隧道的衬砌结构随年限增加会逐渐疲劳、腐蚀,从而降低结构的强度,参考百年历史的八达岭铁路隧道抗震指标(定为 1.5 cm/s),确定隧道服务年限每增加 10 年爆破振动允许值降低 8%。

隧道的爆破振动允许值以迎爆源一侧拱腰或拱顶处的振动速度峰值为基准。隧道的爆破振动允许值见表 7-25。

表 7-25 隧道爆破振动允许值

铁路隧道类型	爆破振动允许值$[V]$(cm/s)		
	$f \leqslant 10$ Hz	10 Hz$<f \leqslant 50$ Hz	$f>50$ Hz
单线隧道	8~10	10~13	13~15
双线隧道	7~8	8~10	10~13

注:1. 隧道服务年限每增加 10 年,爆破振动允许值应降低 8%;
  2. 严重漏水或有病害的隧道,其爆破振动允许值应进行专门论证。

7.8.2 桥 梁

铁路桥梁主要结构类型有钢结构桥、混凝土及预应力混凝土桥等。考虑铁路桥梁部分桥墩淹没在水中,且桥墩的高度差异较大,为便于振动量测、避开桥墩结构的高差放大效应,直接以桥墩顶部的振动速度峰值为安全控制基准最为合理。桥梁的爆破振动安全允许值见表 7-26。

表 7-26 桥梁的爆破振动安全允许值

铁路桥梁类型	爆破振动允许值$[V]$(cm/s)		
	$f \leqslant 10$ Hz	10 Hz$<f \leqslant 50$ Hz	$f>50$ Hz
钢结构桥	5~6	6~7	7~8
混凝土及预应力混凝土桥	4~5	5~6	6~7

注:1. 高速铁路和客运专线铁路桥对变形和稳定性要求更高,其爆破振动允许值应降低 10%;
  2. 特殊结构桥梁或有病害的桥梁,其爆破振动允许值应进行专门论证;
  3. 该爆破振动安全允许值指在桥上没有列车通过时段的振动速度峰值。

7.8.3 涵 洞

铁路涵洞的形式很多,其抗振能力基本介于隧道和钢筋混凝土结构之间,涵洞迎爆侧侧壁或底板的爆破振动速度最大,所以其爆破振动安全允许值以迎爆侧涵洞侧壁或底板的振动速度峰值为基准。铁路涵洞的爆破振动安全允许值见表 7-27。

表 7-27 涵洞的爆破振动安全允许值

铁路涵洞类型	爆破振动允许值 $[V]$ (cm/s)		
	$f \leq 10$ Hz	10 Hz$<f \leq 50$ Hz	$f>50$ Hz
钢筋混凝土结构	4~5	5~6	6~7
块石砌筑结构	2~3	3~4	4~5

注:特殊结构涵洞或有病害的涵洞,其爆破振动允许值应进行专门论证。

7.8.4 边 坡

铁路边坡的台阶高度大多数为 8~10 m,将 2 个台阶以上的边坡定为高边坡。铁路边坡稳定性要求很高,一旦边坡松动有石块掉落,轻则影响列车正点通行,重则出现安全事故。所以,铁路边坡的振动安全指标比公路和矿山边坡更高。铁路边坡按照 10 m 高度为限,大于10 m高度的边坡相对于爆破安全而言定为高边坡,小于等于 10 m 高度的边坡为普通边坡。边坡的爆破振动安全允许值以坡顶边缘的振动速度峰值为基准,边坡的爆破振动安全允许值见表 7-28。

表 7-28 边坡的爆破振动安全允许值

铁路边坡类型	爆破振动允许值 $[V]$ (cm/s)		
	$f \leq 10$ Hz	10 Hz$<f \leq 50$ Hz	$f>50$ Hz
高边坡	7~8	8~9	9~11
普通边坡	8~9	9~10	10~12

注:特殊边坡或有病害的边坡,其爆破振动允许值应进行专门论证。

7.8.5 接 触 网

电气化铁路的接触网,主要包括接触悬挂、支持装置、定位装置、支柱与基础几部分。支柱是接触网中最基本的支撑设备,按其使用材质分为预应力钢筋混凝土支柱和钢支柱两大类。电气化铁路的接触网若受到过强振动会引起局部装置松动、甚至支柱偏斜。因此对最常见的两类接触网支柱规定了爆破振动安全允许值。接触网的爆破振动检测点就安装在支柱的根部,爆破振动安全允许值以支柱基座的振动速度峰值为基准。接触网支柱基座的爆破振动安全允许值见表 7-29。

表 7-29 接触网支柱基座的爆破振动安全允许值

接触网支柱类型	爆破振动允许值 $[V]$ (cm/s)		
	$f \leq 10$ Hz	10 Hz$<f \leq 50$ Hz	$f>50$ Hz
钢支柱	6~7	7~8	8~9
钢筋混凝土支柱	4~5	5~6	6~7

注:特殊接触网,其爆破振动允许值应进行专门论证。

7.8.6 轨道(路基)

轨道结构分为有砟轨道和无砟轨道,无砟轨道基本用于高等级客用铁路专线,对应的振动变形允许值较小,抗振能力偏低,所以无砟轨道的爆破振动安全允许值较低。爆破振动是通过路基传至轨道,轨道的振动安全与路基振动安全相互关联,但爆破振动通过道砟或减振垫板传至轨道结构时已衰减得很小。因此以路基的爆破振动作为衡量轨道的爆破振动安全更加合适。轨道的爆破振动安全允许值以无列车通过时迎爆侧路肩的振动速度峰值为基准。轨道的爆破振动安全允许值见表 7-30。

表 7-30 轨道的爆破振动安全允许值

铁路轨道类型	爆破振动允许值[V] (cm/s)		
	$f \leqslant 10$ Hz	10 Hz$<f \leqslant 50$ Hz	$f>50$ Hz
有砟轨道	5~6	6~7	7~8
无砟轨道	3~4	4~5	5~6

注:特殊路基段,其爆破振动允许值应进行专门论证。

7.8.7 站 房

铁路站房分为一般砖房、非抗震的大型砌块建筑物、钢筋混凝土结构房屋和钢结构三大类。铁路站房的爆破振动安全不仅指房屋结构的安全性,更需要考虑内部装饰、重要仪器仪表的抗振能力,特别要考虑内部人员的心理感受。因此,铁路站房的爆破振动安全指标不能偏高。铁路站房的爆破振动安全允许值以靠近爆源侧的地面振动速度峰值为基准。铁路站房的爆破振动安全允许值见表 7-31。

表 7-31 铁路站房的爆破振动安全允许值

铁路站房类型	爆破振动允许值[V] (cm/s)		
	$f \leqslant 10$ Hz	10 Hz$<f \leqslant 50$ Hz	$f>50$ Hz
一般砖房、非抗震的大型砌块站房	1.0~1.5	1.5~2.0	2.0~2.5
钢筋混凝土结构站房	1.5~2.0	2.0~3.0	3.0~3.5
钢结构站房	2.0~3.0	3.0~4.0	4.0~5.0
有大面积玻璃幕墙和吊顶装饰的站房	0.5~1.5		
考虑站房内人员的安全性	1.0~1.5		

注:特殊功能的站房其爆破振动允许值应进行专门论证。

7.9 爆破振动破坏标准的判据研究

爆破振动强度用介质质点的运动物理量来描述,包括质点位移(U)、速度(V)和加速度(a)。天然地震都以加速度指标评价其地震强烈程度,对于爆破地震波有其特殊性,初期也用加速度指标评价其地震波破坏程度,但后期发现该评判指标规律性不强。尽管天然地震烈度对应有峰值加速度指标,也可换算为相应的峰值速度指标,但由于频率的差异,爆破地震波的破坏性与地震烈度没有很好的对应关系。根据兰格福斯等许多爆破专家的研究,认为用爆破时间质点振动速度描述振动强度具有较好的代表性,因为质点振动速度与岩体结构面破裂有更好的对应关系,而加速度和位移的安全临界值变化范围更大。随着对爆破地震波的深入研究,特别对爆破地震频谱的认识,描述振动波特性的另外两个物理量,即振动频率f(或周期T)和振动持续时间(t),在振动分析中越来越受重视。早期爆破地震安全判据通常以单独的爆破地震强度因子(质点振动位移、速度、加速度)来描述,而对振动频率和持续振动时间和振动次数缺少考虑,这在理论和工程应用方面存在一定程度的局限和不足。当前我国正在制订《爆破振动检测规范》,已充分认识到了这一问题的严重性,有很多国家已提出了多因素综合评判标准,如美国、德国、瑞典等国综合考虑振动速度和频率指标,提出了著名的 USBM 和 DIN4150 爆破振动安全标准。相信我国在借鉴他国经验的基础上,结合具体国情,一定能尽快制定出更为合理的爆破振动动安全评判标准。

爆破振动速度峰值判据究竟是用单向还是三向矢量合成来描述更为准确是个问题。爆破产生的地震波是一个频域宽阔,成分复杂的振动波,它既沿地表又呈半球形传播,加上作为传播媒介的大地具有自身的非均匀性与复杂性,所以想要简单准确地获得测试结果是很困难的。经验证明,沿地表传播以剪切形式扩散的振动波,其破坏力更加显著。因此在爆破振动测试中应更关注水平向振动波,现在很多场合、很多单位图省事只测垂直方向的振动波,而不管水平径向和横向的振动波。这样的测试方法是简单和片面的,垂向振动不见得是最大振动。当前的爆破振动测试技术,很容易实现同时检测三个方向分量的质点振动速度波形。在这方面我国现有的《爆破安全规程》(GB 6722)没有明确的解释和规定,国内在实施过程中往往是各行其是,很多人只是在特别要求的情况下才测试三向质点振动速度,要求不严时只测单向。

日本矿业会爆破振动研究委员会指出:"原则上应同时测定互相垂直的三个分量,而不是只测其中一个方向。"美国矿业局也规定:"爆破振动的破坏判据应该是三个分量中最大的一个为准。"

对此我们的观点是应该以三矢量合成的方向与数据为准。在爆破振动检测中需要同时测试水平径向 x 方向,水平切向 y 方向,垂直向 z 方向的质点振动速度,以这三向振动速度分量计算不同时刻的矢量和,找出振动速度矢量和的最大值作为衡量爆破振动是否超出标准的依据。速度矢量和计算方法:同一台仪器测得 x、y、z 三向振动速度波形,以数字化保存后,可以将任意相同时刻的三向振动速度值进行矢量求和,计算公式为:$V(t)=\sqrt{V_x(t)^2+V_y(t)^2+V_z(t)^2}$,得到合速度随时间的变化,可以找到合速度的最大值,以此最大值作为爆破振动速度判据最为合理。

7.10 我国及部分国家制定的爆破振动安全允许标准

我国《爆破安全规程》(GB 6722—2003)规定了部分建(构)筑物的爆破振动速度安全允许标准,见表 7-32。属于表列类型外的重要保护对象的安全振速值,应通过专家论证确定。

表 7-32 爆破振动安全允许标准

序号	保护对象类别	安全允许振速(cm/s)		
		<10 Hz	10~50 Hz	50~100 Hz
1	土窑洞,土坯房,毛石房屋[a]	0.5~1.0	0.7~1.2	1.1~1.5
2	一般砖房,非抗震的大型砌块建筑物[a]	2.0~2.5	2.3~2.8	2.7~3.0
3	钢筋混凝土结构房屋[a]	3.0~4.0	3.5~4.5	4.2~5.0

7 爆破振动安全标准探讨

续上表

序号	保护对象类别		安全允许振速(cm/s)		
			<10 Hz	10~50 Hz	50~100 Hz
4	一般古建筑与古迹[b]		0.1~0.3	0.2~0.4	0.3~0.5
5	水工隧道[c]		7~15		
6	交通隧道[c]		10~20		
7	矿山巷道[c]		15~30		
8	水电站及发电厂中心控制室设备		0.5		
9	新浇大体积混凝土[d]	龄期:新凝~3 d	2.0~3.0		
		龄期:3~7 d	3.0~7.0		
		龄期:7~28 d	7.0~12.0		

注:1. 表列频率为主振频率,系指最大振幅所对应的频率。
  2. 频率范围可根据类似工程或现场实测波形选取。选取频率时可参考下列数据:洞室爆破<20 Hz;深孔爆破10~60 Hz;浅眼爆破40~100 Hz。
  a. 选取建筑物安全允许振速时,应综合考虑建筑物的重要性、建筑质量、新旧程度、自振频率、地基条件等因素;
  b. 省级以上(含省级)重点保护古建筑与古迹的安全允许振速,应经专家论证选取,并报相应文物管理部门批准;
  c. 选取隧道、巷道安全允许振速时,应综合考虑构筑物的重要性、围岩状况、断面大小、深埋程度、爆源方向、地震振动频率等因素;
  d. 非挡水新浇大体积混凝土的安全允许振速,可按本表给出的上限值选取。

其他国家提出的爆破振动安全标准基本都综合了振速和频率因素,如美国、德国综合考虑振动速度和频率指标,提出了著名的 USBM 和 DIN4150 爆破振动安全标准,如图 7-4 所示。

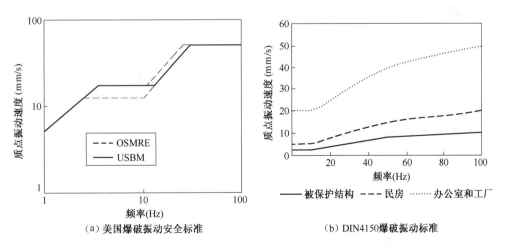

(a) 美国爆破振动安全标准　　(b) DIN4150爆破振动标准

图 7-4　国外爆破振动安全标准

其他一些国家根据其国情提出了爆破振动标准,见表 7-33~表 7-42。

德国 DIN4150 标准是较早考虑了振动频率参数对安全的影响,并兼顾了室内人员和功能的要求,因此它的影响较大,多数学者认可,具体见表 7-33。

表7-33　爆破振动质点速度峰值 PPV(mm/s)限制指南(德国 DIN4150)

建筑类型	底层 1~10 Hz	底层 10~50 Hz	底层 50~100 Hz	上部楼层 任何频率
办公室和工厂	20	20~40	40~50	40
民房	5	5~15	15~20	15
对振动敏感的保护性建筑	3	3~8	8~10	8

日本是多地震的国家，其房屋抗振性普遍较好，但对民宅和重要结构物特别重视，振动指标控制较严，见表7-34。

表7-34　日本炸药学会的爆破振动对结构物限制值

结构对象	水平振动限制值(mm/s)		
	<10 Hz	10~50 Hz	>50 Hz
强度明确的结构物	1.25	2.5	5.0
一般结构物(民宅)	0.50	1.0	2.0
重要结构物	0.25	0.5	1.0

印度国家爆破振动安全标准见表7-35。

表7-35　DGMS 爆破振动允许值 PPV(mm/s)

建筑结构类别	主振频率		
	<20 Hz	20~50 Hz	>50 Hz
非私有建筑			
民用建筑(砖结构)	10	15	25
工业建筑(钢筋混凝土框架结构)	20	25	35
历史意义的古建筑和敏感性建筑	5	7	10
私有的非永久性建筑			
民用建筑(砖结构)	15	25	35
工业建筑(钢筋混凝土框架结构)	25	35	50

瑞士的标准将振动频率段划分成两段，认为60 Hz以上的属高频段，见表7-36。

表7-36　瑞士爆破振动安全标准

建筑物类别	主振频率(Hz)	质点振动速度峰值(mm/s)
敏感性建筑及历史纪念性建筑	10~60	8
	60~90	8~12
砖石墙体、木结构建筑	10~60	12
	60~90	12~18
砖石混凝土结构建筑物	10~60	18
	60~90	18~25
钢结构、钢筋混凝土结构建筑	10~60	30
	60~90	30~40

英国的标准最细,更多考虑房屋的装饰结构及室内人员的影响,是最值得我国当前参考的标准,见表7-37、表7-38。

表7-37 装修过的建筑物振动损伤门槛值(BS7385-2)

建筑分类	振动频率范围(Hz)	PPV(mm/s)	
		瞬时性振动	连续性振动
无加筋的或轻型框架结构、住宅或小型商业建筑	4~15	15~20	7.5~10
	>15	20~50	10~25
钢筋混凝土框架结构 工业建筑 大型商业建筑	≥4	50	25

注:表中 PPV 限值指建筑物基础上测得的振动。

表7-38 英国BS6472 室内人员对爆破振动的最大可接受程度指标

所处位置	时间	可接受程度PPV(mm/s)
住宅	白天(08:00~18:00)	6.0~10.00
	夜晚(23:00~07:00)	2.0
	其他时间(非上述时间)	4.5
办公室	任何时间	14.0
工厂	任何时间	14.0

澳洲人员稀少,民宅以别墅为主,其他类型的结构少见,特别对民宅的振动控制较严,符合国情,值得借鉴,见表7-39。

表7-39 澳大利亚爆破振动标准(AS2187—1993)

建筑结构类型	峰值质点速度PPV(mm/s)
低层民宅	10
钢筋混凝土或钢结构的商业和工业建筑	25

香港的市政工程网稠密,市区爆破较多,对爆破安全性十分重视,特别制订了相应的市政工程振动标准。该标准偏于保守,但可参考,见表7-40。

表7-40 香港市政工程爆破振动安全标准

部门类别	设备类型	峰值质点速度PPV(mm/s)	最大位移振幅(mm)
自来水	水处理结构和涵洞	13	0.1
	给排水建筑和管道	25	0.2
燃气	天然气管道	25	0.2
	天然气隧道	13	0.1
	天然气控制装置	13	0.1

续上表

部门类别	设备类型	峰值质点速度 PPV(mm/s)	最大位移振幅（mm）
电力	电缆接头	12	0.02
	电缆	25	0.02
高速公路	高速公路各类结构和道路排水	25	—

葡萄牙提出新思路,制定了不同地基土类别的建筑对振动安全的标准,对于不良地基土区域有重要参考价值,见表 7-41。

表 7-41 葡萄牙 ESFEVAS 标准

建筑物类别	地基土质类别		
	弱凝聚力松散土石混合层 $V_p = 1 \sim 3$ km/s	硬塑质黏性土、均质砂石 $V_p = 1 \sim 3.6$ km/s	黏土及岩石 $V_p = 2 \sim 6.6$ km/s
	质点振动速度峰值指标(mm/s)		
需特别保护的历史纪念物、医院、高大建筑物	2.5	5.0	10.0
一般建筑物	5.0	10.0	20.0
钢筋混凝土建筑	15.0	30.0	60.0

法国规定人口稠密的市区内爆破安全振动速度不得超过 10 mm/s。

1996 年美国 Dowding 博士建议的爆破振动允许值见表 7-42。

表 7-42 Dowding 建议不同建(构)筑物振动限值

建(构)筑物类型	PPV 限值(mm/s)
古建筑	12.7
住宅	12.7
新建住宅	25.4
工业建筑	50.8
桥梁	50.8

随着人们法制观念的增强、维权意识的提高,对爆破振动影响的容忍度越来越低,为避免法律纠纷,爆破工作者在确定爆破安全控制标准时,不仅仅考虑爆破振动对建筑物结构的破坏影响,而应更加关注人的感受、心里承受的舒适度等人性化指标。

因此有观点认为在城市区域爆破时应从人的心理承受能力确定爆破振动安全控制指标。关注爆破振动的人性化指标,是人情关怀、和谐社会的需要,工程顺利进行的保证,社会进步的标志。在城市中爆破,考虑爆破振动对建筑物的安全控制标准一定要参考人的舒适度,因此同一类型的建筑物,当赋予不同功能时,如医院、幼儿园等,其爆破安全控制指标就不能仅考虑建筑物本身的安全性,而是以病人、幼儿等特殊人群的心理、生理舒适度作为控制指标了。

从各国爆破振动安全标准综合分析,结合近年来国内发生的各种爆破工程引发的纠纷,都认为爆破振动安全标准不仅要考虑建筑结构本身的安全性,还要考虑是否影响建筑的使用功能。比如，住宅、医院、学校等建筑需要保证其有安静的环境，爆破振动不可以造成区内人员的振惊或令其感到不安，也不能引起室内装修或墙皮的破损；而一般工业、商业类建筑本身有机械振动和噪声影响，其环境振动有较大的背景值，振动指标主要考虑建筑结构和机械设备的抗振能力；古建筑应考虑到在长期的历史过程中会受到多种外力作用，任何一次振动其安全指标需小于疲劳极限值，因此保护性古建筑的振动允许值有严格的限制；对于只需要考虑结构安全的构筑物，如桥梁、隧道、高压线塔、烟囱、钢筋混凝土框架结构等其爆破振动限制 PPV<5 cm/s 基本是安全的。

当前我国爆破振动安全标准的在不断修订，应广泛吸收国外的先进理念，新标准中将城镇建筑物的结构分类改为以使用功能分类，见表 7-43，对于一般民用建筑主要是关注爆破振动对室内外装饰和附属设施的影响，特殊条件下需要考虑人的心理反映。实际上使劲关门时在墙体上就能产生 1.3 cm/s 的振动幅值，仅就墙体的抗振强度而言，一般建筑物都能承受 2.5 cm/s 以上的振动幅值。但在安静状态下，人感受到 1 cm/s 以上的振动甚至听到玻璃晃动发出响声，将会产生不舒适的感觉。因此某些住宅楼的爆破振动控制指标要求为 1.0 cm/s 以下，甚至到 0.5 cm/s 以下。

表 7-43 爆破振动安全允许标准（2013 修订版）

序号	保护对象类别		安全允许质点振动速度 V(cm/s)		
			$f \leqslant 10$ Hz	10 Hz$<f \leqslant 50$ Hz	$f>50$ Hz
1	土窑洞、土坯房、毛石房屋		0.15~0.45	0.45~0.9	0.9~1.5
2	一般民用建筑物		1.0~1.5	1.5~2.0	2.0~2.5
3	工业和商业建筑物		2.0~3.0	3.0~4.0	4.0~5.0
4	一般古建筑与古迹		0.1~0.2	0.2~0.3	0.3~0.5
5	运行中的水电站及发电厂中心控制室设备		0.5~0.6	0.6~0.7	0.7~0.9
6	水工隧洞		7~8	8~10	10~15
7	交通隧道		10~12	12~15	15~20
8	矿山巷道		15~18	18~25	20~30
9	永久性岩石高边坡		5~9	8~12	10~15
10	新浇大体积混凝土(C20)	龄期:初凝~3 d	1.5~2.0	2.0~2.5	2.5~3.0
		龄期:3~7 d	3.0~4.0	4.0~5.0	5.0~7.0
		龄期:7~28 d	7.0~8.0	8.0~10.0	10.0~12

注：1. 表中质点振动速度为三分量的矢量合成值，振动频率为主振频率。
   2. 频率范围根据现场实测波形确定或按如下数据选取：洞室爆破 $f<20$ Hz，露天深孔爆破 $f=10$~60 Hz，露天浅孔爆破 $f=40$~100 Hz，地下深孔爆破 $f=30$~100 Hz；地下浅孔爆破 $f=60$~300 Hz。
   3. 爆破振动监测应同时测定质点振动相互垂直的三个分量。

从研究者的立场出发，对于爆破振动安全评估重点应关注以下几方面的问题：

（1）把爆破地震幅值、频谱、持续时间和次数同时纳入爆破安全判据，建立多参数安全判据，以提高评估爆破地震安全的准确度和合理性。

（2）规范和完善爆破地震安全监测系统。通过互联网实时传输爆破振动信息，可更客观地反映爆破振动的安全状态;通过专业人员和相关软件分析,提出合理的综合评判指标。

(3)重视爆破地震累积效应,完善其相关理论。

(4)在建筑物振动安全评价方面,不仅要考虑建筑物结构形式,更要考虑地基基础和建筑物使用功能。很多振动破坏都不是建筑结构直接振裂的破坏,而是地基基础的振动变形和不均匀沉降导致结构破坏,因此除考虑不同结构类型的振速标准外,还应考虑不同地基类型的振动标准,同时兼顾室内人员的反映。

参 考 文 献

[1] 戈鹤川,杨年华. 爆破震动测试技术及安全评价问题探讨[C]//铁道工程爆破文集. 北京:中国铁道出版社,2000.
[2] 阳生权,廖先葵,刘宝琛. 爆破地震安全判据的缺陷与改进[J]. 爆炸与冲击,2001(3):223-228.
[3] R.L Yang, P. Rocque, P. katsabanis & W. F. Bawden. 通过测量振动和炮孔近场破坏状态研究爆破破坏[C]//第四届国际岩石爆破破碎学术会议论文集. 北京:冶金工业出版社,1995.
[4] 娄建武,龙源,等. 基于反应谱值分析的爆破震动破坏评估研究[J]. 爆炸与冲击,2003(1):41-46.
[5] 杨年华,张乐. 爆破振动波叠加数值预测方法[J]. 爆炸与冲击,2012(1):84-90.
[6] 中国生,熊正明. 基于小波包能量谱的建(构)筑物爆破地震安全评估[J]. 岩土力学,2010(5):1522-1528.
[7] 卢文波,W. Hustrulid. 质点峰值振动速度衰减公式的改进. 工程爆破,2002(3):1-4.
[8] 魏晓林,郑炳旭. 干扰减振控制分析与应用实例[J]. 工程爆破,2009(2):1-6.
[9] 宋光明,曾新吾,陈寿如,吴从师. 基于波形预测小波包分析模型的降振微差时间选择[J]. 爆炸与冲击,2003(3):163-168.
[10] Blair D P, Armstrong L W. Spectral control of ground vibration using electronic delay detonators[J]. Fragblast-International Journal of Blasting and Fragmentation, 1999(4):303-334.
[11] 杨年华,张志毅,王平亮,李克民. 大规模深孔抛掷爆破振动衰减实测与研究[C]//中国爆破新技术Ⅱ. 北京:冶金工业出版社,2008.
[12] 赵根.台阶爆破精确起爆振动特性研究[J].爆破,2010(2):14-17.
[13] 杨年华,张志毅. 隧道爆破振动控制技术研究[J]. 铁道工程学报,2010(1):82-86.
[14] 黄吉顺,蒋志光. 爆破震动工程特性及其安全技术措施[C]//工程爆破文集(第六辑). 深圳:海天出版社,1997.
[15] 钱胜国,王文辉. 爆破震动作用结构动力响应反应谱问题[C]//工程爆破文集(第七辑). 乌鲁木齐:新疆青少年出版社,2001.
[16] 张翠兵,邓志勇,张志毅,王中黔. 城区控制爆破地震危害及预防措施[C]//中国爆破新技术Ⅰ. 北京:冶金工业出版社,2005.
[17] 吴子骏. 工程爆破操作员读本[M]. 北京:冶金工业出版社,2006.
[18] Lopez C. Drilling and blasting of rocks[M]. Printed in Netherlands,1995.
[19] 汪旭光,于亚伦,刘殿中. 爆破安全规程实施手册[M]. 北京:人民交通出版社,2004.
[20] 霍永基. 建筑结构爆破振动效应及安全分析研究[J]. 爆破,2003(1):1-6.
[21] GA 波林格. 爆炸振动分析[M]. 刘锡荟,熊建国,译. 北京:科学出版社,1975.
[22] 斯蒂格. O. 奥洛弗松. 建筑及采矿工程实用爆破技术[M]. 张志毅,译. 北京:煤炭工业出版社,1992.
[23] 《振动工程大全》编辑委员会. 振动工程大全[M]. 北京:机械工业出版社,1983.
[24] 许名标,彭德红. 小湾水电站边坡开挖爆破震动监测成果分析[J]. 人民长江,2007(2):135-138.
[25] 李保珍,王迪安. 高程差与爆破振动强度及衰减规律之间关系的探讨[C]//工程爆破文集(第六辑). 深圳:海天出版社,1997.
[26] 于亚伦. 工程爆破理论与技术[M]. 北京:冶金工业出版社,2004.
[27] 顾毅成. 爆破工程施工与安全[M]. 北京:冶金工业出版社,2004.
[28] 阳生权. 爆破地震累积效应理论和应用初步研究[D]. 长沙:中南大学,2002.
[29] 孟吉复,惠鸿斌. 爆破测试技术[M]. 北京:冶金工业出版社,1990.

[30] 张正宇,刘美山,吴从清. 高陡边坡开挖中的爆破及其控制技术[C]//中国爆破新技术. 北京:冶金工业出版社,2004.

[31] 中华人民共和国国家质量监督检验检疫总局. GB 6722—2003 爆破安全规程[S]. 北京:中国标准出版社,2004.

[32] 张立国,龚敏,于亚伦. 爆破振动频率预测研究及其回归分析[J]. 辽宁工程技术大学学报. 2005(2):187-189.

[33] 林大超,白春华. 爆炸地震效应[M]. 北京:地质出版社,2007.

[34] 汪旭光,于亚伦. 关于爆破振动安全判据的几个问题[J]. 工程爆破,2001(2):88-92.

[35] Dowding C H. Monitoring and control of blasting effects[M]. NewYork:Prentice Hall, 1985.

[36] 熊代余,顾毅成. 岩石爆破理论与技术新进展[M]. 北京:冶金工业出版社, 2002.

[37] 张志毅,王中黔. 交通土建工程爆破工程师手册[M]. 北京:人民交通出版社,2002.

[38] 刘建亮. 工程爆破测试技术[M]. 北京:北京理工大学出版社,1994.

[39] 张正宇,等. 现代水利水电工程爆破[M]. 北京:中国水利水电出版社,2003.

[40] 李夕兵,凌同华,张义平. 爆破振动信号分析理论与技术[M]. 北京:科学出版社,2009.

[41] 言志信,王后裕. 爆破地震效应及安全[M]. 北京:科学出版社,2011.

[42] 高文学,邓洪亮. 公路工程爆破理论与技术[M]. 北京:科学出版社,2013.

[43] 吕淑然. 露天台阶爆破地震效应[M]. 北京:首都经济贸易大学出版社,2006.

[44] 杨年华. 应用电子雷管进行干扰降振爆试验研究[J]. 工程爆破,2013(6):41-45.

[45] 周家汉. 爆破拆除塌落振动速度计算公式的讨论[J]. 工程爆破,2009(1):1-4,40.

[46] 亨利奇. J. 爆炸动学及其应用[M]. 北京:科学出版社,1987.

[47] 郑炳旭,等. 城镇石方爆破[M]. 北京:冶金工业出版社,2004.

[48] 张立国,龚敏,于亚伦. 爆破振动频率预测研究及其回归分析. 辽宁工程技术大学学报. 2005(2):187-189.

[49] 杨年华,张志毅,等. 硬岩特长隧道快速爆破掘进技术研究与实践[J]. 中国铁道科学,2001(1):41-46.

[50] 李顺波,杨军,陈浦,刘杰. 精确延时控制爆破振动的实验研究[J]. 爆炸与冲击,2013(5):513-518.

[51] 朱朝祥,崔允武,曲广建,等. 剪力墙结构高层楼房爆破拆除技术[J]. 工程爆破,2010(4):55-57.